パンタナール
―― 南米大湿原の豊饒と脆弱 ――

丸山浩明 編著

海青社

❶【乾季のパンタナール】 フォールスカラー衛星画像

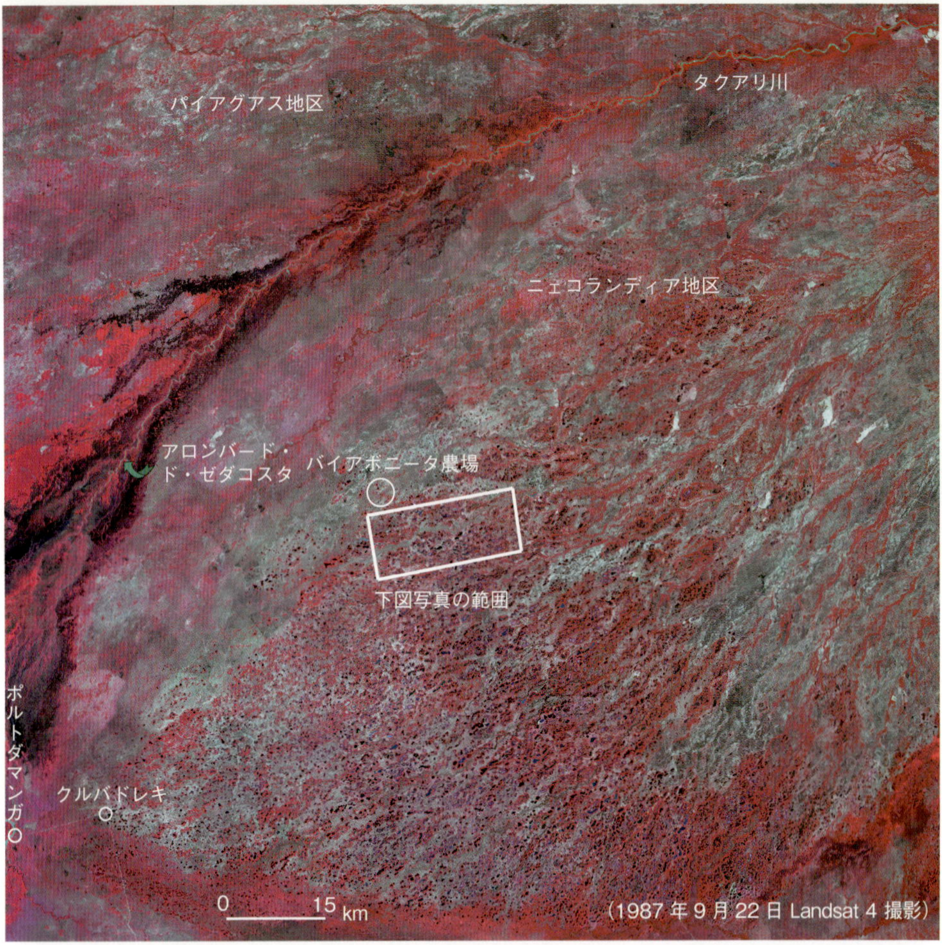

（1987年9月22日 Landsat 4 撮影）

フォールスカラー画像では、森林や草原、農地などの植生が赤く表示される。乾季には植生が圧倒的に卓越し、浸水地を示す黒はタクアリ川の周辺や湖沼群（無数の黒点）としてわずかに認められる

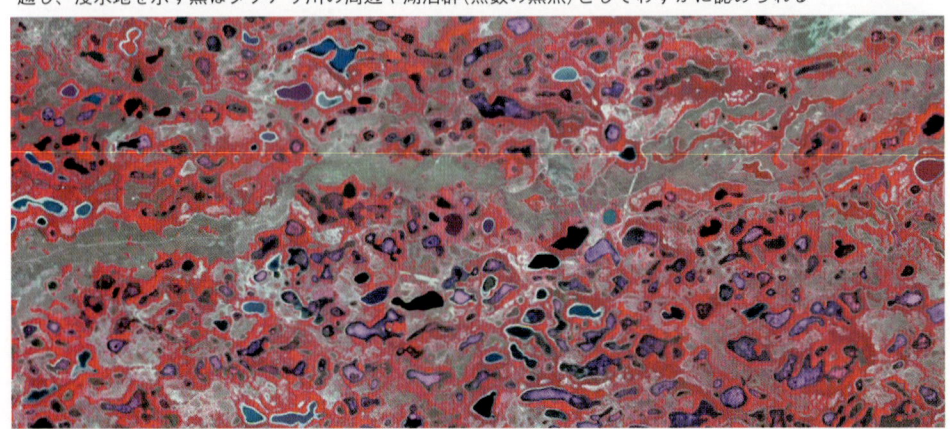

無数の湖沼群（白く縁どられている湖が塩性湖沼のサリナ、その他の湖沼はバイア。上図白枠内の拡大画像）

❷【雨季のパンタナール】 フォールスカラー衛星画像

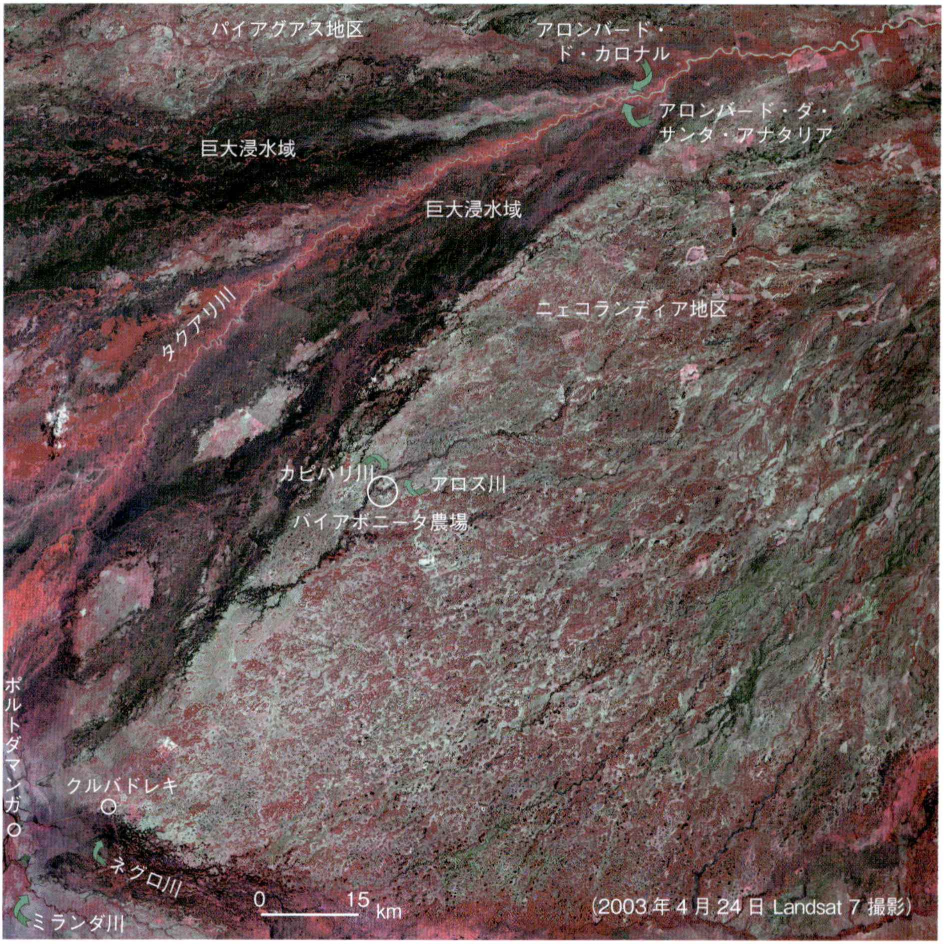

雨季に大氾濫するタクアリ川。アロンバード（自然堤防の破堤により形成される河川水の流出口）の下流には巨大浸水域が出現している。その一方で、タクアリ川本流の周辺には植生（赤）が広がっている

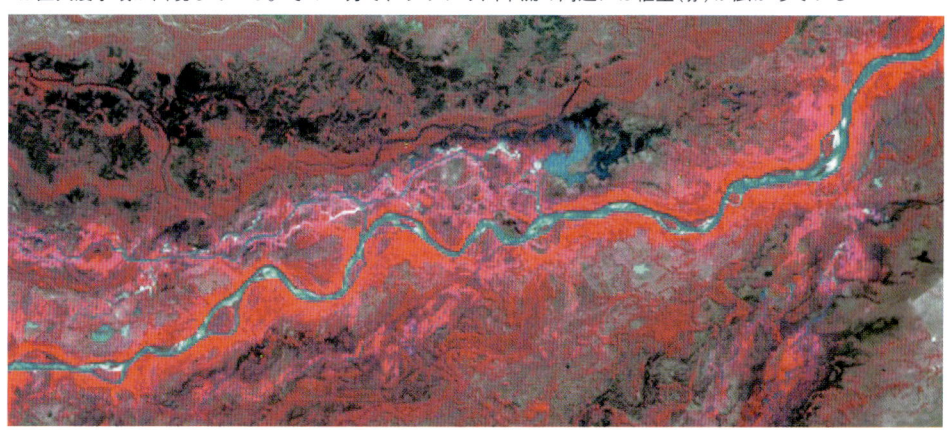

タクアリ川のアロンバード（上図参照）から外部へと流出する河川水と下流の浸水域（2001年8月）

❸ 雨季のパンタナール（2011年3月）

ネグロ川の大氾濫でファゼンダの本部は完全に水没・孤立してしまった

完全に水没した牧場

辛うじて水没を免れた微高地の農場施設

水没・孤立した農場内の滑走路と小型飛行機

水をたたえた塩性湖沼のサリナ（2002年12月）

❹ 雨季から乾季へ移行するパンタナール（2003年4月26日）

カピバリ川の網状流とカンポアルト（非浸水の高位草原）に放牧中の牛群（写真中の無数の白点は放牧牛）

バイア（湖沼）から水が外部へと流出して草原に変貌する

水が消失してバザンテ（間欠河川）は大草原になる

水が消えて陸地化したバザンテとバイアが作り出すビオトープのモザイク状景観

雨季の終わり頃の塩性湖沼のサリナ（この8字型のサリナは、口絵①下の衛星画像内の左上にある）

❺ 乾季のパンタナール（2004年8月）

間欠河川のバザンテでは水がひいて草原が出現し、微高地のカンポアルトとともに主要な放牧地となる

水がひいてバザンテは緑の大草原になる

水位が下がる河川沿いの回廊林（中央）とバザンテ（左）

バザンテ（手前）とカンポアルト（奥）

乾季にはあちこちで砂地が露出する

❻ 美しい風景

乾季の広い空と湧き上がる雲

色とりどりの湖沼群

満開のイペ・アマレイロとピウーバ

乾季に咲き誇るイペ・アマレイロ

川に架かる木橋

雨季に浸水したバザンテに咲く水生植物

❼ 農業・鉱業開発が誘発する環境問題

土壌浸食を防止するための等高線耕作だが，土壌流出はなかなか止まらない（水源域のブラジル高原）

道路整備で樹木が倒される

改良牧野の造成で植被を剥がされた牧場

ポコネの金鉱山開発

深刻な土壌堆積が続くクイアバ川の河床

❽ アロンバード（自然堤防の破堤部）の周年開放や野火が誘発する環境問題

タクアリ川の左岸に形成されたアロンバード・ダ・サンタ・アナタリア（2004年撮影）

浸水で立ち枯れた微高地ムルンドゥの森林

ワニ横断の注意喚起を行う道路標識

野火で激しく延焼する森林

野火鎮火後の焼けこげたセラード（木本サバンナ）

❾ 生物種の宝庫（哺乳類）

カピバラの親子

軍に保護されたジャガー

シカ

オオアリクイ

コアリクイ

❿ 生物種の宝庫(哺乳類・爬虫類)

クビワペソイノシシ

オオカワウソ

湖沼に群がるメガネカイマン

猛毒をもつボッカデサポ

テグトカゲ

水中に潜むアナコンダ(スクリ)

腕に巻き付くアナコンダ

⑪ 生物種の宝庫（鳥類）

サリナ（塩性湖沼）に群がる水鳥（ピンク色はベニヘラサギ）

エマ（アメリカダチョウ）

ルリコンゴウインコ

ズグロハゲコウ（中央）とダイサギ（白）・ベニヘラサギ（ピンク）

オニオオハシ

絶滅危惧種のスミレコンゴウインコ

樹上に営巣するズグロハゲコウ

⑫ 牧畜文化（牛とともにある生活）

投げ縄の技量を競う祭りに向けて訓練を積む子ども

投げ縄で牛を捕まえる牧童

マンゲイラ（家畜囲い）とカレファン（誘導通路）がある牧場

姿を消しつつあるパンタナールの伝統的な牛車

⓭ 牧畜文化（コミティーバ）

約1,000頭の牛を輸送するコミティーバ(牛追い)

大きな破裂音を出す鞭で牛を追う

先行して荷物を運搬する役畜と料理人

バテドール（休憩場）で食事の準備をする料理人

パンタナールの野趣溢れる焼き肉

牛群を導く角笛のベランテ

⑭ 牧畜文化（水とともに生きる）

パラグアイ川のボイエイロ（牛の輸送船）

水没したバザンテ（間欠河川）で働く牧童

川中を横断する牛群を見守る牧童

浸水地で牛を追う牧童（パイアグアス地区のベラビスタ農場）

⑮ バイアボニータ農場のビオトープマップ

凡例
- バイア
- サリトラダ
- バザンテ
- バイシャーダ
- カンポアルト
- セラード
- セラドン
- カポン
- コルジジェイラ
- 人工牧野
- 農地
- 農場施設
  f:農家　e:エコロッジ
  r:滑走路　p:人工池
- バザンテ内の水域（アグアコンプリーダ）
- 道路
- 牧柵

バイア
1. ラジオ
2. バイアボニータ
3. マルコデペドラ
4. シャンド

コルジジェイラ
5. カポングランデ
6. コッシドブジオ
7. アグアコンプリーダ
8. シャンド

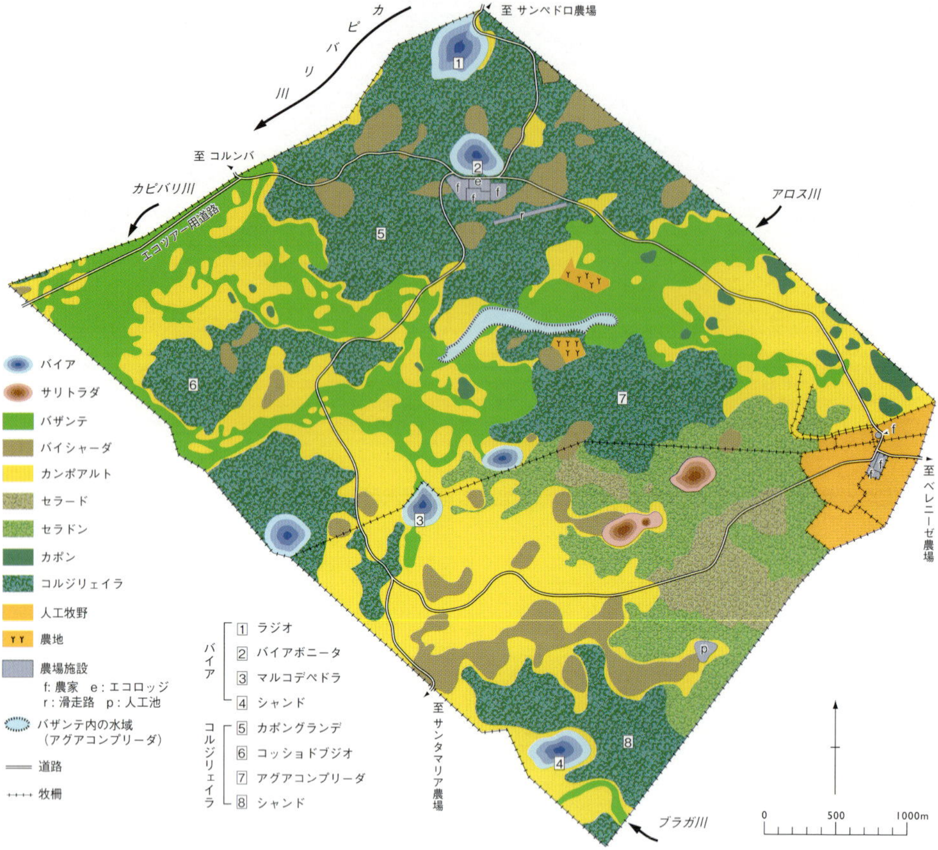

[上] バイアボニータ農場のビオトープマップ（本文第8章図8-2）（2001年8月26日～9月7日の現地調査により作製）

[左] バイアボニータ農場のアグアコンプリーダ周辺の上空写真（上のビオトープマップのほぼ中央部分上空より北に向かって撮影した写真で、水をたたえたアグアコンプリーダ（中央）、その南西の小さなカポン（左中央）、真北遠方のバイアボニータ（上中央）、カピバリ川のバザンテ（上部遠景）がはっきりと確認できる）

はじめに

　21世紀は「水の世紀」といわれる。地球上の総水量のわずか3％に過ぎない貴重な淡水資源を，いかに人類が適切に維持・管理できるかは，多様な生き物（生物種）とその生息環境（ビオトープ）を保全し，生物資源の持続可能な利用を実現するうえで必要不可欠な喫緊の課題である。われわれは，こうした問題意識のもとに，ラムサール条約の登録湿地（1993年）で，2000年にはユネスコの世界自然遺産に登録された，世界最大級の熱帯低層湿原であるパンタナールを対象に，河川，湖沼，湿地，草原，森林，農地などの多様な生態系の包括的な保全と，地域社会の持続可能な発展について実証的な研究を進めてきた。

　事例調査地域に選定したブラジル領パンタナールは，世界的に認知されたアマゾンの南に隣接する，アンデス山脈とブラジル高原との間に形成された巨大な堆積盆地の一部をなす。ここはアマゾンと肩を並べる世界屈指の生物種の宝庫であり，野生動植物種の棲息密度は，アマゾニアを凌駕して新熱帯区（Neotropic）で最も高いといわれている。こうしたパンタナールの豊かな生物多様性は，人間を含む多様な生物種の生存環境を維持・調整し，食料や生薬，繊維，木材などの生活資材を提供するとともに，地域固有の物質・精神文化を育む基盤となってきた。

　パンタナールは，レヴィ＝ストロースの世界的名著『悲しき熱帯』の舞台としても有名である。彼は，この地域の限られた資源がもつ有用性と可能性を先験的に知り，そこから得られる道具や資材を巧みにやりくりして厳しい環境を生き延びる野生の人々を，敬意を込めてブリコルール（bricoleur）と呼んだ。そして，彼ら「未開人」に固有の知が，「文明人」の信奉する知や文化とは別物でありながら，彼らの生活や社会に合理的・効率的に作用して，そこに優れた秩序と尊厳を付与していることを，名著『野生の思考』で見いだしている。

　レヴィ＝ストロースが注目したブリコルールの固有の知や文化は，その後の植民者との接触を通じて，パンタナールの住民らにもその一部が伝承されたと考えられる。本地域の自然景観や植物名，山河名，地名などに，今なおイン

ディオ言語(トゥピ・グアラニー語)が数多く残存することもその一つの証左であろう。われわれは、先住民のインディオや古来の植民者たちが、地域固有の環境に順応しつつ獲得してきた環境資源利用の知や技術を、今日の生活・文化にも積極的に役立てつつ、未来へと継承していくことの重要性を科学的に立証する必要がある。

しかし近年、とりわけ1990年代以降、それまでパンタナールとは無縁であった外部社会が一方的に主導する急速な農業・観光開発や、住民の生活を軽視した強硬な環境保護政策の実施が、本地域の豊かな自然環境や生物多様性、そしてそれらを維持・調整しながら巧みに利用してきた住民の伝統的な生態学的知識や生活・文化を、急速に崩壊・消失の危機に至らしめている。

このような自然環境の劣化や地域社会・文化の崩壊を食い止めるためには、これまで等閑視されてきたパンタナールの伝統的な環境管理システムや、資源利用のワイズユース(wise use)を科学的に再評価して、それに立脚した住民主導の内発的発展を早急に進める必要がある。

このような立場から、われわれは2001年より地元の研究者らと連携しながら、それまで研究の空白地帯であったブラジル・マットグロッソドスル州の南パンタナールを事例に、地域の環境動態や住民の生活・文化に関する詳細な実証研究を継続的に積み重ねてきた。本書は、こうした十年間におよぶわれわれのフィールドワークの成果を取りまとめたものであり、わが国では最初のパンタナールに関する学術研究書といえる。

全体で9篇の論考からなる本書は、分析の対象や地域スケールに着目して、大きく三部構成となっている。すなわち、第Ⅰ部と第Ⅱ部は、概して系統的なテーマに関わるマクロ・メソスケールの論考であるのに対して、第Ⅲ部は具体的な地域・農場を対象としたメソ・ミクロスケールの詳細な事例研究がその中核となっている。各章の概要は以下の通りである。

第Ⅰ部では、巨大な熱帯低層湿原がここに形成される自然環境条件について、パンタナールの形成史や地形・気候・水文特性に着目して考察したうえで(第1章)、その内部には自然環境条件の地域差にともない多様なビオトープがモザイク状に分布して、パンタナールの豊かな生物多様性を支える基盤となっていることを明らかにした(第2章)。さらに、ビオトープ毎に植生や水質が異

なることから，本地域の多様なビオトープは，地表水と地下水の複雑な交流関係に規定される水文環境の地域差を反映して出現していることが論証されている（第3章）。

　第Ⅱ部では，南パンタナールにおける植民・開発の歴史と主要な経済活動について詳述した。まず第4章では，パンタナールの先住民であるインディオと，17～18世紀前半にバンデイラとして本地域に侵入したヨーロッパ人の植民・開発過程を概説したうえで，南パンタナール開発のパイオニアとして活躍したゴメス・ダ・シルバ一族の，血縁関係に立脚した巧妙な植民戦略について分析した。そして，彼らが南パンタナールに導入・発展させた牧畜業の盛衰と，その長い歴史の中で育まれてきた牧畜文化の特徴について第5章で論考した。

　第6～7章では，南パンタナールにおける近年の新しい経済活動として注目を集め，とりわけ1990年以降に急速な発展を遂げたエコツーリズムに焦点を当てた。まず第6章では，エコツーリズムの実態と課題を「核心地域」「核心周辺地域」「外縁地域」の3地域に区分して比較検討することで，社会・経済環境の変化に対する農場側の対応にも顕著な地域差が認められることを論じた。また第7章では，南パンタナールのエコツーリズムを代表するスポーツフィッシングに注目して，その導入・発展が本地域の漁師生活を一変させ，結果的に漁業の衰退と漁村の崩壊を誘発したプロセスを詳述した。

　第Ⅲ部では，南パンタナールをほぼ二分するタクアリ川の左岸に広がるニェコランディア地区と，右岸に広がるパイアグアス地区を事例として，両地区の農場経営の実態と課題をそれぞれ分析した。すなわち第8章では，南パンタナールで最初に開発が進められたニェコランディア地区の伝統的なファゼンダを事例に，農場の系譜，農場内の自然環境の地域差とそれを活かした伝統的な牧畜経営，牧養力を高めるための草地管理や牛の繁殖管理の実態と問題点などを，雨季と乾季の継続的なフィールドワークを踏まえて実証的に解明した。

　また第9章では，法規制によるアロンバード（自然堤防が破堤して形成された河川水の流出口）の周年開放措置が，その下流域に引き起こした多様かつ深刻な環境・社会問題の実態を，水没の危機に瀕しているパイアグアス地区の伝統的なファゼンダを事例に解明した。そのうえで，外部世界が主導して押しつける科学的な生態学的知識（Scientific Ecological Knowledge）を過信した偏狭

な環境保護政策の問題点を指摘するとともに，地域住民が培ってきた伝統的な生態学的知識(Traditional Ecological Knowledge)に基づく環境・土地管理システムの合理性や有効性と，地域固有の環境資源や文化に対する再評価の必要性を述べた。

本書は，人文地理学者，自然地理学者，農・獣医学者の約十年にわたる共同調査と討議を踏まえてまとめられている。われわれは毎年同じフィールドに立ち，生活を共にしながら，お互いの調査・研究を助け合い，常に情報を共有して，事象間の関連性から全体像に迫る努力を意識的に続けてきた。時に意見が対立して激論が展開されることもあったが，自説を擁護するデータを探索する努力の中で，結果的に議論も深まり研究が進捗したといえる。分野の垣根を越えた地理学・地域研究の醍醐味を堪能し，他者からさまざまな教示を得られた，本当にかけがえのない歳月であったと思う。

最後に，パンタナールでの調査にご協力いただいた西脇保幸氏(横浜国立大学)，松山　洋氏(首都大学東京)，尾方隆幸氏(琉球大学)，現地で研究を物心両面から支援して下さったMaria Esther氏，須藤英二氏，比嘉さゆり氏，出版に際し編集の労をとっていただいた海青社の宮内　久氏に心から謝意を表したい。また，ここにお名前をすべて明記できないが，本研究の遂行に際してお世話になった多くの皆さまに，この場を借りて深く感謝申し上げる次第である。

なお，本研究の遂行に際しては，以下に挙げる科学研究費補助金の交付を受けた。

1. 「ブラジル・パンタナールにおける熱帯湿原の持続的開発と環境保全」
   (平成13～15年度 基盤研究B，課題番号：13572037，研究代表者：丸山浩明)
2. 「ブラジル・パンタナールにおける熱帯湿原の包括的環境保全戦略」
   (平成16～18年度 基盤研究B，課題番号：16401023，研究代表者：丸山浩明)
3. 「ブラジル・パンタナールの伝統的な湿地管理システムを活かした環境保全と内発的発展」
   (平成19～22年度 基盤研究B，課題番号：19401035，研究代表者：丸山浩明)

また，本書は社団法人日本地理学会の2010年度出版助成を受けて刊行されたものである。

2011年3月　　　　　パンタナールの満天の星を思い出しつつ

丸　山　浩　明

パンタナール
──南米大湿原の豊饒と脆弱──

目　次

目次

口絵 ....①～⑮
はじめに 1

第Ⅰ部　パンタナールの自然環境

第1章　地形・気候と水文環境 11
Ⅰ　はじめに 11
Ⅱ　パンタナール形成史 14
Ⅲ　地形と水文環境 15
Ⅳ　気候と水文環境 18

第2章　生物多様性を支える多様なビオトープ 23
Ⅰ　はじめに 23
Ⅱ　ビオトープの検出 26
Ⅲ　ビオトープの分布モデル 35

第3章　地表水と地下水の交流関係 ──多様なビオトープの水質と水の起源── ...43
Ⅰ　水質からみた地表水と地下水の交流関係 43
Ⅱ　サリナの水の起源と浅層地下水・河川水・湖沼水（バイア）における水質形成 ...51
Ⅲ　数値モデルによる地表水－地下水の交流関係と物質移動の推定 ...54
Ⅳ　まとめ 59

第Ⅱ部　南パンタナールの牧畜業と観光開発

第4章　パンタナールの先住民と植民・開発の歴史 63
Ⅰ　多様なインディオ集団 63
Ⅱ　バンデイラの活動とゴールドラッシュ 66
Ⅲ　牧畜業の発展とパンタナールの植民・開発 69

第5章　牧畜業の盛衰と牧畜文化 83
　Ⅰ　牧畜業の盛衰 83
　Ⅱ　伝統的な牧畜文化と住民の生活 86

第6章　エコツーリズムの導入と発展 117
　Ⅰ　はじめに 117
　Ⅱ　核心地域のエコツーリズム ──エストラーダパルケ沿線── ..120
　Ⅲ　核心周辺地域のエコツーリズム ──ニェコランディア地区── ..130
　Ⅳ　外縁地域のエコツーリズム ──パイアグアス地区── 136
　Ⅴ　南パンタナールにおけるエコツーリズム発展の課題 140
　Ⅵ　おわりに 144

第7章　スポーツフィッシングの進展と漁村の変貌
　　　──エコツーリズムに翻弄されて疲弊した漁村── 147
　Ⅰ　はじめに 147
　Ⅱ　スポーツフィッシングの発展と漁村社会の変貌 149
　Ⅲ　スポーツフィッシングの発展にともなう諸問題と法規制 158
　Ⅳ　スポーツフィッシングの発展と漁村の変貌
　　　──ミランダ市リベリーニャ地区の事例を中心に── 168
　Ⅴ　おわりに ──エコツーリズムに翻弄されて疲弊した漁村── ..182

第Ⅲ部　南パンタナールの農場経営と環境問題

第8章　伝統的な農場経営とその課題 ──バイアボニータ農場の事例── 187
　Ⅰ　はじめに 187
　Ⅱ　自然環境の特徴 192
　Ⅲ　土地利用と農場経営 204
　Ⅳ　粗放的牧畜経営の実態 214
　Ⅴ　粗放的牧畜経営の課題と対策 234
　Ⅵ　おわりに 239

第9章　アロンバードをめぐるポリティカル・エコロジー
　　　　――伝統的な生態学的知識と科学的な生態学的知識の相剋――.................243
- Ⅰ　はじめに..243
- Ⅱ　アロンバードの形成とその伝統的な管理方法..................................245
- Ⅲ　タクアリ川の異変とアロンバードの管理規制..................................247
- Ⅳ　アロンバードの分布とその周年開放の影響.....................................254
- Ⅴ　事例農場における自然環境と農場経営の変化..................................264
- Ⅵ　おわりに ――アロンバードをめぐる住民対立の構図――..................269

おわりに ――まとめにかえて――...275
- Ⅰ　生態系破壊の諸相...275
- Ⅱ　環境保全への取り組みと課題...277
- Ⅲ　持続可能な発展への取り組み...278

付録：パンタナールで見られる動植物リスト...281
- 【A】魚類の現地名，和名または属名，および学名.................................281
- 【B】両生類の現地名，和名または属名，および学名..............................281
- 【C】爬虫類の現地名，和名または属名，および学名..............................281
- 【D】鳥類の現地名，和名，および学名...282
- 【E】哺乳類の現地名，和名または科・属名，および学名........................285
- 【F】木本種の現地名，和名または科・属名，および学名........................286
- 【G】草本種の現地名，和名または科・属名，および学名........................287

索引...289

第Ⅰ部
パンタナールの自然環境

川面に写る美しい回廊林の影

第1章
地形・気候と水文環境

I　はじめに

　南アメリカ大陸のほぼ中央に位置するパンタナールは，ブラジル・ボリビア・パラグアイの3カ国にまたがる国境周辺に広がる，世界最大と目される熱帯低層湿原である。その名称は，ポルトガル語で湿地を表すパンタノ（pântano）に由来し「大湿原」を意味する。湿原の総面積は約20万km^{2}に達するとみられ，ほぼわが国の本州（約23万km^2）に匹敵する[1]。このうち，ブラジル領のパンタナールは湿原全体の約7割にあたる13.8万km^{2}を占め，行政的にはマットグロッソ州に属する北パンタナールと，マットグロッソドスル州に属する南パンタナールに区分される（図1-1）。

　世界的に認知されたアマゾンの南に位置するパンタナールは，アンデス山脈の隆起にともなう大規模な地殻変動により，安定陸塊の楯状地であるブラジル高原と新期造山帯のアンデス山脈との間に形成された巨大な堆積盆地で，毎年その約7割が河川の氾濫により水没するといわれる，標高約80〜200mの比較的低平な平原である（図1-1）。

　鍋底状の閉鎖的な大湿原であるパンタナールの周囲は，グランチャコ・パンパ平原に連なる西部を除き，標高約400〜800mの山脈（serra）や台地（chapada），高原（planalto）に取り囲まれている。すなわち，北部にはアマゾニアとの分水嶺をなすパレシス台地や，アララス山脈，ギマランイス台地，マットグロッソ高原が展開する。また東部には，急崖を呈して湿地を縁取るようにサンジェロニモ山脈やマラカジュ山脈がほぼ南北に延びており（写真

---

[1]　季節変動や年変動が大きい湿地の面積を見積もることは難しい。パンタナールの面積も文献によりその値がまちまちである。Swarts（2000）は，最も一般的に見受けられるパンタナールの面積は，140,000km^2〜210,000km^{2}の間であると記している。

1-1)、その東にはセラード（木本サバンナ）や森林に覆われた広大なブラジル高原が広がっている。さらに南部には、ボドケーナ山脈やマラカジュ山脈との境界部にケスタ地形が認められる（図1-1）。

これらの山脈や高原からは、クイアバ川、サンローレンソ川、ピクイリ川、タクアリ川、ネグロ川、アキダウアナ川、ミランダ川など、多数の河川がパンタナールへと流入しており、最終的にそのすべてが最下部を流れるパラグアイ川に流れ込んでいる。マットグロッソ高原に源を発するパラグアイ川は、ブラジルとボリビアの国境沿いをほぼ南北に流下した後、コルンバより下流でその流路を東へと大きく変え、ウルクン山（Morro do Urucum）の外縁を取り巻くように迂回してパンタナールから流出する（図1-1）。

パンタナールでは、パラグアイ川が流れる西部の標高が相対的に低く、とりわけ地形的狭窄部が形成されているウルクン山の東に位置するパンタナール南西部で最も標高が低い。そのため、平年で11月～翌年4月頃まで続く雨季になると、多数の河川が洪水を

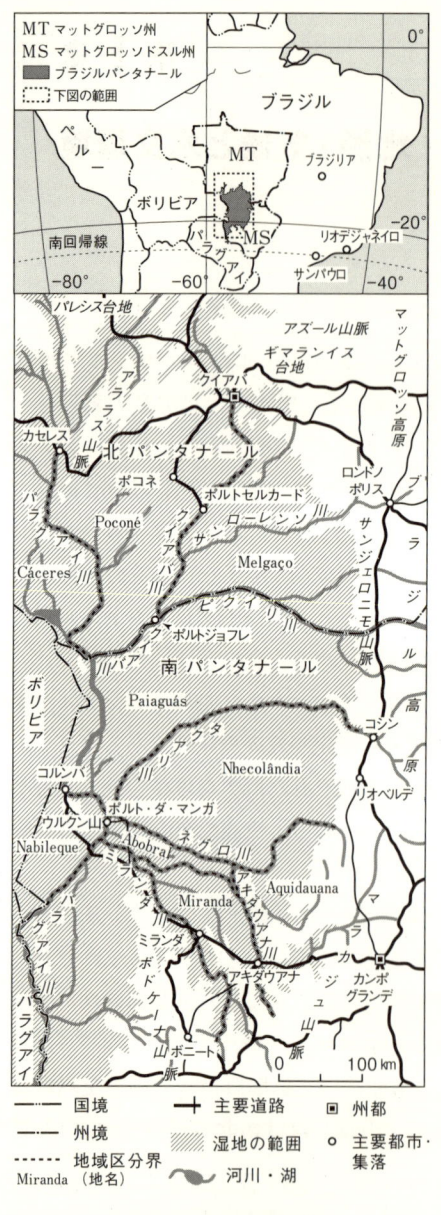

図1-1　研究対象地域

写真1-1　急崖を呈してブラジル高原(上部)と隔てられるパンタナールの堆積盆地

写真1-2　雨季における河川の氾濫

引き起こして氾濫し，パンタナールでは上流から下流へと浸水域が徐々に拡大する(写真1-2)。さらに，パンタナールで唯一の排水路となるパラグアイ川では，多数の支流から大量の水が一気に流入して水位が急激に上昇する。そのた

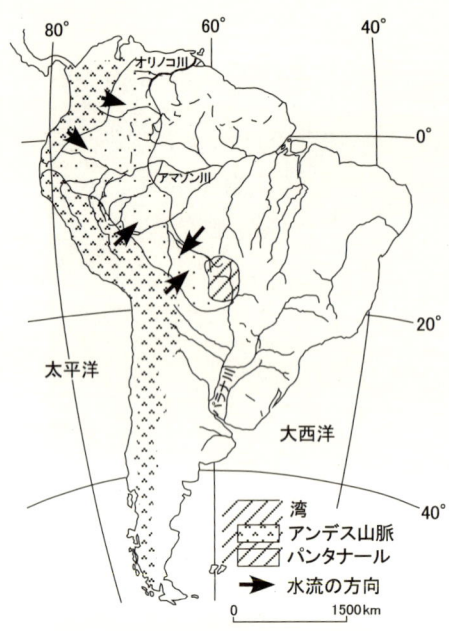

**図1-2　新生代初期の南アメリカ大陸と
パンタナールの状況**　（出典：Por 1995）

め，パンタナールからの水の流出口となる南西部の地形的狭窄部では，排水しきれなくなった水が川から溢れ出して，その支流では水が下流から上流へと逆流しながらさらに浸水域が拡大する。

II　パンタナール形成史

新生代初期には，パンタナールは南米大陸北西部に位置する現在のペルーとエクアドルの国境付近で太平洋に面する，巨大な湾の最奥部に位置していた（図1-2，Por 1995）。湾はその後のアンデス山脈の造山運動により閉ざされ，大陸の北西側が全体的に隆起したことにより，パンタナールは周囲を台地などで囲まれ地表水が外に流出しない閉鎖性の塩湖のような状況が一定期間続いたと考えられる。西側の山地は傾斜が急で流域界まで距離的に短いのに対し，北側および東側の台地は集水域が広く，河川水とともに大量に土砂が流入することが考えられる。

　これら周辺の台地などから流入した土砂により，閉鎖された塩湖は徐々に陸地化するが，このとき深層部に海水が閉じこめられ保存された可能性がある。実際，深度60m付近には高塩分の地下水の存在が確認されている。土砂の堆積にともない，北および東から西に向かって緩やかではあるが地形の勾配が形成されることにより，南西部の狭窄部がこの地域で最も標高の低い地域となった。換言すれば，この狭窄部は，パンタナールに滞留した地表水が雨季に決壊するように大量流出することにより，流動方向に当たるこの地域が侵食されてできたことを示している。

アンデス山脈の隆起とともに南米大陸北西部の開削部が閉じられた後，盆状の形をした基盤上に周辺の台地から土砂が掃流され堆積することになった。この地域の西縁部には南北方向に大きな断層線が存在し，この部分が地溝帯のような形状を呈していることが推定できる。周辺部から運ばれてきた土砂は，ここに向かって流れ込むこととなり，結果的に標高は東側で高く西縁部でもっとも低い地形が形成された。地質柱状図からは，最も基盤深度が深いパンタナール中央部の深度約500 m地点においても，新生代に入ってから堆積した土砂はほとんど固結していないことが分かっている。そのため，第三紀から第四紀にかけての堆積状況については，その境界が未だ明確ではない。

Ⅲ　地形と水文環境

　現在のパンタナールは，きわめて勾配の緩やかな扇状地性の地形を呈している。とくにタクアリ川が形成する扇状地性の地形は，南パンタナールのほぼ全域を覆う大規模なもので，扇端部では雨季・乾季を問わず湿地が広がっている。水系網図を作成してみると，非常に細かく網状流が発達している地域と，あまり発達が見られない地域が明瞭に分かれている。このことは，扇状地性地形の形成過程において，この地形が一様に形成されたのではなく，時代によってタクアリ川およびその支流の流路の位置が大きく変わっており，それにともない河川によって運ばれてくる土砂の堆積環境も大きく異なっていたことを示唆している[2]。

　パンタナールの地形は，東部の集水域からパラグアイ川に向かって，サンローレンソ川やタクアリ川などの大規模河川が形成した複数の扇状地性地形から構成されている（Braun 1977; Klammer 1982）。標高はパラグアイ川周辺が最も低く，集水域に近い周縁部ほど相対的に高くなっている。周囲の集水域とパンタナール湿原の境界付近の標高は，平均約200 mである。

　パンタナール湿原の河川堆積物は，その中央部で約500 mと最も厚く，周縁部に向かってほぼ同心円状に薄くなる（Godoi Filho 1986）。PROJETO

---

[2]　本地域の堆積環境に関しては未知の部分が多く，今後ボーリング調査によるコアサンプリングや有機物による年代測定など，種々の調査・測定が必要である。

RADAMBRASIL(1982)の地質柱状図によると，全層にわたって砂・シルト・粘土およびそれらの混合したものが堆積していることがわかっており，難透水層が連続して広範囲に分布する傾向は認められない。

タクアリ川の平均河床勾配は，PROJETO RADAMBRASIL(1982)によると約1/5,000である。IBGE(ブラジル地理統計院)発行の地形図に描かれている等高線の間隔は，最も大縮尺である1：100,000の地形図でも100mであり，この精度では自然堤防をはじめとする微高地を含めた詳細な地形起伏はおろか，全体の地形形状の把握すら著しく困難である。ただし，地形図中にはかなりの地点の標高が記載されているので，この数値をもとに地形等高線を描き，パンタナール全体の地形の概略を把握すると同時に，地形の発達過程を推定するために，接峰面的に谷頭侵食される前の地形形状の復元を試みた(図1-3)。

これによると，地点標高を基にして描いた10m間隔の等高線の形状は，地形図に記載されている100mの等高線の形状ときわめて調和的であり，この地域が扇状地性の地形であることがよくわかる。また，接峰面的に復元した等高線は，扇頂から扇端に向かってタクアリ川の右岸と左岸でその形状や間隔の規則性が異なっている。すなわち，右岸の扇頂部付近では等高線間隔が広く地形勾配が緩かであるのに対し，左岸では等高線が相対的に狭く急勾配である。このようなタクアリ川の右岸と左岸における等高線の形状の不調和は，扇状地性地形の形成年代が右岸と左岸で異なることを示唆している。

さらに，図1-3に併せて示した水系網を見てみると，等高線の形状と同様，タクアリ川の右岸と左岸で水系網の分布密度が大きく異なっており，地表面から地下への河川水の涵養形態にも顕著な地域的差異が存在することが考えられる。とくに，図1-3中の等高線の形状に示された扇状地性地形の南部における大規模な谷地形の存在と，この谷の標高130～160m付近の谷頭を源流とする多くの河川流路の分布は，この地域の扇頂から扇央にかけて大規模な地下水の水みちが形成されていることを裏付けている。

南部では水系密度が低いことや大規模な谷地形の存在が確認できるのに対し，北部では水系密度が高く大規模な谷が存在しない。このことは，現在，扇状地への土砂堆積が北部を中心に進んでいるのに対し，南部では土砂の供給が停止して谷頭侵食が大規模に進んでいることを示唆している。

第1章　地形・気候と水文環境　　17

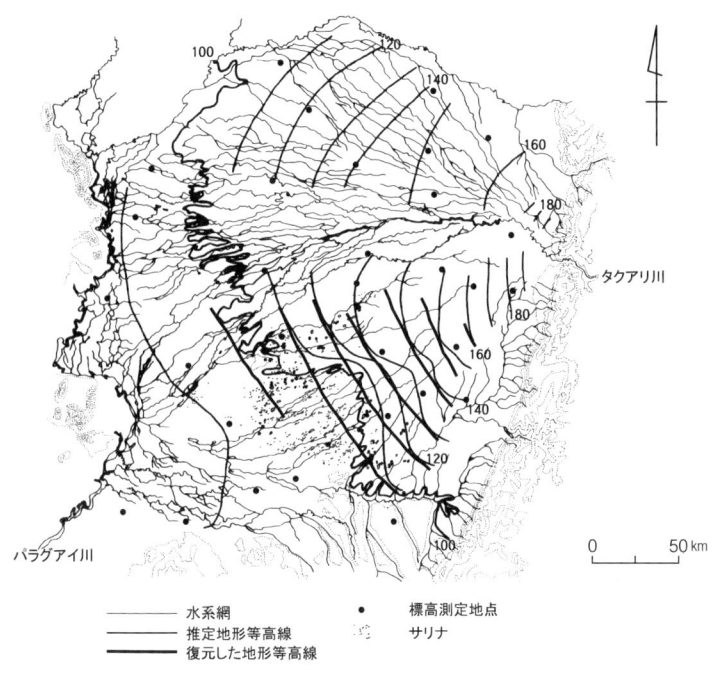

図1-3　地形の復元とサリナ(塩性湖沼)の分布
(IBGEの地形図をもとに作成)

　パンタナールの基盤の形状を含めた地質構造は，PROJETO RADAM-BRASIL(1982)の地質柱状図や，Godoi Filho(1986)による基盤深度分布を考慮に入れると，日本における関東平野の地質構造に比較的似ており，盆地状の構造を呈していることが示唆される(日本の地質「関東地方」編集委員会編 1986)。

　本地域で認められる地形形状の顕著な地域的差異は，それに規制されて流れる地表水と地下水の交流関係を規制していると考えられる。タクアリ川左岸の大部分を占めるニェコランディア地区は，図1-3で作成した推定地形等高線をみると，顕著な谷頭侵食が認められる扇状地性地形の扇央部から扇端部に位置しており，地形図や衛星画像にも多数の大規模な湖沼の分布が確認できることから(口絵①下衛星画像参照)，この地域に扇端部湧水帯が形成されていることが考えられる。また，北部や上流部にはほとんど分布しない高塩分の水を溜め

ているサリナ(塩性湖沼)が数多く分布していることから，この地域が滞留時間や流動経路の異なる複数の地下水の流出口となっていることが考えられる。さらに，乾季と雨季で地表水の存在状態が全く異なるという状況は，季節によって地表水と地下水の相互関係が大きく異なることを示唆している。

　このような地形・地質的な状況を考えると，本地域には相当量の地下水貯留があると推定される。ただし，地表面の形状は扇状地性の地形なので，教科書通りの解釈をすれば，扇央の地表から浅層部分は乏水地域となり，地下水の涵養域である扇頂とともに湿地が形成されにくい条件下にあることになる。実際，乾季におけるこれらの地域の地表水分布は，リオ(恒常河川)，コリッショ(水路)，バザンテ(間欠河川)といった一部の河川流路の淵の溜まり水や，バイア(湖)，サリナなどの湖沼水に限定され，ほとんどの地域が乾燥してしまう一方で，雨季にはかなり広範囲に水が溜まって湿原の様相を呈している。

　扇央部において雨季に湿地が出現するプロセスには，いくつかの可能性がある。一つは地下水位の上昇に伴って地下水面が地表に到達する場合である。もう一つは，河川からの越流によって洪水流が地表を覆う場合である。図1-3に示した水系網からも，この地域の河川が網状流のような状態になっていることが確認でき，雨季にタクアリ川から越流した水がこれらの支流沿いに流出して，湿原の様相を呈していくことが考えられる。

　扇端部では，季節を問わず湿地が維持されている。これは，扇端部がパラグアイ川の氾濫原になっていることのほかに，扇端部湧水帯がそこに形成されていると考えられるからで，本地域の地形が扇状地であることの一つの証左となっている。

　このように，パンタナールでは雨季と乾季，あるいは地域によって，湿地を維持している水の起源に差異があるため，それに起因してビオトープの水質も大きく異なることが想定される。この点に関しては，第3章で詳しく検討する。

IV　気候と水文環境

　図1-4は，「パンタナールの玄関」と称されるコルンバ(Corumbá,標高130m)における30年間(1961〜1990年)の気候特性である。月平均気温は，最

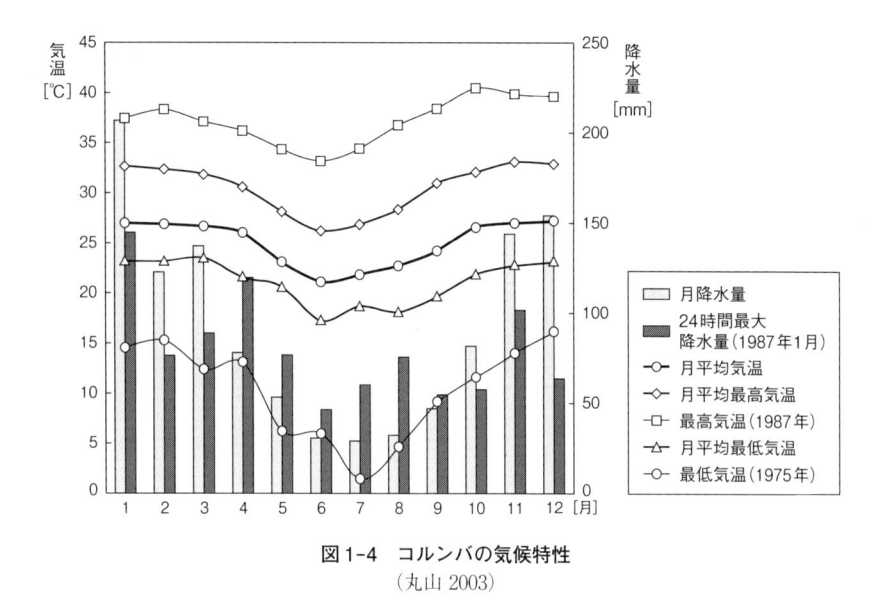

図 1-4　コルンバの気候特性
（丸山 2003）

暖月の 12 月が 27.2℃，最寒月の 6 月が 21.1℃で，年較差は 6.1℃ と小さい。しかし，朝晩の涼しさとは対照的に日中は気温が上昇して，日較差は 15℃ 内外と大きい。また，突然来襲する寒波や熱波，強風，豪雨など，本地域の気象変化は決して穏やかではない。とくに，5～9 月の乾季に南からの強い冷気の流入により発生するフリアージェン（friagem）は，時に熱帯のパンタナールに霜をもたらすほどである。1975 年 7 月には極度に乾燥した冷たい風が吹き荒れて，コルンバでも気温が 1.4℃ まで低下した。逆に雨季などには，北のアマゾン地域より高温多湿な気団が入り込み，雷鳴轟く激しい暴風雨に見舞われることもある。

平均年降水量は 1,118 mm で，その 75％にあたる 844 mm が 11 月～翌年 4 月までの雨季に集中して降る。とりわけ，11 月（144 mm），12 月（154 mm），1 月（207 mm）の 3 カ月間の降水量は，年降水量の 45％にあたる 505 mm にも達する。河川の水位が上昇して浸水域が拡大するのもこの時期である。

一方，乾季にあたる 5～10 月の降水量はわずか 274 mm で，年降水量の 4 分の 1 にすぎない。とくに 6～8 月の月降水量は 30 mm 内外できわめて少ない。浸水域では，降水量が急激に減少する 5 月頃から水がゆっくりと引き始め，標

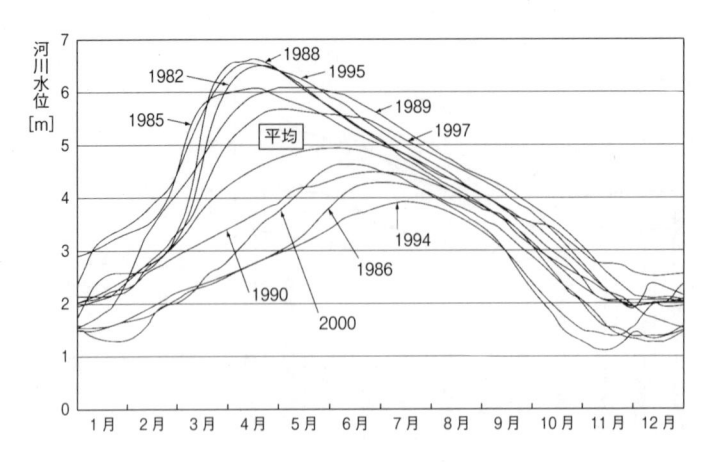

図1-5 パラグアイ川の水位変動（1982〜2001年，Ladario観測点）
（海軍基地の観測データをもとに作成；丸山2003）

高の高い場所から徐々に陸地が水中から姿を現す。そして，乾季が盛りを迎える8〜9月頃には水がほとんど消失して，雨季の浸水域は一面緑の大草原へと変貌する。

ちなみに，ニェコランディア地区の気候区分を行ったRodela e Neto (2006)によると，1977〜2005年までの平均年降水量は1,156mmであり，年平均気温は26.4℃であった。また，季節区分は6〜10月を乾季(periodo de seca)，11〜5月を雨季(periodo de cheia)としている。このような，明確な雨季と乾季の交替にともなう降水量の大きな変化は，最下部を流れるパラグアイ川の年間水位変動にも顕著に反映されている。

図1-5は，コルンバに隣接するラダリオの海軍基地で観測されているパラグアイ川の水位変動データをもとに作成した，最近20年間（1982〜2001年）の平均および代表的な高水位・低水位年の年間水位変動である。これによると，最高・最低の水位やその出現時期には年による明確な差異が認められる。

水位がとくに高かった1982年（最高水位6.52m），1985年（6.07m），1988年（6.64m），1989年（6.12m），1995年（6.56m）には，4月中旬〜5月中旬に

---

3) 1905〜1971年までの選択した10年におけるパラグアイ川の年間水位変動（ラダリオ観測点）に関しては，Valverde(1972)を参照せよ。

かけて最高水位が6mを超えている。逆に，水位が低かった1986年(4.33m)，1990年(4.5m)，1994年(3.94m)，2000年(4.66m)には，最高水位が約4～4.5mと低く，その出現時期も6～7月上旬と大きく遅れている。1980年代は相対的に高水位年が多かったが，1990年代に入ると低水位年が増加して，相対的に乾燥化している。とくに1998年以降は，厳しい乾燥年が続いている。

ラダリオの観測点よりもパラグアイ川の下流に位置するポルトダマンガの渡船場には，水位を記録するゲージが埋設されている。また，河畔に並び建つ高床式家屋の柱には，水が床下まで達した年の水位が記録されている(写真1-3)。そこで，これ

写真1-3 高水位年の最高水位が記録された木の柱(ポルトダマンガ)

表1-1 ポルトダマンガの高床式家屋に記録されたパラグアイ川の高水位年とその最高水位

高水位年	最高水位(m)
1988	9.21
1905	9.00
1979	8.98
1980	8.83
1995	8.73
1913	8.70
1985	8.50
1920	8.42
1930	8.27
1917	8.19
1977	7.86
1940	7.53

(現地調査により作成；丸山2003)

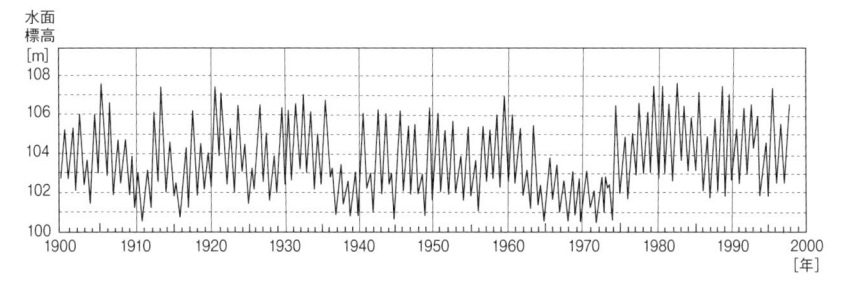

図1-6 ポルトエスペランサにおけるパラグアイ川の100年間の水位変動
(Superintendência de produção de Baurú 1980より作成)

らのデータをもとに過去の高水位年とその年の水位を計算した結果，水位が9mを超えたのが1905年と1988年の2年，8m台が1913・1917・1920・1930・1979・1980・1985・1995年の8年あったことが明らかになった（表1-1）。なお，ポルトダマンガよりもさらに下流のポルトエスペランサにおけるパラグアイ川の約100年間の水位変動は，図1-6に示したようである。

（丸山浩明・宮岡邦任）

＜文　献＞

日本の地質「関東地方」編集委員会編 1986.『関東地方 日本の地質3』共立出版.

丸山浩明 2003. 生物多様性を支える多様なビオトープタイプ. 地理 48(12): 15-22.

Braun, E. H. G. 1977. Cone aluvial do Taquari, unidade geomórfica marcante na planície quaternária do Pantanal. *Revista Brasileira de Geografia* 39(4): 164-180.

Godoi Filho, J. D. 1986. Aspectos geológicos do Pantanal Mato-Grossense e de sua área de influência. In *Anais do 1 simpósio sobre recursos naturais e sócio-econômicos do Pantanal*(EMBRAPA-CPAP Documentos 5), ed. Boock, A., 63-76. Corumbá: EMBRAPA-CPAP.

Klammer, G. 1982. Die palaeowuste des Pantanal von Mato Grosso und die pleistozane klimageschichte der brasilianischen randtropen. *Zeitschrift für Geomorphologie* 26: 393-416.

Por, F. D. 1995. *The Pantanal of Mato Grosso (Brazil): World's largest wetlands*. Dordrecht: Kluwer Academic Publishers.

PROJETO RADAMBRASIL 1982. Folha se.21 Corumbá e parte da Folha se.20. Levantamento de recursos naturais volume 27.

Rodela, L. G. e Neto, J. P. Q. 2006. Estacionalidade do clima no Pantanal da Nhecolândia, Mato Grosso do Sul, Brazil. *Revista Brasileira de Cartografia* 59: 101-113.

Swarts, F. A. 2000. *The Pantanal*. St. Paul: Paragon House.

Valverde, O. 1972. Fundamentos geográficos do planejamento do Município de Corumbá. *Revista Brasileira de Geografia* 34(1): 49-144.

第2章
生物多様性を支える多様なビオトープ

I はじめに

1. 研究課題

　面積が約20万km²にも達する巨大な熱帯低層湿原であるパンタナールは，アマゾンと肩を並べる世界屈指の生物多様性を誇る(Por 1995)。これまでに同定された生物種だけでも，魚類263種(Britski et al. 1999)，両生類40種(Willink et al. 2000)，爬虫類162種，鳥類656種，哺乳類95種(Ministério do Meio Ambiente, dos Recursos Hídricos e da Amazônia Legal 1997)に達している。また，植物に関しても756種の木本種を含む1,656種の陸生植物(Pott and Pott 1994)，240種の水生・半水生植物が同定されており(Pott e Pott 1994, 1999, 2000)，その総数は3,500種に達するとの見方もある(Willink et al. 2000)。

　パンタナールに固有の植物はほとんど無いが，パンタナール以外で絶滅の危機に瀕している生物種が数多く見られ，南米大陸の生物多様性を保全するうえでも，アマゾンとともに貴重な存在となっている。パンタナールの植物相は周辺域のバイオームと関連しており，中央ブラジルのセラード(Cerrado)，アマゾニア(Amazonia)，チャコ(Chaco)，および大西洋岸森林(Atlantic forest)の要素によって構成されている(図2-1)。南米大陸の植物相の交差点とも言うべきパンタナールには，きわめて多様な植物が分布しており，パンタナール・コンプレックス(Pantanal complex)とも呼ばれている。

　パンタナールの豊かな生物多様性の背景には，乾季と雨季が明瞭に分かれており，雨季には河川の氾濫により季節的な浸水が生じるなど，乾燥から湿潤まで植物にとっては非常に異なる環境が同所的に存在していることがある。換言すれば，水路や湖沼，湿地，草原，森林などが混在する，多様な動植物(生物群集)の生息空間(一般にビオトープbiotopeと呼ばれる)が，豊かな生物多様性

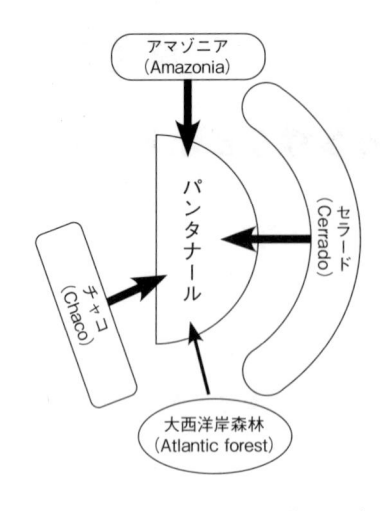

図2-1 パンタナールの植生構成モデル
(Por 1995)

を根底で支えているといえる(砂防学会 1999, 2000)。

そのため，具体的な地域に即したビオトープの検出やビオトープマップ(biotope map)の作製は，地域の多様な自然環境の形成メカニズムを解明したり，実効性の高い環境保全策を実現したりするうえで必要不可欠である[1](丸山2003a, b)。そこで，南パンタナールのニェコランディア地区を事例に，多様なビオトープの検出とビオトープマップの作製を試みた。なお，実際に事例農場で作製したビオトープマップは，口絵⑮と第Ⅲ部第8章(図8-2)に掲載した。

タクアリ川とネグロ川の河間地に広がるニェコランディア地区は，これら2つの大河川とその支流群が形成する起伏のある扇状地性地形の一部をなす(Braun 1977; Souza 1998)。ここはタクアリ川右岸のパイアグアス地区とともに，ブラジル・パンタナールで最も自然環境が多様な地域として認知されている。そのため，パンタナールに発現する多様なビオトープの検出とその地図化に際しては，事例地域としての有効性がきわめて高いと判断できる。

2. 研究方法

一般にビオトープとは「特定の生物群集が生存する均質な生物空間」を意味するが，現状では語義の曖昧さに由来する理論的な混乱や操作上の課題がさまざま指摘されている(沼田 1987・1996; 守山 1993; 杉山 1993; 横山 2002)。たとえば，生物群集の生存を支える「均質性を備えた最小の地理的単位(沼田1987)」と定義されるビオトープの検出は，現実には対象とする生物種ごとに

---

1) さまざまな野生生物や家畜が，採餌，営巣(繁殖)，休眠，避難などの目的で，異質なビオトープ間を移動しながら生活している実態を考慮すると，生物多様性の保全やビオトープ活性化の有効策として認知されているコリドー(corridor)などの保全・修復に際しても，多様なビオトープの検出とその地図化が基礎的作業として有効である。

同質性やその表現にふさわしい地図の縮尺が異なるため，あらゆる生物群集に適用できるマルチスケールなビオトープマップの作製は難しい(佐久間 1998)。また，ビオトープの検出規範も，専門や目的を異にする研究者の恣意的な判断に依拠しがちとなり，研究者は常により厳密かつ客観的なビオトープの検出と地図化を迫られることになる。

　一方で，実効性の高い環境保全策の立案に有用なビオトープマップの必要性はますます高まっており，より実用(応用)的かつ生産的なビオトープの検出・地図化方法の確立が希求されている(勝野 1984; 武内・横張 1993; ヨーゼフ 1997; 池谷 1998)。こうした中で，地域の自然に長年親しんだ人々の感性に着目する方法を模索する立場もある(長谷川 1996)。これは，分類する側の主体的な認識体系に関心を向ける立場で，対象地域の客観的な分類体系を追求する立場とは異なる。住民によって対象に付与された語彙を分析し，その意味的な対立から分類体系を検出して，共有された住民の知識体系を記述する方法は，民俗分類(folk taxonomy)の研究方法として広く認知されている。

　そこで，ここでは大縮尺図が存在しない開発途上国でも有効かつ生産的なビオトープの抽出・地図化の方法として，民俗分類の研究方法を援用する。そして，住民が日常使用する地名から，彼ら固有の主体的な土地分類の規範を検出し，それに基づき地図化を試みる。地名を手掛かりに住民の環境認識を探った研究には，奄美諸島を対象とする堀(1979)，島袋(1992)，山村を対象とする中島(1986)，古田(1987)，関戸(1989)などがある。また Hiraoka(1985a, b, c)は，河川の水位変動が大きいペルー・アマゾンの氾濫原を対象に，地名に基づく住民の主体的な環境区分と環境資源利用との関係を論じた。そして，検出された合計 14 のビオトープを氾濫原の地形断面図の中に位置づけている。

　地名は住民に共有された知識であり，日常生活と関係が深い環境に対する彼らの理解や認識が反映されたものと考えられる。また，語彙化されているために，その内容や空間分布を描出しやすい操作上の利点も備えている。

Ⅱ ビオトープの検出

1. 多様なビオトープ

　ニェコランディア地区の住民への聞き取り調査から，本地域で日常的に使用されている地名を収集した。その結果，特定の自然景観を示す土地に付与された13の地名が検出された。いずれも住民により古くから呼び習わされ，共有・伝達されてきた地名である[2]。また，これらの自然景観に人間活動が作用して形成された3つの文化景観も同時に検出された。

　表2-1は，検出された13の地名（自然景観）と3つの文化景観について，住民による定義やその代表的な植物をまとめたものである。また写真2-1～2-11は，これらビオトープの景観を示している。地名は，いずれも本地域の地形や水の状態，植生（植物の生活型）などが生み出す特徴的な自然景観に対して付与されており，共通の自然景観を示す場所では再現性をもって出現する。そのため，地名に基づく住民の主体的な土地分類は，一般に景観生態学的あるいは植生地理学的観点から周辺空間と明確に区分できる再現性ある土地区画（景観の一部）として描出されるビオトープの実用的な検出方法として，有効かつ合理的であると考えられる。

2. ビオトープの分類規範

　住民の主体的な土地分類が，具体的にどのような景観に基づくものか，実際にそれぞれの地名が付与された場所を住民とともに歩き回り，景観観察や聞き取り調査を実施した。また，小型飛行機による上空からの相観的な景観観察も行った。その結果，図2-2のようなビオトープの分類規範が明らかになった。

　まず，ビオトープは人為的な影響が弱い自然景観と，人間活動による自然改変が強く及んだ文化景観に分類される[3]。このうち，後者に該当するのは農業景

---

2) 検出された地名の起源は明らかではないが，その中にはカポン（caapão, caa＝森＋pão＝島の合成語）のように，先住民であるインディオが利用していたトゥピ・グアラニー語に由来するものもあり，その使用はかなり古くからであると推察される。
3) 人間による自然改変がない原始景観（理論的自然景観）の意味ではなく，管理されている草原や森林景観もここに含まれる。

第2章 生物多様性を支える多様なビオトープ

表2-1 パンタナール・ニコランディア地区のビオトープ

	ビオトープ	住民による定義	代表的な植物
自然	リオ (rio)	明確な蛇行水路をもつ恒常河川。季節的な水位変動が大きい。	Eichhornia crassipes
	コリッショ (corixo)・コリシャン (corixão)[1]	リオに連結する堀割り状の小河川。湖沼水の流入・流出路。	Eichhornia crassipes, Pistia stratiotes, Thalia geniculata
	バニャード (banhado)	氾濫を繰り返すオリオの周囲に広がる。低平な恒常的浸水地。	Eichhornia crassipes, Pistia stratiotes, Thalia geniculata
	バザンテ (vazante)	間欠河川。低平な河床は、雨季には浸水、乾季には草原。	Axonopus purpusii, Melochia villosa var. tomentosa
	バイシャーダ (baixada)	低平な浅い窪地状地で、雨季を中心に一時的に浸水する低位草原。	Axonopus purpusii, Melochia villosa var. tomentosa
	バイア (baia)	河川水の流入により形成される、森林に囲まれた円・楕円形の湖沼。	Axonopus purpusii, Melochia villosa var. tomentosa
	サリナ (salina)・サリトラダ (salitrada)[2]	森林内の閉鎖水域に見られる。アルカリ性の強い円・楕円形の塩性湖沼。	Borreria quadrifaria, Byttneria dentata, Alchornea castaneifolia
	カンポアルト (campo alto)	浸水しない高位草原。	Axonopus purpusii, Andropogon bicornis, Elyonurus muticus, Hyptis crenata
景観	セラード (cerrado)	草原内に多数のさまざまな灌木が生育する木本サバンナ。	Axonopus purpusii, Byrsonima orbignyana, Curatella americana, Annona dioica
	セラドン (cerradão)	セラードよりも大きな灌木や樹木が生育する森林。林床には草本が希薄。	Bromelia balansae, Curatella americana, Vochysia divergens, Vitex cymosa
	コルジリェイラ (cordilheira)	バザンテや旧河道沿いの自然堤防上に形成された、閉じた森林。	Vochysia divergens, Orbignya oleifera, Tabebuia aurea, Hymenaea stigonocarpa
	カポン (caapão)	バザンテやカンポアルトの内部に形成された、中州状の円形をした島状の森林。	Bromelia balansae, Tabebuia aurea, Vitex cymosa, Cecropia pachystachya
	マタシリアル (mata ciliar)	リオやコリッション・コリシャンの河道に沿って連続的に延びる回廊林。	Licania parvifolia, Genipa americana, Triplaris formicosa, Ficus luschnathiana
文化景観	人工牧野 (artificial pasture)	外来種の牧草を人工的に栽培する家畜の放牧地。	Brachiaria humidicola, Brachiaria decumbens
	農地 (arable land)	果樹園や普通作物畑。	—
	農場施設 (farm facilities)	住居や倉庫、家畜囲いなどの農業施設。観光客の宿泊・娯楽施設。	—

表中の点線は、恒常的浸水地と一時的浸水地の境界を示す。
1) コリッションは、コリシャンよりも相対的にも規模や水量が大きい。
2) サリトラダは、サリナに比べて塩分濃度が相対的に低く、水中や水辺にも植物が生育する塩性湖沼。サリナにはほとんど植物が生育しない。(丸山・仁平 2005)

観としての人工牧野，農地，農場施設の3つで，牧柵による農地の囲い込みや栽培植物（作物），建造物などにより自然景観との判別は容易である。一方，自然景観の分類はより複雑である。住民の主体的な土地分類は，年間を通じての浸水状況[4]，地形区分，相観的な植生区分や生活型の3つの主要な規範に基づき行われている（図2-2）。住民は，これら諸規範の組み合わせにより表出される周辺空間と明確に区分できる再現性ある自然景観に対して，独自の名称を付与して土地分類を行っている。

1）浸水地の分類規範

浸水地には，水が一年中ある恒常的浸水地と，雨季を中心に浸水するが乾季には水が消失する一時的浸水地がある（図2-2）。水生植物が生育する恒常的浸水地は，明確な流路をもつ河川と，その氾濫により周囲に形成される湿地のバニャード（banhado，写真2-1）に分類される。河川には，恒常河川であるリオ（rio，写真2-2）と，コリッショ（corixo）やコリション（corixão）が含まれる（写真2-3）。コリッショやその規模がより大きいコリションは，リオから分岐して湖沼などに流入する堀割状の小河川（川と湖沼などの水体を結ぶ水路）である。そのため，水源であるリオの水位が低下する乾季には，水量が激減して淀んだり干上がったりする。リオとコリッショ・コリションは，川の規模や水量，水源や流入先に基づき分類されている。

雨季を中心に水没する一時的浸水地は，間欠河川（バザンテ），湿地（バイシャーダ），湖沼に分類される。これらの地域には，イネ科のミモゾ（mimoso, *Axonopus purpusii*）を優占種とする，一般にカンポ（campo）と呼ばれる類似の熱帯草原が形成されている（表2-1）。

間欠河川のバザンテ（vazante）は，雨季には最下部を自由蛇行する川の流路をなし，乾季には連続的に延びる広大なカンポリンポ（campo limpo, 美しい草原の意味）となる（写真2-4）。これに対し，湿地のバイシャーダ（baixada）は，浸水しない微高地のカンポアルト（campo alto）や，最上部に位置する森林のコルジリェイラ（cordilheira）の内部に分布する，さまざまな形をした低平な窪地状のカンポリンポである（写真2-5）。

4）浸水状況は，土地の位置（河川や湖沼，湿地からの近接性）や標高（比高），地下水位などと密接な関係がある。

第2章 生物多様性を支える多様なビオトープ

写真2-1 水生植物が茂るリオ周辺の恒常的浸水地のバニャード

写真2-2 大きく蛇行するリオ（恒常河川）と三日月湖，マタシリアル（回廊林）

写真2-3 乾季に水が淀んだ堀割状の水路であるコリッショと河畔のマタシリアル（回廊林）

また，湖沼にはバイア(baía)とサリナ(salina)・サリトラダ(salitrada)が含まれるが，両者はその水質や植生，臭いなどから容易に判別できる。すなわち，河川水を主要な水源とするバイアは，周囲を森林に囲まれているが，その一部は切断されて河川水の流入・流出口となっている(写真2-6)。これに対し，サリナには河川水の流入・流出口がなく，周囲は完全に森林に包囲されて閉鎖水域となっている。水は強いアルカリ性で，好塩基性バクテリアなどの増殖により水が変色して，周囲に強い異臭を放っている[5]。植物はほとんど生育せず，硬い白砂地が湖沼を包囲している(写真2-7)。ただし，サリナに比べて塩分濃度が低いサリトラダでは，カンポ・スージョ(campo sujo，汚い草原の意味)と呼ばれる灌木を交えた草原の形成も認められる。

2) 非浸水地の分類規範

カンポアルトやセラード(cerrado)，セラドン(cerradão)は，バザンテなどの浸水地の背後に広がる非浸水の微高地に出現するビオトープである(図2-2)。一般に標高の上昇とともに，低位のカンポアルトから中位のセラード，高位のセラドン・コルジリェイラへと連続的な分布変化を示す。

カンポアルトは，浸水地に隣接する水辺のビオトープである(写真2-4)。イネ科の草本を主体とするカンポリンポとは異なり，多様な草本に僅かながら灌木を交えたカンポスージョが形成されている。なかでも，ハボ・デ・ブーロ(rabo de burro, *Andropogon bicornis*, ラバの尻尾の意味)とカピン・カロナ(capim-carona, *Elyonurus muticus*)は，カンポアルトの代表的な植物である(表2-1)。とりわけ，浸水地の水際に連続的に分布するハボデブーロは，隣接する浸水地のビオトープ(バザンテ，バイア，バイシャーダ)とカンポアルトとのエッジ(edge，ビオトープ間の自然な境界)を示す重要な指標植物として分類に利用できる(写真2-8)。

草本サバンナ(herbaceous savanna)であるカンポアルトに隣接して，その上部に分布するセラードでは，草原内に幹や枝が大きくねじ曲がったさまざま

---

[5] バイアボニータ農場に隣接するベレニセ農場内の3つのサリナで水質を測定した結果，pHは9.4～10.1と強いアルカリ性を示した。また，電気伝導度は，最も低いサリナでも16,700 μs/cmで，中には23,000 μs/cmを超えて持参した測器では測定できないものもあった。水中にエビや魚は生息しないが，牛や馬などの家畜が塩分を求めて多数集まる。周辺の硬い白砂地は，雨季に飛行機の滑走路としても利用される。

第2章　生物多様性を支える多様なビオトープ

写真2-4　雨季に浸水したバザンテと，浸水しない微高地に広がる高位草原のカンポアルト

写真2-5　コルジリェラ（森林）の内部に形成された低平な浅い窪地状地に広がる低位草原のバイシャーダ

写真2-6　河川水の流入・流出口をもつ森林に囲まれた円・楕円状湖沼のバイア

写真2-7 森林のコルジリェイラに包囲された塩性湖沼のサリナ

写真2-8 間欠河川のバザンテ(手前)とカンポアルト(奥)とのエッジを示す指標植物のハボ・デ・ブーロ

写真2-9 灌木を交えた草原のセラード(木本サバンナ)

第2章 生物多様性を支える多様なビオトープ

写真 2-10 熱帯季節林のセラドン(右)とセラード(左)のエッジ

写真 2-11 バザンテ(間欠河川)内部に形成された島状森林のカポン

な灌木が数多く生育する木本サバンナ(shrub savanna)が形成されている(写真2-9)。灌木のカンジケイラ(canjiqueira, *Byrsonima orbignyana*)やアリシクン(arixicum, *Annona dioica*)、樹木のリシェイラ(lixeira, *Curatella americana*)などは、セラードの代表的な植物である(表2-1)。一般に、セラードの灌木は高さが約2～5mである。

ポルトガル語で「大きなセラード」を意味するセラドンは、セラードに隣接してその上部に分布する森林であり、高さ約5～10mの樹木を主体とする(図2-2)。草原のセラードにはミモゾを主体とする草本が繁茂するが、森林をなすセラドンの林床には木々の落ち葉が堆積して草本は希薄である(写真2-10)。

同じ森林でも、コルジリェイラやマタシリアル(mata ciliar)は、木々の

ビオトープ	浸水状況[2]		地形区分[3]	植物景観		
	雨季	乾季		植生区分（現地名称）		生活型
リオ	○	○	恒常河川	水生・半水生植物		
コリッショ・コリション	○	○	掘割状小河川			
バニャード	浸水地	○	○	恒常的浸水地			
バザンテ		○	△	間欠河川	草本サバンナ	草本	(カンポリンポ)
バイシャーダ		○	△	一時的浸水地			
バイア		○	△	湖沼			
サリナ・サリトラダ[1]		○	△	塩性湖沼		草本(灌木)	(カンポスージョ)
カンポアルト	非浸水地	×	×	微高地 (低)	熱帯季節林	草本・灌木	(セラード)
セラード		×	×	(中)			
セラドン		×	×	(高)		(セラドン)
コルジリェイラ		×	×	自然堤防・微高地	森林	(マタ)
マタシリアル		×	×	自然堤防		
カポン		×	×	中州状微高地		
人工牧野		×	×		栽培植物	
農地		×	×	自然堤防・微高地		
農場施設		×	×		なし	

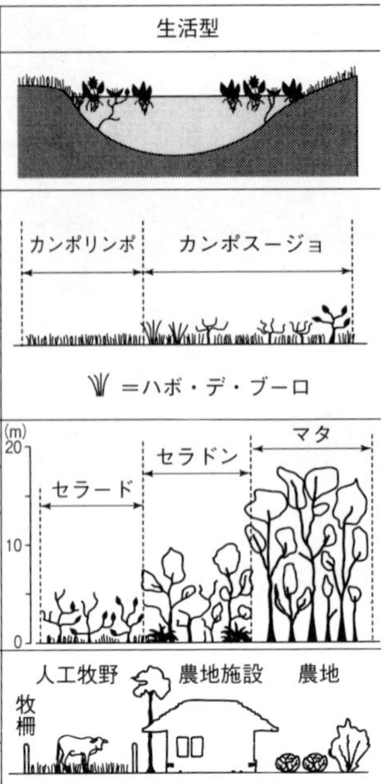

1) サリナには，も類を除き植物はほとんど生育しない。サリトラダには，草本・灌木類が生育する。
2) ○＝浸水する。△＝場所・時期により浸水する。×＝浸水しない。
3) 表2-1の住民による定義を参照。
4) 木本サバンナを示す。

図2-2 ビオトープの分類規範
(丸山・仁平 2005)

樹高が約10〜20mとセラドンよりも高く，林冠も鬱閉している。コルジリェイラは，かつての自然堤防や微高地上に形成された広大な半落葉樹林 (semi-deciduous forest)である(写真2-5)。多様な樹種が混交するコルジリェイラもあるが，カンバラザル(cambarazal, カンバラ *Vochysia divergens* 群落)，ババスザル(babaçuzal, ババスヤシ *Orbignya oleifera* 群落)，カランダザル(carandazal, カランダヤシ *Copernicia alba* 群落)，アクリザル(acurizal, アクリヤシ *Scheelea phalerata* 群落)，ピウバル(piuval, ピウーバ *Tabebuia heptaphylla* 群落)など，特定の優占種が形成するコルジリェイラもある。乾季には落葉する樹木も多く，林床は落ち葉などに覆われている。

一方，マタシリアルは，現在の河道(リオやコリッショ・コリション)に

沿って連続的に延びる回廊林で，その内部には三日月湖なども見られる(写真2-2)。森林内にはピメンテイラ(pimenteira, *Licania parvifolia*)のような浸水に強い樹木も生育する。コルジリェイラに比べ，乾季にも落葉しない常緑広葉樹も多い。

　また，同じ森林でもカポン(caapão)は，その分布域や森林の形態からコルジリェイラやマタシリアルと明確に区分されている。すなわち，カポンの分布域はバザンテやカンポアルトの草原内部にあり，見事な円形ないし楕円形の特徴ある森林が，川の流路に沿ってあたかも島のように列状に散在している(写真2-11)。

III　ビオトープの分布モデル

　ここでは先に定義・検出された多様なビオトープが，実際の空間の中でどのような規則性をもって分布しているのか，その空間配列の特徴を分布モデルとして提示する。そもそも，住民の環境認知に基づき本稿で検出された多様なビオトープは，土地の浸水状況や地形，植生を主要な分類規範としており，そのモザイク状の分布は土地起伏(とくに河床との比高)と必然的に明瞭な対応関係を示している。

　このような視点の有効性は，すでに先行研究の成果からも明らかである。たとえば，Prance and Schaller(1982)は，草本サバンナが河川水位の上昇により季節的に浸水する場所を中心に分布し，木本種が優占する半落葉樹林は一年中浸水しない場所に分布することを明らかにしている。また，Cunha and Junk (2001)は，森林の空間分布と浸水期間とが対応することを指摘するとともに，浸水による構成樹種のフェノロジー(phenology)や植生構造への影響についても示唆している。さらにZeilhofer and Schessl(1999)は，非浸水域の土壌の水分条件が浸水域からの比高に規定されて変化しており，それが植生分布に影響することを指摘している。同様にDubs(1992)は，非浸水域では地表面から地下水位までの深さが，木本種の生育や分布に影響することを示唆している。

　このように，パンタナールでみられる多様な植生景観の空間配列には，浸水の有無やその期間，地下水位や土壌水分の季節変化を規定する地域の微地形

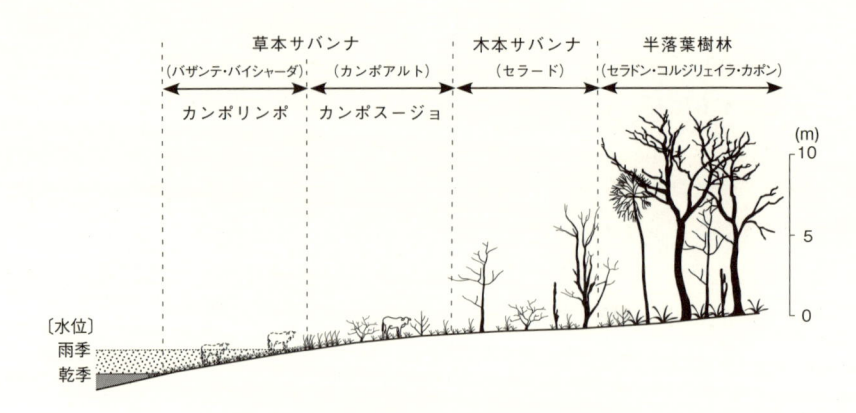

図 2-3　植生景観と微地形・水文環境との関係
(Yoshida *et al.* 2006)

が，きわめて重要な役割を果たしていることが分かる。その詳細な検証は第8章で行うが，一般にパンタナールの植生景観は，周年浸水地を除いて，その相観や構造，種組成から「草本サバンナ（カンポリンポとカンポスージョ）」「木本サバンナ」「半落葉樹林」の3つに大別して認識できる（図2-3）。

草本サバンナは，河川水位の変動により季節的に浸水するバザンテやバイシャーダ，バイアと，これらに隣接してそのすぐ上部に分布する非浸水地のカンポアルトから構成される。前者の中でも，河川（バザンテ）や湖沼（バイア）の底の高さはほぼ同じである。また，非浸水地内の窪地であるバイシャーダは，河川や湖沼のビオトープよりもやや上部に分布するが，それでもその河床との比高は河川の年間水位変動量よりも小さいため，雨季になると河川水が流入して浸水する。そのため，これらのビオトープには樹木がまったく分布せず，イネ科のミモゾを優占種とする背の低い草本を主体とするカンポリンポが広がっている。

一方，河床との比高が河川の年間水位変動量よりも大きい，河畔の非浸水地である高位草原のカンポアルトには，ハボ・デ・ブーロやカピン・カロナといった背丈の高い多年生草本が密生して群落を形成し，そこにカンジケイラなどの灌木類（樹高1～2m）が疎らに侵入してカンポスージョが形成されている。

さらにカンポアルトの上部には，幹や枝が大きく屈曲した多数の灌木類を交

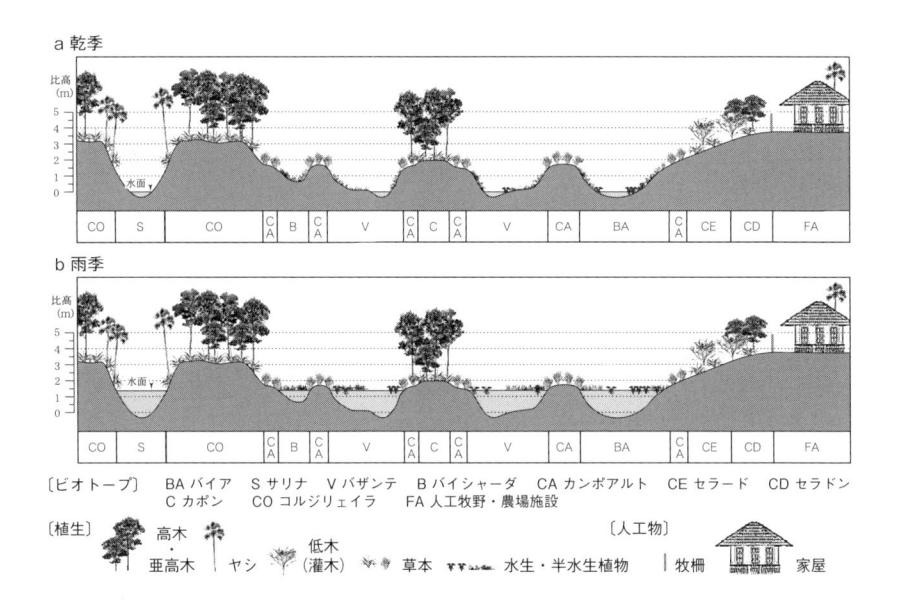

第2章 生物多様性を支える多様なビオトープ

a 乾季

b 雨季

〔ビオトープ〕　BA バイア　S サリナ　V バザンテ　B バイシャーダ　CA カンポアルト　CE セラード　CD セラドン
C カポン　CO コルジリェイラ　FA 人工牧野・農場施設

〔植生〕高木・亜高木　ヤシ　低木（灌木）　草本　水生・半水生植物　〔人工物〕牧柵　家屋

図2-4　ビオトープの分布モデル
(丸山・仁平 2005)

えた木本サバンナのセラードが分布する．ここでは，草原内にカンジケイラやリシェイラ，コロア (coroa, *Muriri elliptica*) などの樹高2～4mの低木が多数侵入して，独特な植生景観が形成されている．草本サバンナと木本サバンナの境界は比較的明瞭であるが，草本の被度や樹高の変化は不連続なことが多く，両者の境界の高さには規則性が認められない[6]．立木密度は草本サバンナよりも高いが，ここでも樹冠は連続せずに疎林を形成している．

　木本サバンナのさらに上部には，半落葉樹林のセラドンやコルジリェイラが分布する．ただし，カポンのようにバザンテやカンポアルト内部の微高地に形成される森林もあり，その分布域は河床高より約2～5m高い広範囲の土地に

---

[6] カンポアルトは，餌が不足する乾季の主要な牛の放牧地である．そのため，住民は草地への灌木類の侵入を抑制し良質な牧草地を維持するために，季節的に火入れや樹木の伐採を行っている．このような植生への強い人為的ストレスが，エッジの位置を変化させていることが予想される (Santos and Costa 2002; Pott and Pott 1997)．しかし，これまでの研究は植生パターンと自然環境との関連について論考したものが大半であり，牧畜業を初めとする人為的インパクトが植生に与える影響については，あまり研究が進んでいない (Facelli *et al.* 1989, Keddy 2000; Cunha and Junk 2004; Junk *et al.* 2006)．

広がっている。半落葉樹林の立木密度は3つの植生景観の中でも最も高く，樹冠も高さ8〜12mで連続するまとまった森林が形成されている。樹木の密度や種構成は，木本サバンナから比較的緩やかに変化するため，両者の境界はそれほど明瞭ではないが，セラードと異なり林床には草本層の発達が貧弱で，落葉や落枝に覆われるか棘植物のグラバテイロ(gravateiro, *Bromelia blansae*)が生育している。

　このような土地起伏とビオトープ分布との対応関係を，水位が上がる雨季と下がる乾季に分けてモデル的に表現したものが図2-4である。地形がきわめて平坦なパンタナールでは，微地形に影響を受けた環境条件の地域的差異が植物の分布やその生育に影響して，草本サバンナから半落葉樹林までの多様な植生を狭い地域内に混在させ，独特な植生景観のモザイクを形成していると考えられる。

（丸山浩明・吉田圭一郎・仁平尊明）

＜文　献＞

古田充宏 1987．西中国山地における山村の土地利用と環境認識—広島県山形郡戸河内町那須を事例にして—．地理科学42: 96-112．

長谷川雅美 1996．農村景観と動物群集．沼田　眞編『景相生態学—ランドスケープ・エコロジー入門—』103-107．朝倉書店．

堀　信行 1979．奄美諸島における現成サンゴ礁の微地形構成と民族分類．人類科学32: 187-224．

池谷奉文 1998．自然生態系の保全とビオトープ調査．地質と調査1: 42-46．

勝野武彦 1984．西ドイツ・バイエルン州のビオトープ調査について．応用植物社会学研究 13: 41-48．

丸山浩明 2003a．いま，なぜパンタナールか．地理48(12): 8-14．

丸山浩明 2003b．生物多様性を支える多様なビオトープタイプ．地理48(12): 15-22．

丸山浩明・仁平尊明 2005．ブラジル・南パンタナールのビオトープマップ—ファゼンダ・バイア・ボニータの事例—．地学雑誌114: 68-77．

守山　弘 1993．農村環境とビオトープ．農林水産省農業環境技術研究所編『農村環境とビオトープ』38-66．養賢堂．

中島弘二 1986．脊振山麓東脊振村における伝統的環境利用—主体的環境区分をとおして—．人文地理38: 41-55．

沼田　眞編 1987．『生態学辞典』築地書館．

沼田　眞編 1996.『景相生態学―ランドスケープ・エコロジー入門―』朝倉書店.
砂防学会編 1999.『水辺域ポイントブック―これからの管理と保全―』古今書院.
砂防学会編 2000.『水辺域管理―その理論・技術と実践―』古今書院.
佐久間大輔 1998. ボトムアップアプローチによるビオトープ認識・地図化の模索. 国際景観生態学会日本支部会報 4(2): 29-32.
関戸明子 1989. 山村社会の空間構成と地名からみた土地分類―奈良県西吉野村宗川流域を事例に―. 人文地理 41: 122-143.
島袋伸三 1992. サンゴ礁の民俗語彙. サンゴ礁地域研究グループ編『熱い心の島―サンゴ礁の風土誌』48-62. 古今書院.
杉山恵一監修・自然環境復元研究会編 1993.『ビオトープ―復元と創造―』信山社サイテック.
武内和彦・横張　真 1993. 農村生態系におけるビオトープの保全・創出. 農林水産省農業環境技術研究所編『農村環境とビオトープ』5-16. 養賢堂.
ヨーゼフ・ブラープ 1997.『ビオトープの基礎知識』日本生態系協会.
横山秀司編 2002.『景観の分析と保護のための地生態学入門』古今書院.
Braun, E. H. G. 1977. Cone alvial do Taquari, unidade geomórfica marcante na planície quaternária do Pantanal. *Revista Brasileira de geografia* 39(4): 164-180.
Britski, H. A., Silimon, K. Z. de S. de e Lopes, B. S. 1999. *Peixes do Pantanal: Manual de identificação*. EMBRAPA-CPAP.
Cunha, C. N. and Junk, W. J. 2001. Distribution of woody plant communities along the flood gradient in the Pantanal of Poconé, Mato Grosso, Brazil. *International Journal of Ecology and Environmental Sciences* 27: 63-70.
Cunha, C. N. and Junk, W. J. 2004. Year-to-year changes in water level drive the invasion of *Vochysia divergens* in Pantanal grasslands. *Applied Vegetation Science* 7: 103-110.
Dubs, B. 1992. Observations on the differentiation of woodland and wet savanna habitats in the Pantanal of Mato Grosso, Brazil. In *Nature and dynamics of forest-savanna boundaries*, eds. Furley, P. A., Proctor, J. and Ratter, J. A., 431-451. London: Chapman and Hall.
Facelli, J. M., Leon, R. J. C. and Deregibus, V. A. 1989. Community structure in grazed and ungrazed glassland sites in the flooding Pampa, Argentina. *American Midland Naturalist* 121: 125-133.
Junk, W. J., Cunha, C. N., Wantzen, K. M., Petermann, P., Strüssmann, C., Marques, M. I. and Adis, J. 2006. Biodiversity and its conservation in the Pantanal of Mato Grosso, Brazil. *Aquatic Science* 68: 278-309.

Keddy, P. A. 2000. *Wetland ecology: Principles and conservation*. Cambridge: Cambridge University Press.

Hiraoka, M. 1985a. Mestizo subsistence in Riparian Amazonia. *National Geographic Research* (Spring): 236-246.

Hiraoka, M. 1985b. Floodplain farming in the Peruvian Amazon. *Geographical Review of Japan* 58B: 1-23.

Hiraoka, M. 1985c. Changing floodplain livelihood pattern in the Peruvian Amazon. 人文地理学研究 9: 243-275.

Ministério do Meio Ambiente, dos Recursos Hídricos e da Amazônia Legal 1997. *Plano de Conservação da Bacia do Alto Paraguai* (Pantanal). Brasília: PNMA.

Por, F. D. 1995. *The Pantanal of Mato Grosso (Brazil): World's largest wetlands*. Dordrecht: Kluwer Academic Publishers.

Pott, A. e Pott, V. J. 1994. *Plantas do Pantanal*. Corumbá: EMBRAPA-SPI.

Pott, A. and Pott , V. J. 1997. *Plants of Pantanal*. Brasília: EMBRAPA.

Pott, A. e Pott, V. J. 1999. Flora do Pantanal-listagem atual de fanerógamas. In *Anais do II simpósio sobre recursos naturais e sócio-econômicos do Pantanal*, ed. EMBRAPA, 297-325. Corumbá: EMBRAPA Pantanal.

Pott, V. J. e Pott, A. 2000. *Plantas aquáticas do Pantanal*. Brasília: EMBRAPA.

Prance, G. T. and Schaller, G. B. 1982. Preliminary study of some vegetation types of the Pantanal, Mato Grosso, Brazil. *Brittonia* 34: 228-251.

Santos, S. A. and Costa, C. 2002. *Sustainable management of native pastures: Essential for the implementation of an organic production system in the Pantanal*. (First Virtual Conference on Organic Beef Cattle Production; Sept 2nd-Oct 15th, 2002). Concordia: University of Contestado.

Souza, O. C. de 1998. *Modern geomorphic processes along the Taquari River in the Pantanal: A model for development of a humid tropical alluvial fan*. (Ph. D dissertation, University of California, Santa Barbara).

Willink, P. W., Chernoff, B., Alonso, L. E., Montambault, J. R. and Lourival, R. eds. 2000. *A biological assessment of the aquatic ecosystems of the Pantanal, Mato Grosso do Sul, Brasil*. Washington, DC: Conservation International.

Yoshida, K., Maruyama, H., Nihei, T. and Miyaoka, K. 2006. Vegetation patterns and processes in the Pantanal of Nhecolândia, Brazil. In *Proceedings for international symposium on wetland restoration 2006-Restoration and wise use of wetlands*, ed. The Organizing Committee of the Symposium on Wetland Restoration 2006. Otsu:

Shiga Prefecture Government.
Zeilhofer, P. and Schessl, M. 1999. Relationship between vegetation and environmental conditions in the northern Pantanal of Mato Grosso, Brazil. *Journal of Biogeography* 27: 159-168.

第3章
地表水と地下水の交流関係
――多様なビオトープの水質と水の起源――

I 水質からみた地表水と地下水の交流関係

　タクアリ川の左岸に位置するニェコランディア地区は，上流域から標高100m付近にかけてパンタナールの中でもとくに水域の少ない地域となっている。乾季には一部の湖沼（バイアやサリナ）や河川流路（バザンテやコリッショ）[1]の淵に溜まり水が分布する程度で，水流の認められる河川はほとんど存在しない。しかし，このような状況の中でも，溜まり水として確認できるバイアやバザンテの水は，乾季を通じて徐々に水位や水面の面積が減少するものの，完全に枯渇することはあまりない。このことは，これらの水が河川水に代表される地表水によってもたらされているものではなく，湖底や河床から湧出する地下水によって維持されていると考えることができる。しかも，蒸発が激しいこの地域において，地下水は乾季を通じて水域を維持できるだけの十分な涵養量を持っており，本地域の湿地・水域の維持・形成に果たす役割は非常に大きいといえる。

　図3-1は，ランドサットにより撮影された1987年と1997年の水面分布を示したものである。色の濃い部分が水面を示している。画像からは，年によって水面の面積が異なることが分かるが，たとえば1997年には，1987年に比べてバイアボニータやその北側のバイアでは水量が少ないのに対して，アグアコンプリーダとその南に東西に延びる河川流路やバイアでは水量が多い傾向が読みとれる。このことは，本地域の河川流路やバイアの水の涵養形態や，涵養源である地表水および地下水の流動形態が，同じ季節でも地域的差異を持っていることを示している。

　このように，本地域の河川流路やバイアへの水の涵養形態は複雑であるもの

---
1) 本稿では，リオ，コリッショ，バザンテの総称として河川流路を用いる。

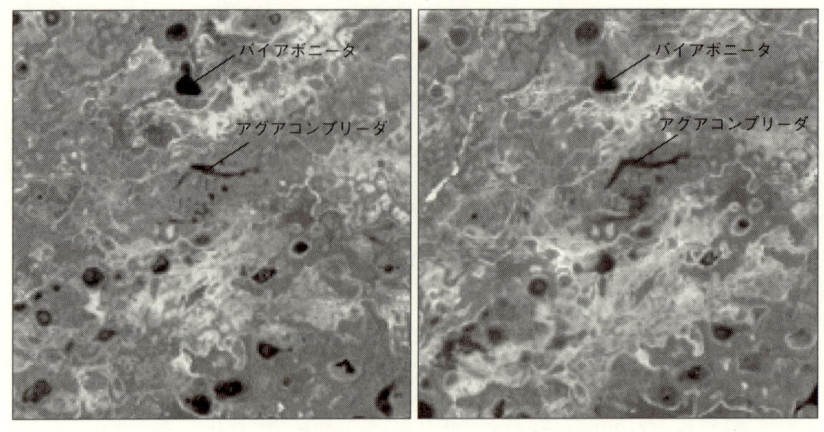

1987年11月（ランドサット4号）　　　1997年11月（ランドサット5号）

図3-1　バイアボニータ農場周辺の衛星画像

の，雨季には河川流路より越流した地表水や地下水面の上昇によって，カンポアルトとの境界まで水域が拡大し，バザンテとは繋がっていないセラードや，コルジリェイラに囲まれたバイアやサリナでもこの時期に水域が拡大する。このような水域の拡大の仕方は，ニェコランディア地区に代表される南パンタナールではほぼ共通して認められる現象である。

　このように乾季と雨季，あるいは地域によって水の存在状態が大きく異なる本地域において，地下水および地表水の物理化学的特徴と地形・地質との相互関係に着目して，地下水流動形態や地表水と地下水との交流関係を解析する。対象地域は，図3-1に示したバイアボニータ農場を含む東西約20 km，南北約20 kmの範囲で，ここにはパンタナールで確認されているほぼすべてのビオトープが分布する。また，本地域を流れる河川は，基本的にはタクアリ川が扇状地性の地形を形成する過程でかつて流れていた旧流路であり，網状流的に分布している。地形勾配が非常に緩いために蛇行が激しく，三日月湖なども数多く分布する。

　バイアボニータ農場とその周辺域におけるバザンテの方向は，東西方向の流路が卓越する地域と，比較的南北方向の流路が卓越する地域に分けられる（図3-2）。100 mの等高線の形状からもわかるように，本地域周辺は南西方向に広

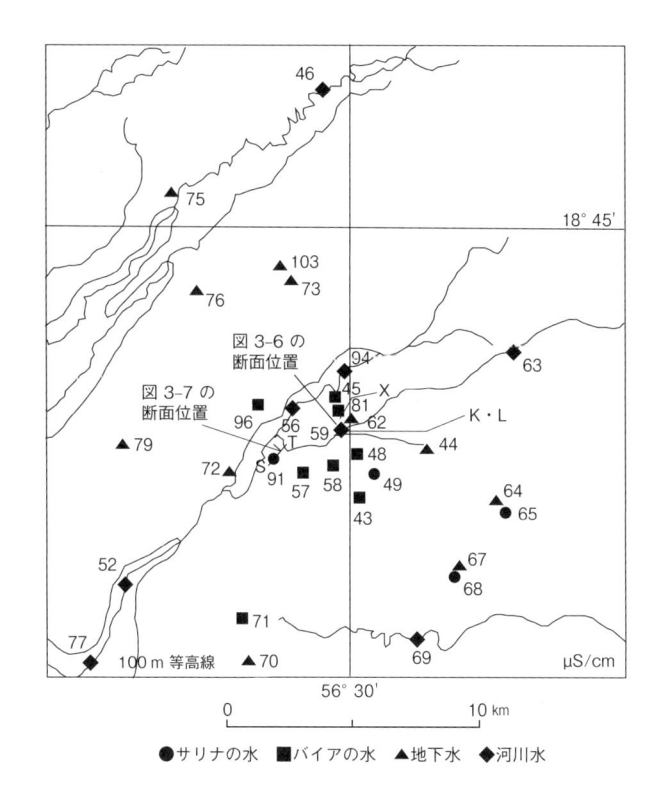

図 3-2　ファゼンダ・バイアボニータおよび周辺地域の測水地点と河川の分布
（現地調査により作成：宮岡 2003）

　大な開口部を持つ谷状の地形を呈している。このような地形が南部にかけていくつか認められ，河川流路はそれぞれの大規模な谷に向かって流れている。一方，大規模な谷の谷底部には，規模の大小を問わず顕著な河川流路は認められない。このことは，この規模の大きな谷が，河川の侵食作用によって形成されたものではないことを示唆している。

　地下水流動系や地表水－地下水交流の関係を明らかにするには，まず流動の場の地形条件や地質条件について解明しておく必要がある。これは，地下水の流動形態が地表面の起伏に規制されている場合や地質構造に規制されている場合，2つの条件が複合的に関係している場合など，様々なパターンが考えられることによる。さらに，地表における土地利用状況や降水量の季節変化など

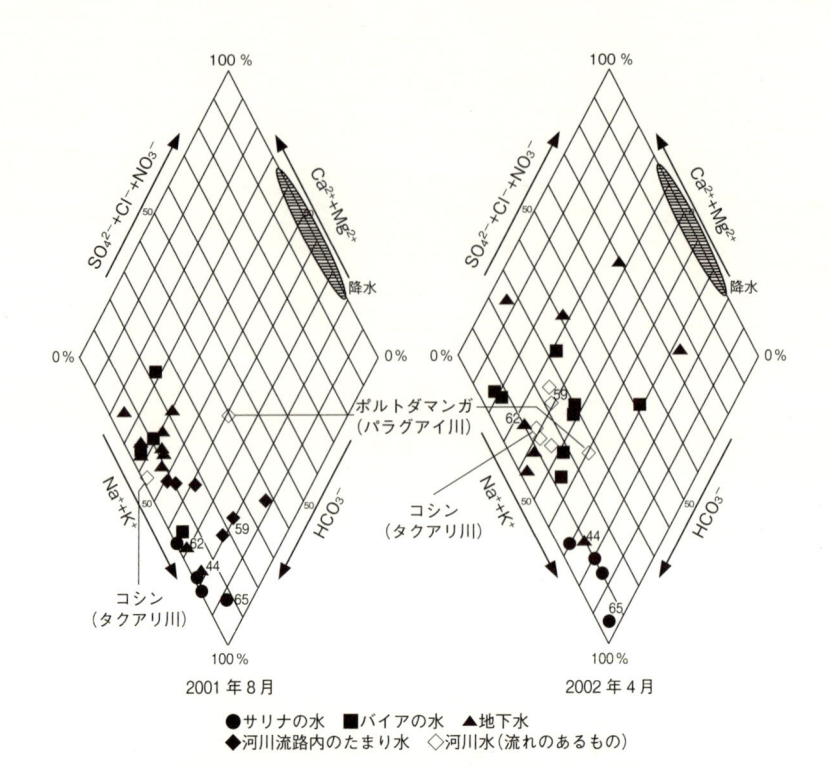

図3-3 乾季(8月)と雨季(4月)における降水,サリナの水,バイアの水,地下水,河川水の水質組成
(現地調査により作成)

も,地表水−地下水交流の関係を解明するためには重要な事項である。パンタナールの場合,雨季と乾季がはっきりしており,地表面の水面面積も雨季と乾季で大きく異なることから,季節により地表水−地下水の交流関係も大きく異なることが考えられる。

図3-3は,乾季(8月)および雨季(4月)における地下水・河川水・湖沼水の主要8成分の水質組成を示したものである。乾季にはいずれの地点も顕著な$Ca-HCO_3$型ないし$Na-HCO_3$型を示すが,雨季には降水の影響を受けるものがあることがわかる。河川水の水質組成については,乾季にはほとんどの地点で$Na-HCO_3$型を示しているのに対し,雨季には$Ca-HCO_3$型に変化している。

第3章 地表水と地下水の交流関係

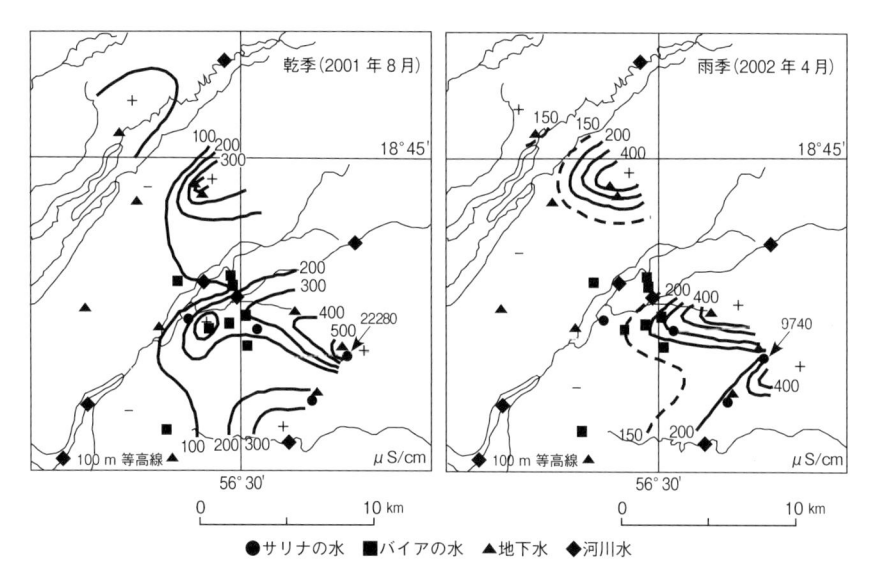

図3-4 雨季および乾季における電気伝導度の分布
(現地調査により作成:宮岡 2003)

バイアについては，組成自体はNa-HCO$_3$型を示すものが多く季節変化はほとんどないものの，雨季には降水による希釈の影響を強く受けていることがわかる。地下水は地点によって変化の傾向が大きく異なっており，Ca-HCO$_3$型を維持するものと，雨季には降水の影響を受けるものが存在する。これらの河川水・湖沼水・地下水の季節変化の傾向は，地下水流動系や，地表水の涵養形態に大きな地域的差異が存在することを示している。また，サリナに関しては顕著なNa-HCO$_3$型を示しており，季節変化もほとんどない。

宮岡(2003)は，ヘキサダイヤグラムを用いて，サリナ・バイア・地下水・河川流路のそれぞれについて最も卓越する水質組成を分析した。その結果，地下水の水質組成がその他の水とまったく異なることがわかった。また，河川流路については，乾季にはサリナやバイアの水質組成と同様の地点と地下水の水質組成と同様の地点がほぼ同数存在するのに対して，雨季には地下水の水質組成に似た組成に変化していることが明らかになった。これらのことから，サリナの水質濃度はきわめて高いため，サリナと同様の水質組成を示している乾季のバイアや河川流路(この時期は溜まり水)は，サリナの水質の影響を強く受けて

いることが考えられる。また，地下水については，この地域で広域に影響を及ぼしていると考えられるサリナの水質組成とは異なった組成を示していることから，水質を形成している複数の水の混合形態が特異であることが考えられる。

図3-3に示した各地点の水質組成と図3-2の地点分布から，季節変化が大きな地下水と湖沼水は，比較的規模の大きい谷地形に沿って分布しているのに対し，季節変化が小さいかほとんど無い地下水と湖沼水は，相対的に谷から離れたところに分布していることがわかる。Ca-HCO_3型の水質組成を示す地下水は，谷に沿った地域に分布している。

図3-4は乾季と雨季の電気伝導度の分布を示す。電気伝導度と水質組成の分布傾向は，きわめて良く合致している。このことは，雨季における降水の影響が湿地に一様に及ぶわけではなく，河川流路に沿った地点により強く及ぶことを示している。さらに，タクアリ川の扇頂部に位置するコシンの雨季における河川水の水質組成が顕著なCa-HCO_3型を示すことから，対象地域の雨季の河川水が，おもにタクアリ川の本流からもたらされたものであることがわかる。雨季において水流が復活した河川流路の水質組成が地下水から河川水の水質組成に変化していることから，乾季の河川流路の溜まり水の水質組成は河床からの地下水の湧出によって規制されており，雨季に一部の水質組成が河川水の組成に変化するのは，上流からの大量の河川水の流入により河床からの地下水の湧出が抑制されることを示唆している。逆に，河川流路において季節を問わずに水質組成が地下水の組成を呈する地点は，その地点が地下水の水みちにあたるため，雨季には上流部で涵養された地下水により地下水面が上昇して河床からの湧出量が増加し，乾季には河床から地下水が湧出することにより溜まり水として水が蓄えられると考えられる。

また，図3-4の雨季における電気伝導度分布には，谷地形ではないところに値の低い地点が分布することがわかる。これは，地中の比較的浅い部分に，降水量の多い雨季において旧河道に沿った地下水の水みちが出現したものと考えられる。このような地域では，水質組成は雨季と乾季で大きく異なる。さらに，雨季にはすべての地点で水質濃度が低くなることから，この時期には水質が降水による希釈の影響を強く受けていると判断できる。

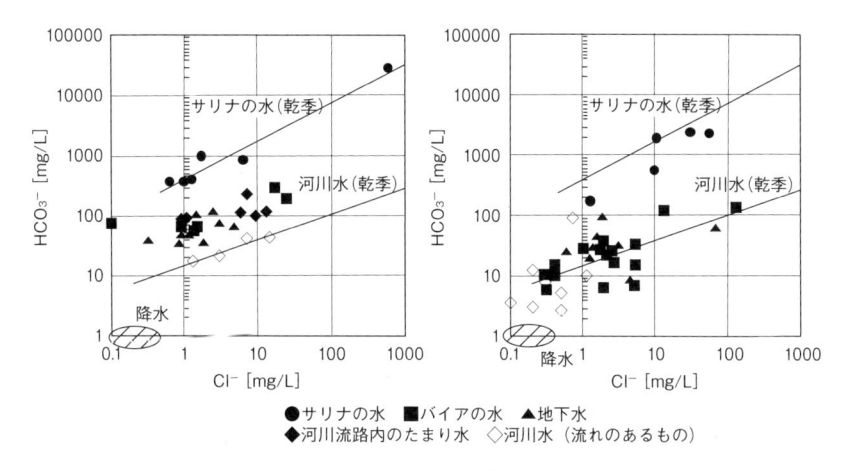

図 3-5　Cl^- と HCO_3^- の関係(左：乾季，右：雨季)
(現地調査により作成)

凡例：●サリナの水　■バイアの水　▲地下水
◆河川流路内のたまり水　◇河川水（流れのあるもの）

次に，河川水・湖沼水・地下水の交流関係と各地点において水質を構成している混合の起源となる水を明らかにするために，Cl^- と HCO_3^- の関係を図 3-5 に示した。本地域において，Cl^- は塩類集積や過去の海水進入の影響を強く反映していると考えられ(Godoi Filho 1986)，HCO_3^- は一般的に深層ほど高濃度になる傾向があることから，地下水の流動形態を概略的に推定する目安となり得る(山本 1983)。

この地域で最も高い値を示しているサリナのプロットについて近似線を描いてみると，Cl^- について近似線よりも高濃度の値を示す地点は存在しない。この傾向は乾季・雨季ともに共通している。一方，最も低い値を示しているのは河川水であり，近似線よりも低い値を示す地点は乾季には存在しないが雨季には存在する。

ここで，河川水のプロットにはこの近似線に乗るものと，河川水とサリナの近似線に挟まれた位置にプロットされるものがある。前者はコシンにおけるタクアリ川の河川水やポルトダマンガにおけるパラグアイ川の河川水のように，ニェコランディア地区外に分布する水流のある河川水や規模の大きい河川流路内の溜まり水であり，後者は対象地域内の相対的に規模の小さい河川流路内の溜まり水である。河川水の近似線上には，水流のある河川水や地下水の涵養域

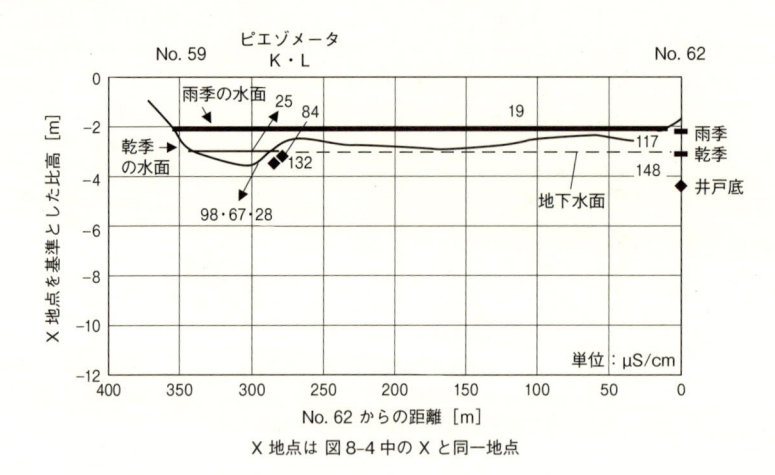

図3-6 乾季にも溜まり水が維持されているバザンテにおける地表水－地下水の交流関係
(現地調査により作成)

　に相当する扇頂部の河川水（コシン地点）が含まれていることから，この近似線上に乗る河川流路内の溜まり水は，雨季から乾季に向けて水流が消滅していく過程で河川水が取り残され，その後河川水から涵養された地下水の涵養を受けていると考えられる．一方，水流のない河川流路の溜まり水は，水流が消滅した段階で河川水からの涵養が停止し，別の起源を持つ地下水からの涵養を受けていることが考えられる．乾季を通して水量を維持している溜まり水と，徐々に水量が減少して最終的には枯渇してしまう溜まり水では，地下水涵養量の差に水質が大きく規制されているものと考えられる．

　乾季における，上述した水流のない河川流路の溜まり水およびすべてのバイアの水と地下水は，サリナの近似線と河川水の近似線の間にプロットされる．この季節は降水による希釈の可能性はほとんど考えられない．従って乾季における河川流路内の溜まり水・湖沼水・地下水の水質は，サリナの水と河川水の混合の割合に規制されていることが考えられる．

　雨季における各地点のプロットの傾向を見ると，河川水の近似線よりも低い値を示す地点が出現する．とくに，河川水についてはきわめて低い値を示す地点がある．ここで降水の値を見てみると，きわめて低い値を示した河川水のプロットは，降水の値に非常に近いことがわかる．また，他のプロット位置をみ

ても，全体的に濃度は低くなっていることがわかる。このことは，雨季には降水による希釈の影響がほぼ全域に及んでおり，一部の河川水・湖沼水・地下水については，降水が地表水として直接流入したり，地中に浸透しきわめて短時間で河床・湖底などから流出したりしていることが考えられる。

以上のことから，本地域における河川水・湖沼水・地下水の水質を形成する水の起源は，タクアリ川の河川水とサリナの水であり，それらの水の混合の割合によって各地点の水質が規制されており，さらに雨季には希釈成分として降水が起源として加わることが考えられる。

II　サリナの水の起源と浅層地下水・河川水・湖沼水（バイア）における水質形成

地下水の水質を構成する水の一つとしてサリナの水の存在が考えられたが，サリナの水の採水場所は地表であるため，この水がどこからもたらされたものなのかは不明である。サリナは，河川水のように全域ではなく局地的に分布している（図1-3参照）。もし図3-5の水質からみた水の起源に示唆されたように，全域の河川水・湖沼水・地下水の水質組成の起源の一つとしてサリナの水を考えるのであれば，対象地域の広範囲にこの水が分布していなければならず，サリナの水の起源を地表水と考えると，その分布状況と矛盾する。

図3-6は，乾季には水流は存在しないが，河川流路に水が溜まった状態を維持しているアグアコプリーダ（図3-2中のNo. 59地点）付近の地表水と地下水の交流関係について，水位と電気伝導度を鉛直二次元的にみたものである。河川流路内の溜まり水であるNo. 59地点の水位と水際に掘削した深度0.7mのピエゾメータKの水位はほとんど同じであるが，若干地下水位の方が低い。一方，電気伝導度はNo. 59地点では28 μS/cmと非常に低い値を示したのに対し，ピエゾメータKは132 μS/cmと相対的に高い値を示した。河川流路については，No. 59地点のほかに水際から沖に向かってほぼ3mおきに，さらに2地点で河床付近の電気伝導度を測定した。その結果，岸側よりそれぞれ67 μS/cm，98 μS/cmと沖に向かって値が上昇することが確認された。

水位の点からみると，スクリーンが地表から0.5〜0.7mの深度に切られて

いるピエゾメータKの地下水位は地表面下0.1mであり，スクリーン深度がNo. 59地点の河床相対標高よりも低く，地下水位がNo. 59地点の水面の相対標高よりも高いことから，この深度では地表に向かう地下水の流れが卓越している，いわゆる被圧の状態であることが示されている。また，ピエゾメータKの電気伝導度は，河川流路の沖合における河床付近の電気伝導度に近い値を示している。このことは，乾季の河川流路において水が溜まっている区間は，河床からの地下水湧出によって水量が維持されていることを示している。

　ピエゾメータKから300m程離れたところに位置する浅井戸（No. 62地点）の水位は，ピエゾメータKの水位よりも若干低く，電気伝導度は高い。ピエゾメータKの隣に掘削した深度0.4mのピエゾメータLの水位が溜まり水の水位と等しく，電気伝導度も84μS/cmとピエゾメータKよりも低いことから，河川流路付近では周辺微高地を涵養域に持つ局地的な地下水流動系を形成する帯水層の上に河川流路から進入した水が層状に乗っていると考えられる。図3-3をみても，No. 59地点とNo. 62地点では水質組成がまったく異なっており，水際周辺で若干の混合はあるものの，地下水と溜まり水の涵養形態が異なることを示している。

　一方，雨季における両者の水質組成はほぼ同じである。乾季から雨季にかけての溜まり水と地下水の水質組成の季節変化をみると，地下水はほとんど変化が無いのに対し，溜まり水は大きく変化している。このことからも，この付近の地下水が河川水からの涵養を強く受けているのではなく，逆に溜まり水に代表される地表水が地下水によって涵養されていることがわかる。さらに，乾季には溜まり水で水域が維持されていた地点における雨季の河川水の水質組成が，降水の水質組成に近づくことがほとんど無いという事実は，降水が地表流となって直接河川水に流入する量よりも，一度地下に浸透し地下水として河川に流出する量の方が多いことを示している。

　図3-7は，乾季のサリナにおける地下水位と電気伝導度の分布をみたものである。この時期の地表は乾燥しており，サリナの中心部で深度1.2mまで掘削したピエゾメータMの地下水面は，地表面下0.85mであった。サリナの中心から周縁部に向かい，地下水の湧出深度は1.35～1.4mと深くなり，それぞれの地点において深度1.5mのピエゾメータを設置したところ，地下水面は地表

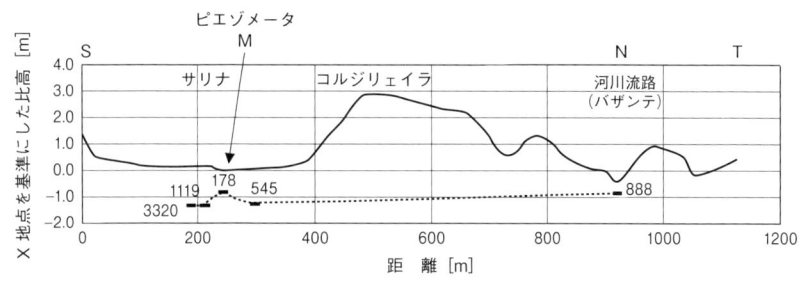

第3章 地表水と地下水の交流関係

図3-7 乾季のサリナにおける地下水位と電気伝導度の分布
（現地調査により作成）

面下1.35～1.4mで安定した。このように，サリナでは中心に向かって地下水が集まって来る構造になっており，中心に近いほど被圧の状態であることが示された。

次にサリナの電気伝導度をみると，図3-4で示した電気伝導度分布よりも，ピエゾメータMを除いて相対的に高い。ピエゾメータMの電気伝導度は，178μS/cmと周辺の地点よりもきわめて低い値を示しており，最も被圧されている状況から，サリナを囲んでいるコルジリェイラに降った降水が浸透し，地下水となってサリナの中心に向かって流動する過程で，元々のサリナの水質である高い電気伝導度の地下水との密度差によってほとんど混合しないうちに中心まで流動してきたものと考えられる。なお，サリナに近い河川流路に深度0.75mまで掘削したピエゾメータNでは，水位は地表面下0.28mで，電気伝導度は888μS/cmであった。

以上のように，浅層部分の地下水流動に水質分布の地域的差異が認められたことから，本地域には涵養源の異なる複数の流動経路が存在することが考えられる。また，サリナにみられる高塩分の水は，地表水を涵養源と考えたときにその水質を涵養する濃度を持った水が存在しないことと，サリナおよびサリナ周辺の地下水に相対的に電気伝導度の高い井戸が存在することから，地下水に起源を持つものであることが考えられる。

また，乾季の地表水の水質が，地下水や地下水起源と考えられるサリナの水の水質組成にほぼ同じであること，雨季においても降水の影響はあるものの，

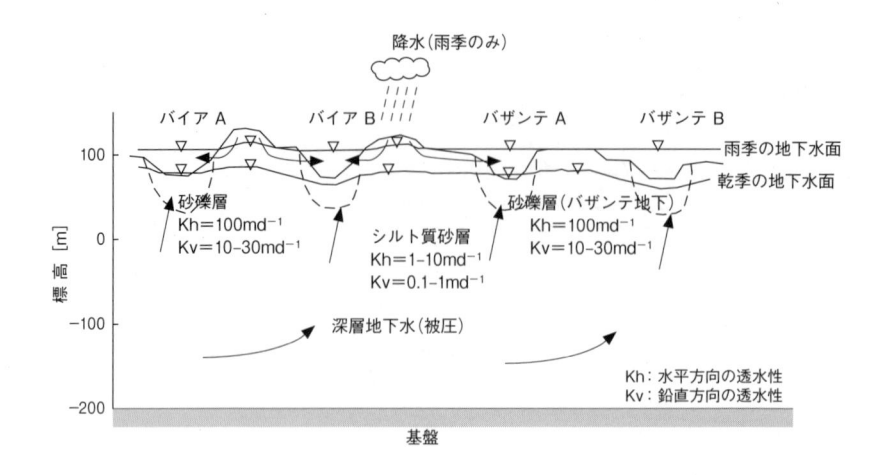

図3-8　対象地域における場の条件を考慮に入れた地下水流動概念モデル

水質組成は乾季同様に地下水とサリナの水にほぼ同じであることから，本地域において湿地の維持に地下水が寄与する割合が極めて高いことが指摘できる。

Ⅲ　数値モデルによる地表水－地下水の交流関係と物質移動の推定

　ニェコランディアにおける地下水と河川水の交流関係や物質移動については，地質情報が乏しいため鉛直方向での解明はきわめて困難である。そこで，現地調査によって得られている地下水面標高分布の結果を基に数値モデルを構築することにより，その整合性の評価から鉛直二次元断面における地下水流動および物質移動形態の解析を行ってみる。モデルの構築に現実に挙動している状態すべてを条件として組み込むことは基本的に不可能なので，概念モデルを作成し，モデル構築の基礎となる地下水流動系の概念化を行う必要がある（Woessner 2000）。概念化には，複雑になっている実際の対象地域の流動場の条件について，シミュレーションに当たって必要な情報のみをピックアップすることで，できるだけ簡素化を図る必要がある（Krohelski *et al.* 2000）。図3-8に，今回のシミュレーションに必要な情報を入れた地下水流動概念モデルを示す。基盤の上に堆積する沖積層の地質は，河川流路とそれ以外の部分で異なっ

第3章　地表水と地下水の交流関係

ている。河川流路では、主に砂礫層が堆積しているが、それ以外の層ではシルト質砂層が主な堆積物となっている。基盤までの深度は、パンタナールでのもっとも深いところでは約400mであるが、ここでは、対象地域における平均的な基盤までの深度と考えられる200mとした。基盤は古生代の地質である。基盤を流動する地下水と深層部を流動する地下水の交流関係については、まだ解明されていない。

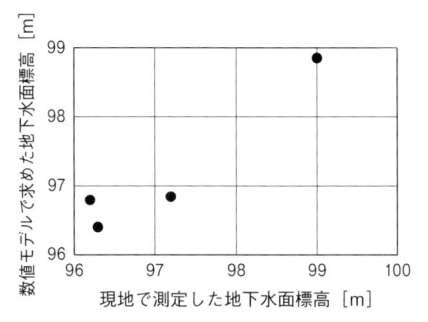

図3-9　現地で測定した地下水面標高と数値モデルで求めた地下水面標高

水理パラメータは、水平方向の水理伝導率はシルト質砂層で1～10m/日、過去の河川流路で100m/日、鉛直方向の水理伝導率はシルト質砂層で0.1～1m/日、過去の河川流路で10～30m/日、空隙率は沖積層で0.2、涵養量は乾季が0m/日、雨季が0.0067m/日として設定した。また、局地流動系は不圧、中間流動系と地域流動系は被圧地下水とし、局地流動系・中間流動系・地域流動系がそれぞれ卓越する層毎に3層に区分した。乾季と雨季を通じてバイアと河川流路における溜まり水は、とくに乾季についてはこれらの被圧地下水の影響を受けていることがわかっているので、水面を地下水面として標高を読んだ。図3-9は、現地で測定した井戸の地下水面標高と数値モデルで求めた地下水面標高との相関を示したものである。両者の値の誤差はほぼ95％以内に収まっていることから、今回の概念モデルに基づく諸条件の設定によるシミュレーションの結果がほぼ実際の水面標高を再現していることがわかる。

これらの条件を基に、乾季および雨季における各井戸の地下水面標高とバイア・河川流路の溜まり水の水面標高をデータとして与え、有限差分地下水流動解析モデル(MODFLOW)により描画した地下水面等高線分布と、地形形状を考慮して比例配分法で作成した地下水面等高線分布の対応をみたものが、図3-10および図3-11である。各季節における実際の地下水面等高線の分布とモデルにより描いた地下水面等高線分布の状況は、よく一致している。このように、数値モデルによって示される地下水面等高線分布がこれらの図面とほぼ一

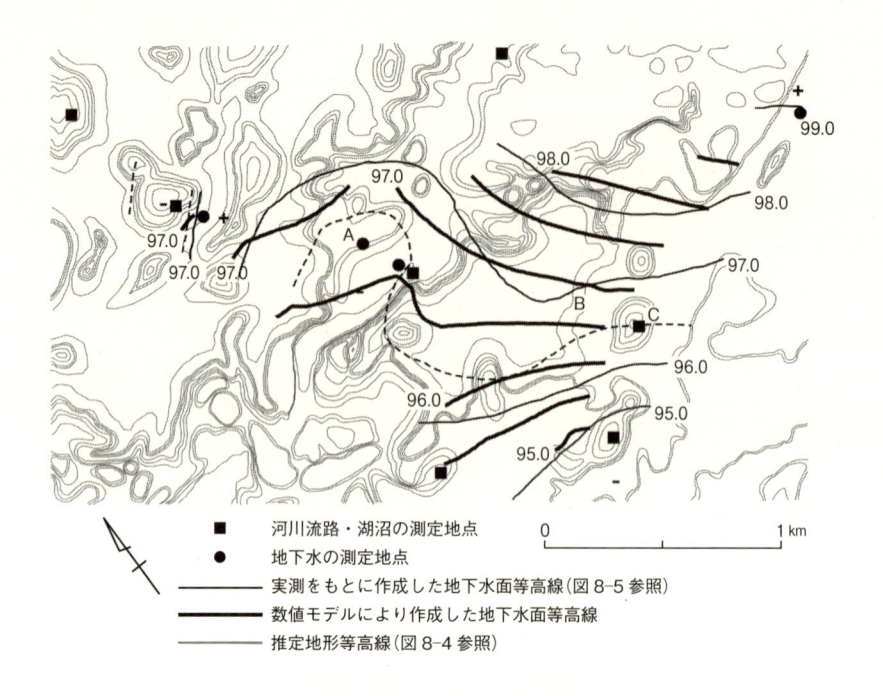

図3-10 乾季における実測した地下水面標高分布と
数値モデルによる地下水面標高分布(2001年8月)

凡例:
- ■ 河川流路・湖沼の測定地点
- ● 地下水の測定地点
- —— 実測をもとに作成した地下水面等高線(図8-5参照)
- —— 数値モデルにより作成した地下水面等高線
- —— 推定地形等高線(図8-4参照)

致するように描けることで,地下水が流動する場の条件の設定が本来の自然の状態を反映できていることを裏付けることができる.

地下水面標高分布について,数値モデルによる再現性が確認できたので,次に図3-10および図3-11に示したA-B(乾季)およびA-C(雨季)の断面において,地表水と河川水の交流関係を地下水ポテンシャルと水質の面から考えてみる.

まず,地下水ポテンシャルの分布について,図3-12に示す.乾季には,コルジリェイラから現在の河川流路(バザンテ)に向けた地下水の流れがある.しかし,コルジリェイラから涵養される地下水は顕著ではなく,むしろ深層部の地下水が河川流路に向かって流動していることが分かる.この季節は,降水による地表部からの浸透はほぼ0mmなので,降水の浸透による地下水への涵養を考慮する必要はない.このことは,この季節の河川流路の溜まり水は,深層

第3章　地表水と地下水の交流関係

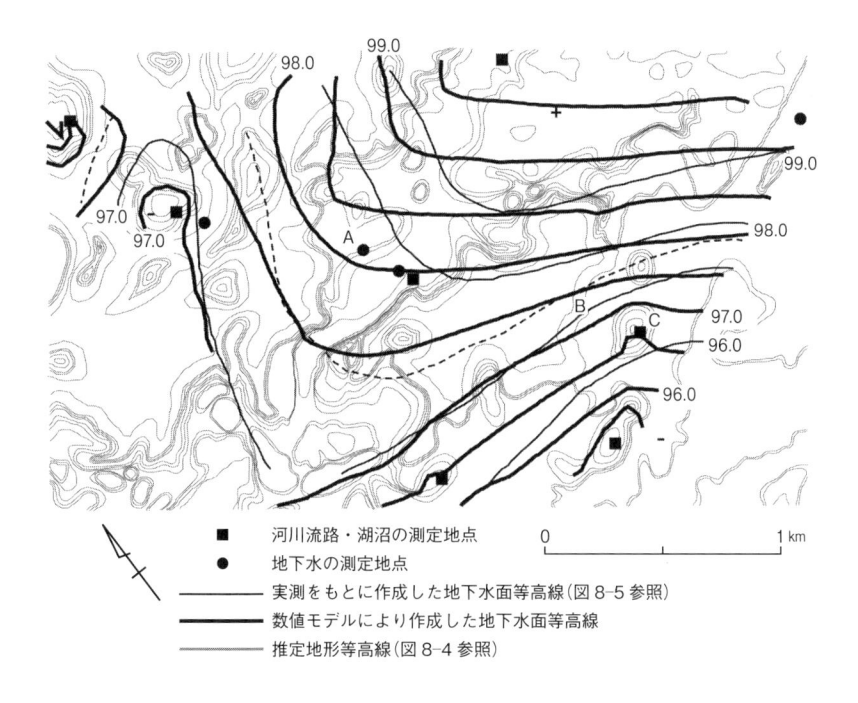

図3-11　雨季における実測した地下水面標高分布と数値モデルによる地下水面標高分布（2002年4月）

部から流動してくる地下水によって維持されていることを示しており，現地調査から得られた結果と合致した。

　一方，雨季については，コルジリェイラから河川流路への顕著な流れが生じており，滞留時間の短い地下水流動系が発生していることが分かる。地表部からの浸透は深層部まで及んでおり，河川流路にはコルジリェイラから涵養された地下水が湧出していることから，深層部の地下水の湧出は抑制されていることが分かる。このような地下水流動形態に伴って，物質移動はどのようになっているのかを，同じ断面を使用して電気伝導度の分布で検討する（図3-13）。

　乾季には河川流路の地下において高い値の地下水が地表面近くまで上昇している。このことからも，この時期には河川流路では地表水は地中に浸透せず，河床において深層部地下水の湧出が卓越していることを示しており，この傾向は地下水ポテンシャル分布の傾向とも一致する。一方，雨季には表層部から一

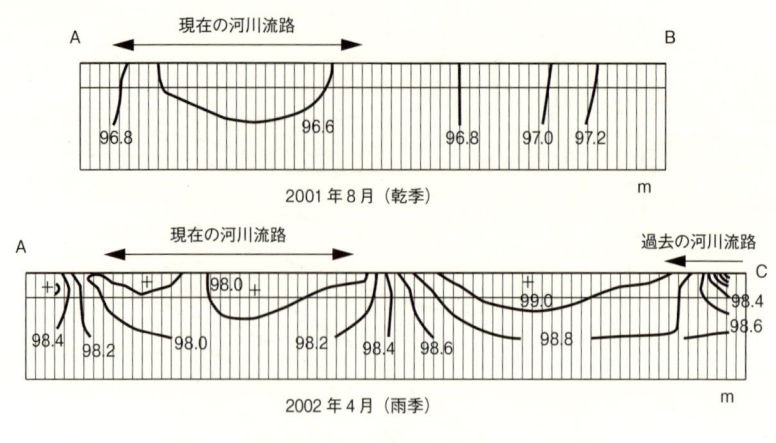

図 3-12　横断面でみた地下水ポテンシャルの分布

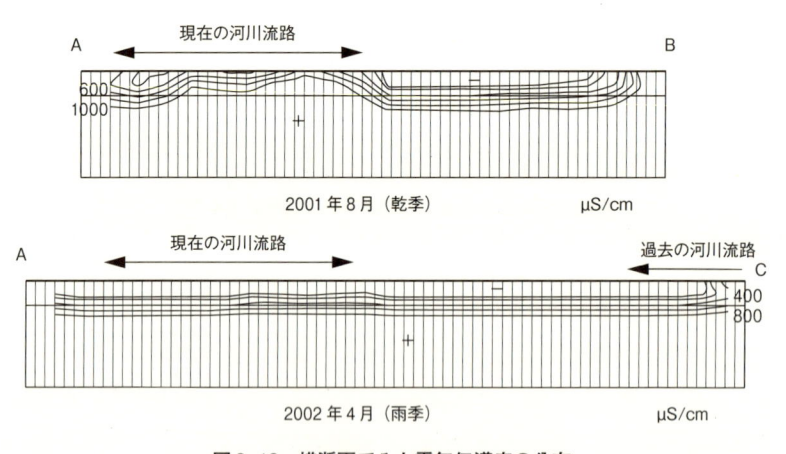

図 3-13　横断面でみた電気伝導度の分布

様に低濃度の水の浸透が確認でき，深層部から上昇してくる高濃度の地下水が一定の深度で抑制されていることが分かる。

　このように，実際に測定した地下水面標高分布と数値モデルで求めた地下水面標高分布との整合性をみることによって，地表水と地下水の交流関係を断面的に検討することが可能となる。その結果，この地域では乾季と雨季でコルジリェイラと河川流路との間の地下水流動形態が異なり，とくに乾季において深

部の地下水流動が河川流路の溜まり水の維持に寄与していることが考えられた。また，雨季にはコルジリェイラから降水が浸透した浅層部地下水が，河川流路に向かって流動していることが考えられた。

IV　まとめ

本地域の地形は扇状地性の形状を呈しており，水系網の分布や等高線の形状から，形成年代に地域的差異があることが考えられる。また，それらの差異は本地域の地表水と地下水の交流関係を規制していることが示唆される。

水質組成の地域的差異や季節変化の特徴から，本地域において地下水・河川水・バイアの水の水質を形成する水の起源は，タクアリ川の河川水とサリナの水で，混合の割合の地域的差異が各地域の水の水質を形成している。さらに，雨季には降水による希釈の影響を強く受けることにより，この季節に地表水の影響を強く受ける地域では，水質の季節変化の幅が大きくなると考えられる。

サリナ付近と河川流路内の溜まり水付近の地下水を比較してみると，ともに被圧の傾向を示すものの，電気伝導度に大きな地域的差異が存在することが確認された。このことは，本地域における地下水流動系に，水質濃度の高い$Na-HCO_3$型に代表されるサリナの水質を持つ地下水と，相対的に水質濃度の低い$Ca-HCO_3$型の河川水の水質組成に近い地下水が存在することが考えられ，地下水の水みちの分布状況や地下水流動系の差異によって各地点の水質が規制されていることが考えられる。サリナの水質を示す高塩分の地下水は，数値モデルの結果から深層部を流れる地下水であることが推定され，地表部から地下への浸透のほとんど無い乾季において，河川流路や一部のバイアに湧出していることが考えられる。

また，一年を通じて河川水やバイアの水の水質組成が地下水やサリナの水の組成とほぼ同じことから，本地域において湿地を維持する地表水の涵養源として，地下水に依存する部分が非常に大きいことが指摘できる。

（宮岡邦任）

<文　献>

宮岡邦任 2003. 多様な顔をもつビオトープの水質. 地理 48(12): 23-29.

山本荘毅 1983.『新版 地下水調査法』古今書院.

Godoi Filho, J. D. 1986. Aspectos geológicos do Pantanal Mato-Grossense e de sua área de influência. In *Anais do 1 simpósio sobre recursos naturais e sócio-econômicos do Pantanal(EMBRAPA-CPAP Documentos 5)*, ed. Boock, A., 63-76. Corumbá: EMBRAPA-CPAP.

Krohelski, J. T., Bradbury, K. R., Hunt, R. J. and Swanson, S. K. 2000. *Numerical simulation of groundwater flow in Dane County, Wisconsin*. Wisconsin Geological and Natural History Survey, Bulletin 98.

Woessner, W. W. 2000. Stream and fluvial plain groundwater interactions: Rescaling hydrogeologic thought. *Ground Water* 38: 423-429.

第Ⅱ部
南パンタナールの牧畜業と観光開発

水がひいたバザンテ(間欠河川)を歩く馬の親子

第4章
パンタナールの先住民と植民・開発の歴史

I 多様なインディオ集団

　パンタナールの先住民はインディオである。彼らは少なくも紀元前2000年以上前から集団で居住し，狩猟採集や漁労に従事していたが，その後初歩的な農業や陶器の製造技術を身につける部族も現れた。当初，彼らの居住地は，雨季に発生する洪水の影響が少ない丘陵地や山麓などであったが，生活上，魚や動植物が豊富な河川・湖沼との結びつきが強かったため，その後浸水の影響が大きな低地にまで居住域を拡大する部族も出現した。

　16世紀前半にペドロ・デ・メンドーサ(D. Pedro de Mendoza, 1534年)，カベサ・デ・ヴァカ(Cabeza de Vaca, 1540年)，ニュフロ・デ・シャベス(Ñuflo de Cháves, 1543年)といったスペイン人の遠征隊が初めてこの地に足を踏み入れた時，彼らは多様な自然環境に順応し，独自の習俗や言語を身につけたさまざまなインディオ集団に遭遇している。

　当時パンタナールは，広大な水辺に暮らすシャライ(Xaray)族の名にちなんで「シャラエスの海(Mar de Xarayés)」と呼ばれていたが，ほかにもシャネ(Xané)族，グァイクルー(Guaicuru)族，パイアグア(Paiaguá)族，オレジョネ(Orejone)族，テレナ(Terena)族，グァトー(Guató)族，グァレン・コシエ(Guaren-cocie)族，グァシャラパト(Guaxarapato)族，シェレバカネ(Xerebacane)族など，さまざまなインディオ集団の存在がスペイン人により確認されている。

　これら諸部族の中でも，南パンタナールのパラグアイ川流域に生活していたグァイクルー族は，好戦的な騎馬族としてつとに有名である。彼らはスペイン人から奪ったアンダルース種の馬を，卓抜した調教術と騎乗術で自在に操った。「鞍上人なく鞍下馬なし」の如く，彼らは馬の片腹に貼り付き，反対側にい

写真 4-1　白人と激しく対峙したグァイクルー族
(出典：Debret 1989)

る敵から身を隠して攻撃を仕掛けた[1](写真 4-1)。グァイクルー族は，白人の入植者が最も接触を嫌った部族である。

　パイアグア族も，グァイクルー族と肩を並べる好戦的な部族として傑出している。カヌー漕ぎ(canoeiro)の名手として名高く，優れた釣り人や泳ぎ手でもあったパイアグア族は，パラグアイ川やミランダ川，ネグロ川，タクアリ川などの河川を通じて内陸奥地へと侵入し，水が支配するパンタナールの代表的な部族となった[2]。

　これらの好戦的なインディオ部族やポルトガル人入植者の襲撃に脅かされながらも，パラグアイ川やサンローレンソ川の河岸で生き延びたのがグァトー族である。彼らは掘建て小屋で生活しながら川を自由に移動する漂泊の民で，そ

---

1)　グァイクルー族は，16世紀前半にスペイン人征服者のペドロ・デ・メンドーサやカベサ・デ・ヴァカとの戦闘で獲得したイベリア系の軍馬を飼い馴らして，他部族や植民者との戦いに積極的に利用した。そのグァイクルー族の馬と18世紀にゴイアス州やサンパウロ州から持ち込まれた馬が交配して生まれたのが，地域固有種のパンタナール馬(Cavalo Pantaneiro)である。
2)　グァイクルー族は，18世紀にはバンデイラとの激闘，19世紀初めには黄熱病の蔓延などにより潰滅的な被害を被ったが，グアナー(Guaná)族やグアチ(Guachi)族，あるいはレヴィ＝ストロースの調査で一躍有名になったカディヴェウ(Kadiweu)族と混血して生き延びた(レヴィ＝ストロース 1977)。またパイアグア族は，1734年にインディオ討伐を進めるポルトガル国王ドン・ジョアン5世が起こした「正義の戦い」に破れて滅亡した。

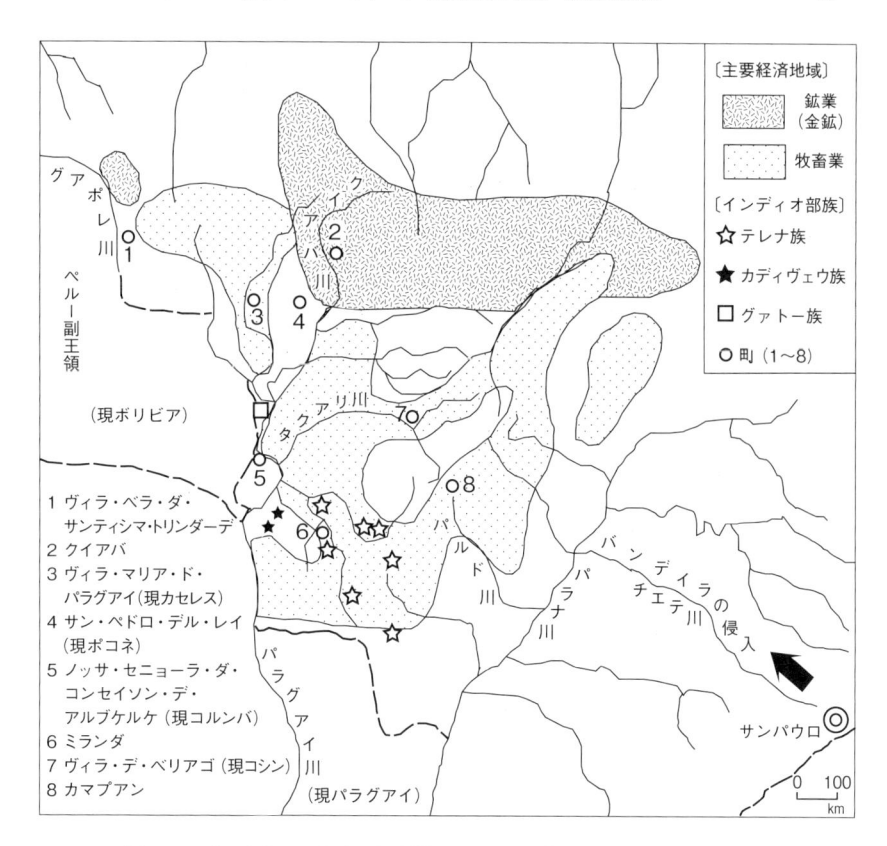

第4章 パンタナールの先住民と植民・開発の歴史   65

図4-1 パンタナールとその周辺域における18世紀の経済活動と町の形成
(Campos e Dolhnikoff 1993ほかより作成；丸山 2007)

〔主要経済地域〕
- 鉱業（金鉱）
- 牧畜業

〔インディオ部族〕
- ☆ テレナ族
- ★ カディヴェウ族
- □ グァトー族
- ○ 町（1～8）

1 ヴィラ・ベラ・ダ・サンティシマ・トリンダーデ
2 クイアバ
3 ヴィラ・マリア・ド・パラグアイ（現カセレス）
4 サン・ペドロ・デル・レイ（現ポコネ）
5 ノッサ・セニョーラ・ダ・コンセイソン・デ・アルブケルケ（現コルンバ）
6 ミランダ
7 ヴィラ・デ・ベリアゴ（現コシン）
8 カマプアン

の卓抜したカヌー操作術や的を外さぬ弓術はつとに有名である．また，穏健な部族であるテレナ族は，南パンタナールのアキダウアナ川やミランダ川流域からマラカジュ山脈にかけて広く居住した．

このように，パンタナールには先住民である多様なインディオ集団が数多く存在したが，そのほとんどは白人と接触してから約3世紀の間に，入植者との戦い，伝染病の蔓延，あるいは部族間の抗争などにより滅亡してしまった．ちなみに，今日まで至るインディオ集団は，カディヴェウ族，グァトー族，テレナ族のわずか3部族だけである（図4-1，写真4-2）．

写真4-2　ワニを仕とめて漁から戻ったグァトー族(上)とファリーニャを作るテレナ族(下)の男

Ⅱ　バンデイラの活動とゴールドラッシュ

　最初の白人入植者であるスペイン人は，16世紀の第2四半期～16世紀末にかけて，パラグアイ川流域で植民活動を活発化させた。当時パンタナールは，1494年のトルデシーリャス条約に基づきスペイン領であったが，16世紀末～17世紀初めにはポルトガル人による植民活動が進展した。その背景には，おもに17～18世紀前半にかけて，奴隷として売却するためのインディオ狩りや，金・ダイヤモンドなどの貴金属・宝石類の探査を目的として内陸奥地まで分け入った，バンデイラ(bandeira)と呼ばれる奥地探検隊の跋渉があった。

パンタナールに足跡を残したバンデイラの中でも，とりわけ 1648 年のアントニオ・ラポーゾ・タヴァレス (Antonio Raposo Tavares) と，1719 年のパスコアール・モレイラ・カブラル (Pascoal Moreira Cabral) の活動は傑出している[3]。「南米の虎」「足に翼のある男」の異名をもつラポーゾは，イエズス会がインディオの教化・保護を目的に設置したグァイラの教化集落を襲撃した残忍なインディオ狩りで有名である[4]。彼はブラジルのみならず，遠くパラグアイやボリビア，ペルーにまで遠征した偉大な探検家としても知られている。

またパスコアールは，1719 年にクイアバ川の支流であるコシポ川の近くで最初の金脈を発見した功績で名高い。金発見の知らせは瞬く間にサンパウロやその周辺域へと広まり，何百人もの金掘りが大挙してここに押し寄せた。バンデイラの隊員の中にも，金掘りに転身してこの地に定住する者が増加した。こうして，フォルキーリャ (Forquilha) と呼ばれる最初のブームタウンがコシポ川に隣接して形成され，本地域の村落形成の嚆矢となった。

1722 年には，ミグエル・スティル (Miguel Sutil) 率いるバンデイラが，現在ロザリオ教会が建つクイアバのタンキ・ド・アルネストで重要な金脈を発見した。金はたちまち人々を引き寄せ，クイアバは 1722～1726 年にブラジルで最も人口が多い町の一つになった。1726 年には，カピタニア・デ・サンパウロの領主ドン・ロドリゴ・セザー・デ・メネーゼス (Dom Rodrigo César de Menezes) がクイアバに移り，法律を制定して厳格な税の徴収を始めた (Piaia 1999)。

金の発見は，1729 年に創設されたヴィラ・デ・ベリアゴ (Villa de Belliago, 現在のコシン Coxim) や，1748 年にカピタニア・デ・サンパウロを分割して創設されたカピタニア・デ・マットグロッソの首都ヴィラ・ベラ・ダ・サンティシマ・トリンダーデ (Vila Bela da Santíssima Trindade) などでも見られた（図

[3) ラポーゾやパスコアールのほかに，1622 年のアントニオ・カスターニョ・ダ・シルバ (Antonio Castanho da Silva)，1682 年のブラス・メンデス・パエス (Braz Mendes Paes)，1717 年のアントニオ・ピレス・カンポス (Antonio Pires Campos) が率いたバンデイラがある。

4) 捕虜となったインディオは，鎖に繋がれて連行され奴隷市場で売却された。サンパウロでは，16 世紀後半～17 世紀にかけて，インディオの青年奴隷が一人 15 ミルレイスで売られていた。これは牡牛約 15 頭分に相当する。黒人奴隷は 24～38 ミルレイスであったという（高橋 1963)。

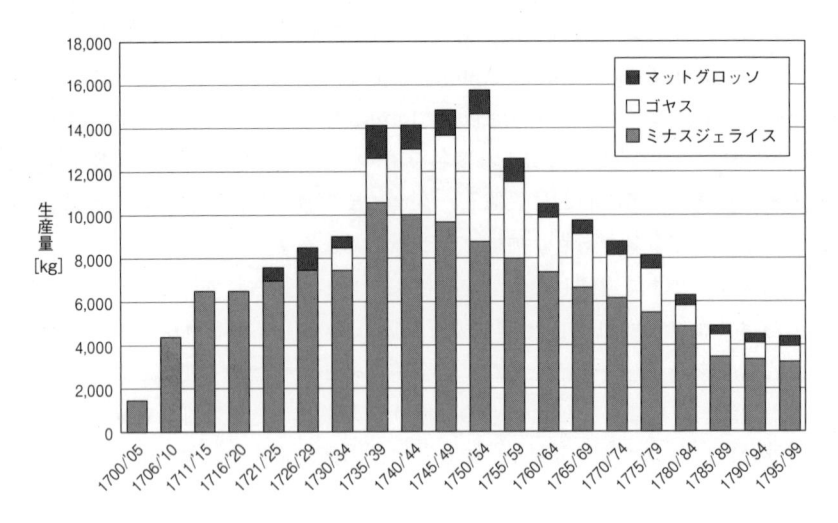

図4-2 18世紀のブラジルにおける金生産量の推移
(Bethell 1987より作成；丸山 2007)

4-1)。マットグロッソでの相次ぐゴールドラッシュは，1720年代以降の金生産量の増大にも現れている。すなわち，1921〜1925年に600 kgであった金の生産量は，1735〜1739年には1,500 kgへと増加し，その後も1760年頃までほぼ同じ水準で推移している(図4-2)。

　金の発見により奥地に忽然と現れる村の住人たちに，食料や衣類などの生活物資を供給する重要な役割を担ったのがモンソン(Monção)である。彼らはバンデイラの活動が衰退期に入る18世紀前半に登場し，舟で奥地へと侵入して商売を行った。1750年頃までは，サンパウロからチエテ川−パルド川−タクアリ川−パラグアイ川を経てクイアバ川やサンローレンソ川に入り込む南部からのモンソンが主流であったが，その後はアマゾン川−マデイラ川−グアポレ川を経て北部から流入するモンソンに取って代わった(図4-1)。

　当時は冷凍設備がなく，熱帯下での食料の長距離輸送は困難であった。そのため，生鮮食品などをモンソンに供給する停泊地の設置が必要不可欠であった。コシン川に隣接して1719年に開設されたファゼンダ・カマプアン(Fazenda Camapuã)や，首都のヴィラ・ベラ・ダ・サンティシマ・トリンダーデは，最も重要なモンソンの停泊地として発展した。また18世紀後半には，

1778年のノッサ・セニョーラ・ダ・コンセイソン・デ・アルブケルケ(Nossa Senhora da Conceição de Albuquerque, 現在のコルンバ), 1781年のヴィラ・マリア・ド・パラグアイ(Vila Maria do Paraguai, 現在のカセレスCáceres)やサン・ペドロ・デル・レイ(São Pedro Del Rey, 現在のポコネPoconé), 1797年のミランダ(Miranda)など, パンタナール各地で町が次々と創設されて植民活動が進展した(図4-1)。

しかし, 18世紀前半に始まるゴールドラッシュは長く続かなかった。とりわけ1760年以降の金の枯渇は深刻で, その生産量は18世紀前半の約3分の1に激減してしまった(図4-2)。こうして, 金鉱業が急速に衰退する中, 19世紀以降の新たな基幹産業として登場したのが牧畜である(丸山2007)。

III 牧畜業の発展とパンタナールの植民・開発

マットグロッソでは, 1726年にモンソンの停泊地であったカマプアンに初めて牧畜が導入された。相次ぐ金の発見で人口が増加して, あちこちに町が形成された当時, 牧畜は初歩的な耕種農業とともに, 住民に食料を供給する重要な役割を担っていた。そのため, 当初, 牧畜はゴールドラッシュに沸き立つ北パンタナールのクイアバ川流域に立地するバロン・デ・メルガッソ(Barão de Melgaço)やサント・アントニオ・ド・レヴェルゲル(Santo Antônio do Leverger)などで発展し, その後さらに広大な良質の天然草地が分布するパンタナール内陸部へと南下しながら拡大していった。ここではBarros(2007)ならびにその著者に対して2004年に筆者が実施した聞き取り調査に基づき, パンタナールの開拓史を概観する。[5]

1. ジャコビナ農場と北パンタナールの開発 ──ゴメス・ダ・シルバ家の隆盛──

北パンタナールで牧畜業が本格化するのは18世紀後半からであり, カセ

---

5) インフォーマントのアビリオ・レイテ・デ・バーロスは, その名前が示すようにバーロス一族(バリーニョスの系譜)の末裔で, ニェコランディア地区に複数の農場を所有する大牧場主である。彼は弁護士で小説家でもある。パンタナールの歴史研究家としても有名で, 多数の著作を持っている。彼への聞き取りは, 2004年8月にカンポグランデの彼の自宅で行った。

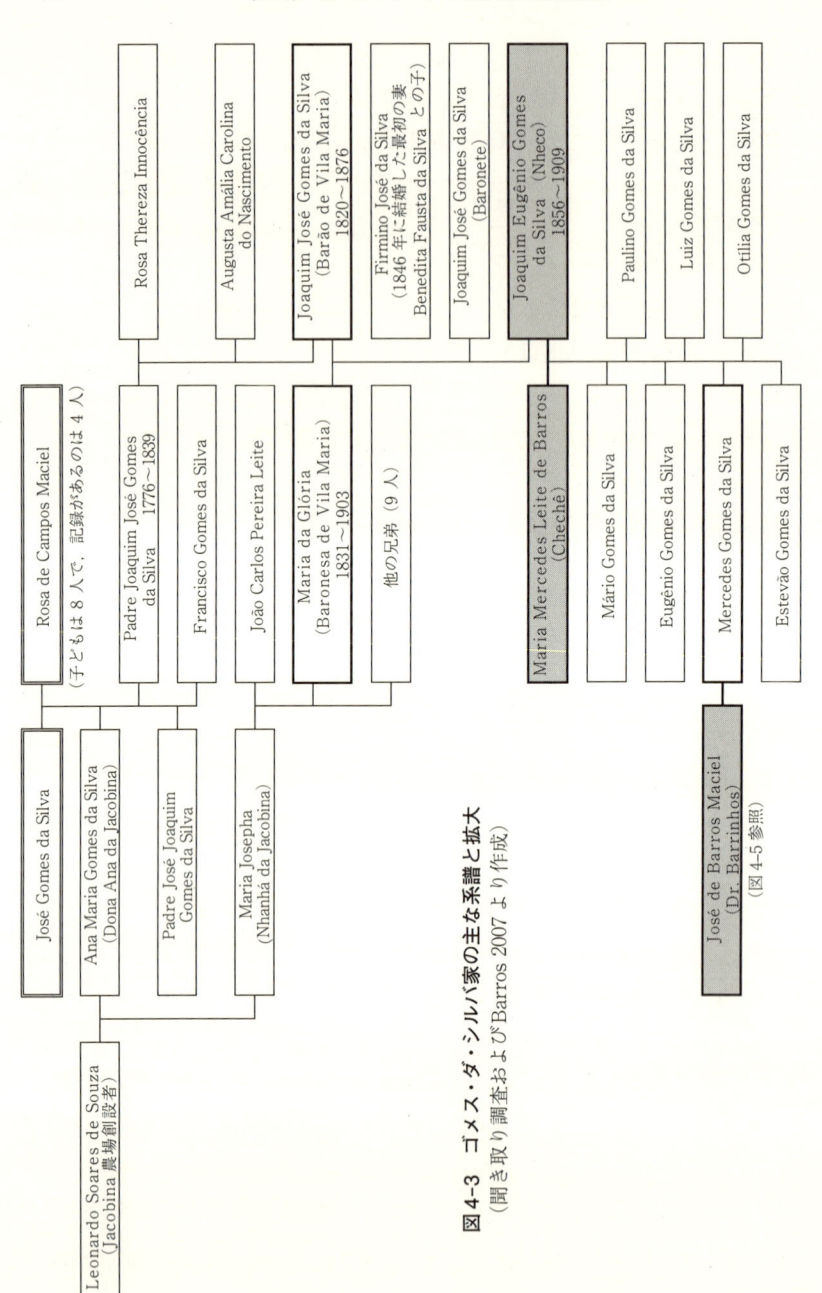

70　第Ⅱ部　南パンタナールの牧畜業と観光開発

図4-3　ゴメス・ダ・シルバ家の主な系譜と拡大
(聞き取り調査および Barros 2007 より作成)

- Rosa de Campos Maciel
  (子どもは8人で、記録があるのは4人)
  - José Gomes da Silva
  - Ana Maria Gomes da Silva (Dona Ana da Jacobina)
    - Leonardo Soares de Souza (Jacobina 農場創設者)
  - Padre José Joaquim Gomes da Silva
  - Maria Josepha (Nhanhá da Jacobina)
- Rosa Thereza Innocência
- Augusta Amália Carolina do Nascimento
- Padre Joaquim José Gomes da Silva 1776〜1839
- Francisco Gomes da Silva
- João Carlos Pereira Leite
- Joaquim José Gomes da Silva (Barão de Vila Maria) 1820〜1876
  - Maria da Glória (Baronesa de Vila Maria) 1831〜1903
  - 他の兄弟 (9人)
- Firmino José da Silva (1846年に結婚した最初の妻 Benedita Fausta da Silva との子)
- Joaquim José Gomes da Silva (Baronete)
- Joaquim Eugênio Gomes da Silva (Nheco) 1856〜1909
  - Maria Mercedes Leite de Barros (Chechê)
    - Mário Gomes da Silva
    - Eugênio Gomes da Silva
    - Mercedes Gomes da Silva
      - José de Barros Maciel (Dr. Barrinhos) (図4-5参照)
    - Estevão Gomes da Silva
- Paulino Gomes da Silva
- Luiz Gomes da Silva
- Otília Gomes da Silva

第4章　パンタナールの先住民と植民・開発の歴史　　　　　　　71

レス近郊にあったジャコビナ農場(Fazenda Jacobina)がその中核的な役割を果たした。この農場を開設したレオナルド・ソアレス・デ・ソウザ(Leonardo Soares de Souza)[6]は，クイアバのゴールドラッシュに惹かれてこの地にやって来たポルトガル人だったが，金採掘は思うように進まず，彼は再起をかけて1772年にジャコビナ農場を購入した。そして，そこで牛を飼い，サトウキビを栽培して粗糖(açúcar mascavo)や火酒(aguardente)を作り，町へ運んで販売した。農牧業よりも商業に強い関心があった彼は，持ち前の企業精神と政治力を駆使して，ジャコビナ農場を短期間にパンタナールの中核農場へと拡大・発展させた。

　このレオナルド・ソアレス・デ・ソウザの妻となったのが，ドナ・アナ・ダ・ジャコビナ(Dona Ana da Jacobina)の愛称で親しまれたアナ・マリア・ゴメス・ダ・シルバ(Ana Maria Gomes da Silva)[7]であり，この二人の結婚が後に南パンタナールの大地主として君臨するゴメス・ダ・シルバ一族の拡大・発展の嚆矢となった(図4-3)。すなわち，彼ら夫婦にはニャニャ(Nhanhá)と呼ばれる一人娘のマリア・ジョゼファ(Maria Josepha)しか子どもが居らず，ジャコビナ農場の莫大な財産を彼女がすべて相続することになる。このニャニャと結婚したのが，18世紀末にブラジルに移住した軍功の誉れ高く貴族の称号をもつポルトガル人名士のジョアン・カルロス・ペレイラ・レイテ(João Carlos Pereira Leite)であった(図4-3)。彼は政治家との親交が深く，農場の切り盛りは義母や妻に任せきりであったが，その拡大・発展には大きく貢献した。彼が当主を務めていた1827年には，農場面積は1,440 km^{2}にも達しており，広大な農場内には快適な本部(sede)のほかに，司祭が常駐する小さな教会や瓦葺きの家屋が40件ほどあったという。また，約200人の黒人奴隷が畑仕事や製糖工場で働いており，広大な草原では焼印を押された約6万頭の牛が飼育されていた。そして，牛や粗糖，火酒などの生産物は，徒歩により近郊のカセレスやクイアバなどの町へ運ばれて販売された。

---

6)　彼は1813年に国王ドン・ジョアンよりCoronel de Milicias(軍大佐)の称号を授与された。
7)　彼女の父親はポルトガル人のジョゼ・ゴメス・ダ・シルバ(José Gomes da Silva)，母親はマシエル一族の娘ローザ・デ・カンポス・マシエル(Rosa de Campos Maciel)である。この夫婦には合計8人の子どもがいたが，名前などが分かっているのはアナ・マリアを含め4名である。このうち，息子2人は宗教の道に進んで神父として活躍した。

ジャコビナ農場を相続したニャニャとジョアン夫婦には子どもが10人いたが，その9番目の娘マリア・ダ・グロリア(Maria da Glória)が，1847年に同族のジョアキン・ジョゼ・ゴメス・ダ・シルバ(Joaquim José Gomes da Silva)と結婚したことで，ジャコビナ農場の系譜の中核をなすゴメス・ダ・シルバ一族の存在がより確たるものとなった。すなわち，ジョアキン・ジョゼ・ゴメス・ダ・シルバの父親は，ジャコビナ農場創設者の妻であるアナ・マリア・ゴメス・ダ・シルバの兄弟にあたるジョアキン・ジョゼ・ゴメス・ダ・シルバ神父(Padre Joaquim José Gomes da Silva)である(図4-3)。彼はマットグロッソ州の議員として活躍したが，その後1809年にポコネ教区の司祭に身を転じ，1825～1829年にはジャコビナ農場に移り教会で司祭を務めた。こうした，同族結婚により北パンタナールで力を維持・拡大したゴメス・ダ・シルバ一族は，その後さらに南パンタナールへと植民・開発の触手を伸ばすことになる。パンタナール開発の主役に躍り出た彼ら一族は，尊敬の念を込めて「ジャコビナの人々(gente da Jacobina)」とか「偉大な人々(gente grande)」と呼ばれるようになった。

2. ヴィラ・マリア男爵による南パンタナールの農場開発

後にヴィラ・マリア男爵(Barão de Vila Maria)として名を馳せるジョアキン・ジョゼ・ゴメス・ダ・シルバには，生涯3人の子どもがいた。第一子のフィルミーノ・ジョゼ・ダ・シルバ(Firmino José da Silva)は，1846年に結婚した最初の妻との子どもである。翌年に再婚したジャコビナ農場主の娘マリア・ダ・グロリアとの間には，父親と同名のジョアキン・ジョゼ・ゴメス・ダ・シルバ(愛称バロネテBaronete)と，後に南パンタナールの中核部を占有する大地主となるジョアキン・エウジェニオ・ゴメス・ダ・シルバ(愛称ニェコNheco)の2人がいる(図4-3)。

マリア・ダ・グロリアとの結婚を契機に，ジョアキン・ジョゼ・ゴメス・ダ・シルバは，ジャコビナ農場のような大牧場の創設を夢見て，1847年に南パンタナールのコルンバに居を移した。そして，コルンバの町から東へ7レグア(約46km)ほど離れたパラグアイ川の右岸で，ウルクン山の麓に位置するアルブケルケ(Albuquerque)集落の近くに，ピラプタンガス農場(Fazenda

第4章　パンタナールの先住民と植民・開発の歴史　　73

[主な農場]
① フィルメ
② カセレス
③ パルメイラス
④ サンフランシスコ
⑤ カンボドーラ
⑥ サンタマリア
⑦ バイアボニータ
⑧ ベレニセ
⑨ サンパウロ
⑩ フレクサス
⑪ アグアスジーニョ
⑫ サンタクララ
⑬ ドイスミルレイス
⑭ ランシャリア
⑮ フィゲラウ
⑯ ランチョアレグレ
⑰ サルセイロ
⑱ リオネグロ

[農場主の名前]
・ ゴメス・ダ・シルバ（ニェコー族）
△ バーロス（ニェコー族）
◇ ロンドン

[主な入植者の系譜]
ニェコ
ジャンジャン ⎫
ジェジェ　　⎬ バロンイス
ビエ　　　　⎭
バリーニョス
ロンドン
入植者の中核農場

[その他の系譜の農場]
ニェコランディアの農場
バイアグアスの農場

図4-4　南パンタナールの農場開発と大土地所有制
（Renato Rabello Vaz 1952作成地図および聞き取り調査により作成）

Piraputangas)を開設してサトウキビの栽培を始めた（図4-4）。そこは地力が高く農地に適していた。

　また，河畔に広がる広大な天然草地が牧畜に適していると考えた彼は，現

在渡船場が立地するパラグアイ川左岸のポルト・ダ・マンガ(Porto da Manga, 当時はManga do Barãoと呼ばれていた)にも牧場を開設した。しかし，支流のネグロ川やタクアリ川がパラグアイ川と合流するこの辺りは毎年土地の浸水がひどく，雨季にはたびたび洪水が発生して多数の牛が流されたり餌不足で餓死したりする，牧場には向かない土地であった。そのため，彼は安定的に牧畜が営める牧場適地を求めてさらに東へと農場を拡大し，結局川岸から約24kmも内陸奥地にグランデ農場(Fazenda Grande，大農場の意味)とかアレグリア農場(Fazenda Alegria，歓喜の農場の意味)と呼ばれる大牧場を開設した。

この農場は，その後河畔の危険地とは異なり，土地がしっかり安定した場所(firme)という意味で，フィルメ農場(Fazenda Firme)と一般に呼び習わされるようになるが，開設当初はパラグアイ川周辺の農場に比べて著しく価値の低いものであった。さらに，彼は1862年にポルト・ダ・マンガ北方のタクアリ川左岸の土地を買収してサンフランシスコ農場(Fazenda São Francisco)とパルメイラス農場(Fazenda Palmeiras)を開設した。こうして，ジョアキン・ジョゼ・ゴメス・ダ・シルバは，コルンバ南東のパラグアイ川周辺域を占有する大地主へと成長し，南パンタナールの植民・開発のパイオニアとしての地位と名声を獲得した(図4-4)。

ところが，かつてラプラタ副王領に属し，スペイン人の支配下にあったパラグアイ川流域では，その当時パラグアイから人々が不法にブラジルへと侵入して，土地や家畜を横領する事件が頻発しており，広大な彼の農場も常にその脅威に晒されていた。そこで，ジョアキン・ジョゼ・ゴメス・ダ・シルバは，パラグアイ人のブラジル侵入の実状を国王に仔細報告すべく，一路リオデジャネイロに赴いた。そして，その功績が認められ，1862年に弱冠37才の若さで男爵の称号を授与され，ヴィラ・マリア男爵と呼ばれるようになった[8](図4-3)。

しかし，パラグアイ人の侵入や横領行為は止むことがなく，1864年にはついにパラグアイ戦争が勃発して，1870年まで激しい戦闘が続けられた。その結果，戦場と化し放棄された彼の農場は荒れ果てて，飼育していた牛たちも兵

---

8) ヴィラ・マリアは，彼が生まれ育ったジャコビナ農場が立地するカセレスの古い名称である。妻のマリア・ダ・グロリアも，その後ヴィラ・マリア男爵夫人(Baronesa de Vila Maria)の愛称で呼ばれるようになった。

隊らの食料になってしまった。さらに，ピラプタンガス農場で父を助けながら成長した長男のフィルミーノが，1865年に戦死する悲劇が起きた。このように，ジョアキン・ジョゼ・ゴメス・ダ・シルバは，高い地位と名声を獲得し，南パンタナールの植民・開発の礎を築いたものの，晩年はパラグアイ戦争による戦禍に苦しみつつ1876年に他界した。そして，彼の夢と意志は末息子のジョアキン・エウジェニオ・ゴメス・ダ・シルバに引き継がれた。

3. ジョアキン・エウジェニオ・ゴメス・ダ・シルバとフィルメ農場

ヴィラ・マリア男爵の死後，ピラプタンガス農場やパルメイラス農場など，遺産の多くは債権者の手に渡ってしまい，遺族には約3,700頭のわずかな牛と，放棄されて荒れ果てたフィルメ農場が残されただけであった。そして，異母兄弟の長兄はウルグアイ戦争で戦死，父と同名でバロネテの愛称で呼ばれた兄は不遇にもピラプタンガス農場で何者かに殺害されたため，その財産は末息子のジョアキン・エウジェニオ・ゴメス・ダ・シルバが相続することになった。1885年，裁判で正式にニェコの所有地となったフィルメ農場は，ヴィラ・マリア男爵の遺族に残された唯一の農場であった。

当時，どの債権者もフィルメ農場の価値を認めていなかったが，ニェコだけはその東方に果てしなく広がる地主のいない大地(terras sem dono e sem fim)がもつ無尽蔵な価値と可能性を認識していた。また，父や兄弟をすべて失って身寄りがないニェコにとって，残されたフィルメ農場を守り拡大するためには，結婚による新たな親族関係の構築が最重要であった。そこで彼は，妻方の親族を巻き込んだ周到な準備と大きな野心により，かつて父が挑んだ南パンタナールの植民・開拓にふたたび邁進することになる。ニェコがその伴侶に選んだのは，バーロス家の次男フランシスコ・レイテ・デ・バーロス(Francisco Leite de Barros, 愛称ニョニョ・ファンショNhonhô Fancho)の娘，マリア・メルセデス・レイテ・デ・バーロス(Maria Mercedes Leite de Barros, 愛称シェシェChechê)であった(図4-5)。

バーロス家は，アントニオ・ルイズ・コエリョ(Antonio Luiz Coelho)とローザ・デ・カンポス・マシエル(Rosa de Campos Maciel)をその始祖とする。ジャコビナ農場のゴメス・ダ・シルバ家のように富裕な名門ではなかったが，バン

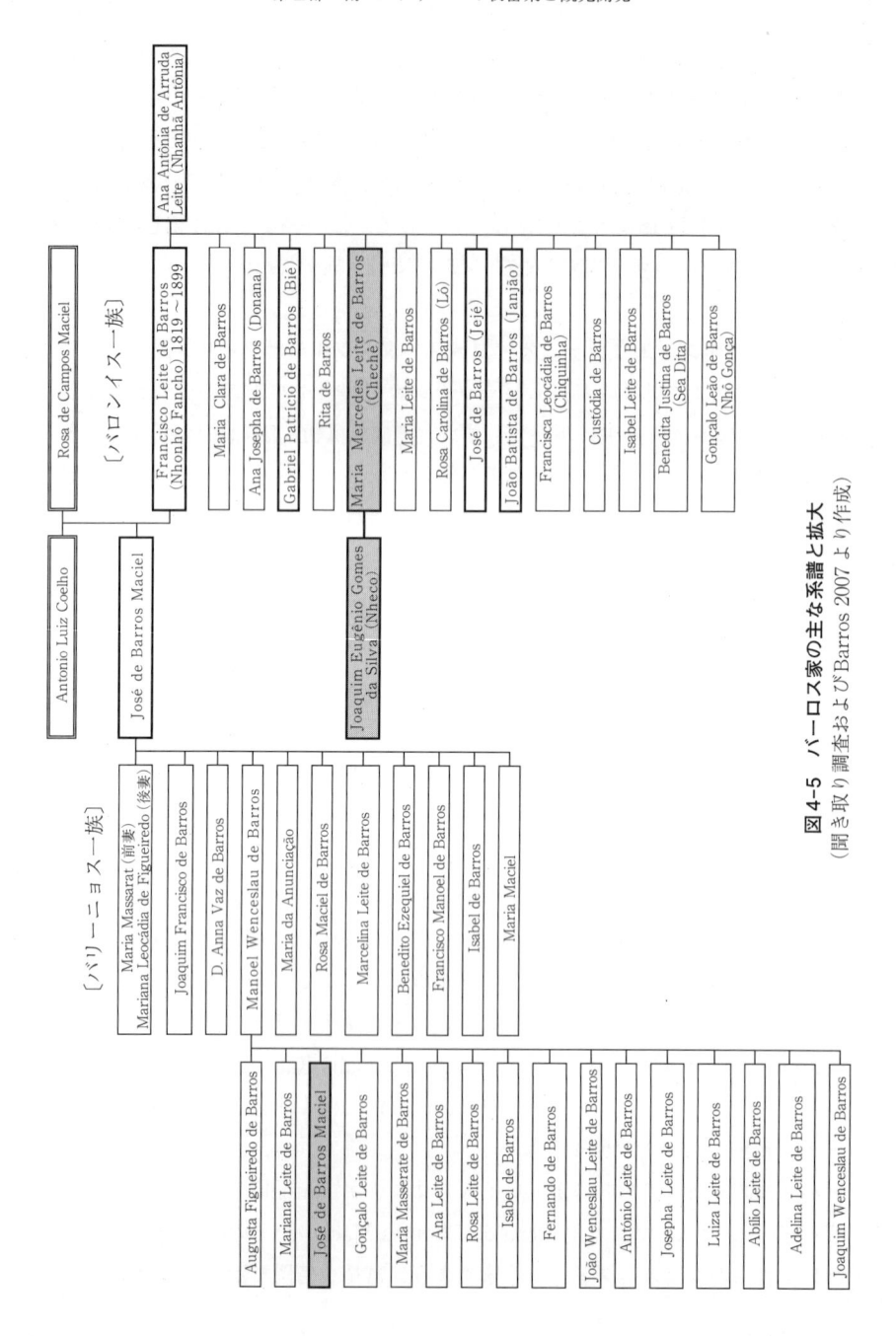

図 4-5 バーロス家の主な系譜と拡大
(聞き取り調査およびBarros 2007より作成)

デイラの末裔としてその開拓精神を継承する，清貧と勤勉を重んじる名門の一つであった。彼らには二人の子どもがあり，長男ジョゼ・デ・バーロス・マシエルの子孫はバリーニョス（Barrinhos，小さなバーロスの意味），次男フランシスコ・レイテ・デ・バーロスの子孫はバロンイス（Barrões，大きなバーロスの意味）と一般に呼ばれている（図4-5）。

　ニェコの妻シェシェはバロンイスの家系に属し，クイアバとポコネの間に位置するリブラメント（Livramento）近郊のコカイス農場（Sitio de Cocais）で，14人兄弟の大家族の中で育った（図4-5）。ニェコはシェシェを幼い頃から知っていた。そして，1878年8月1日，二人は母であるヴィラ・マリア男爵夫人の大邸宅で挙式をあげた。すでに父は他界し，頼れる兄弟もいないニェコにとって，シェシェの兄弟たちの支援は農場拡大に欠かせないものであった。

　結婚後，ニェコとシェシェはコルンバへ戻り，そこからカヌーでパルメイラス農場に出向き，相続した約200頭の牛を集めて牛車でフィルメ農場へと向かった。当時，残された農場は債権者らによる遺産処理の最中であり，パラグアイ戦争で放棄されて荒れ果てたフィルメ農場だけが，唯一彼らの落ち着けそうな場所であった。フィルメ農場のあばら屋で彼らの新しい生活が始まったが，シェシェは勤勉に働き農場をもり立てた。すぐに長男のマリオ・ゴメス・ダ・シルバ（Mário Gomes da Silva）が生まれ，その後も6人の子宝に恵まれて生活は安定と活気をみせた。1885年には正式に農場が自分の所有地となり，入植から約10年が経過した1890年には牛も3,000頭に増えていた。1899年にシェシェのいとこちがい（いとこの子）に当たる測量士のジョゼ・デ・バーロス・マシエル（José de Barros Maciel）が，ニェコの依頼により農場を測量したところ，その面積は当初176,835 haであったが，その後の再測量では380,000 haにも達する大農場であることが判明した。

　ニェコの子どもたちは，末息子を除き全員が町に出て高等教育を身につけたが，卒業後は皆パンタナールの農場に戻り，牛飼いをしてニェコをもり立て，牧野のリーダーとして活躍した。ニェコが他界した1909年当時，牛は約15,000頭に増加していた。子どもたちは1917年頃まで共同で牛の飼育を続け，その後30年も経たぬうちにフィルメ農場は120,000頭の牛を飼育する巨大農場に発展したという。ニェコがフィルメ農場を足掛かりに，自らの家族や親族，

とくに義兄弟となるバーロス家の入植により開拓したタクアリ川，パラグアイ川，ネグロ川の3河川に挟まれた広大な地域は，今もなお彼の愛称だったニェコにちなみ，ニェコランディア(Nhecolândia)と呼び習わされている(Proença 1997)。そこで，ニェコが目指した血縁集団による農場の拡大戦略とは，具体的にどのようなものであったのかを次に詳述する。

4. バロンイス一族の入植と貢献

ニェコをもり立てたバーロス一族の支援なくして，南パンタナールの開拓と発展は考えられない。とりわけ，妻シェシェの家系であるバロンイス一族の果たした役割と貢献は絶大なものであった。ニェコの義父となったニョニョ・ファンショは，1882年に自ら所有するコカイス農場を甥のマノエル・ウェンセスロー・デ・バーロス(Manoel Wenceslau de Barros)に売却し，家族ともどもカセレスに引っ越した。ニェコは親族となったバロンイス一族をカセレスに訪ね，主だった義兄弟たちに南パンタナールへの移住と入植を積極的に勧めた。実の兄弟をすべて失ったニェコは，フィルメ農場の周辺に信の置ける義兄弟たちの農場を集めることで，安心して協同でパンタナール開発が進められると判断したのである。

1885年，最初にニェコの誘いを受けてフィルメ農場にやって来たのは，妻シェシェの弟でジャンジャン(Janjão)ことジョアン・バティスタ・デ・バーロス(João Batista de Barros)であった。彼は慎重で遠慮がちな兄のガブリエル・パトリシオ・デ・バーロス[9](Gabriel Patrício de Barros，愛称ビエ Bié)やジョゼ・デ・バーロス(José de Barros，愛称ジェジェ Jeje)と異なり，気さくで開放的な性格の持ち主であった。彼はニェコによる初期南パンタナール開拓の強力な支援者であり，牧童としての有能な資質を活かして，コミティーバ(出荷などを目的とする大規模な牛群の輸送)を率いて活躍した。その後ジャンジャンは，かつてニェコの父が所有していたサンフランシスコ農場に移り，その豊かな天然草地を利用した牧畜で成功して富裕な大地主となった(図4-4)。ちなみに

---

9) ビエは，リブラメント近郊のボア・ビスタ農場(Sitio Boa Vista)の所有者だったマリア・カロリナ・デ・ララ(Maria Carolina de Lara)と結婚して，その農場に住んだ。そこではたくさんの奴隷が働いていたが，1888年の奴隷制廃止により生産が激減して，1891年に父母が住むカセレスに移り住み牛飼いを始めた。

サンフランシスコ農場は,ヴィラ・マリア男爵が買収する以前は,ジャンジャンの義父に当たるフランシスコ・アントニオ・ペレイラ(Francisco Antônio Pereira)の所有地であった。

ニェコは1894年,義父母やその家族にもフィルメ農場への移住を促すため,再びカセレスを訪問した。そのニェコの勧誘に対して,バロンイス一族のリーダーで性格が慎重なビエは,自ら現地を訪問して土地の状態を入念に確かめたうえで,フィルメ農場への移住を承諾した。そして1896年,義父母のニョニョ・ファンショとニャニャン・アントニア,義兄弟のビエ,ジェジェや独身の娘たちなど,バロンイス一族がまとまってフィルメ農場へ移住した。そして,新築ではあるが粗末な家屋での新たな生活が始まった。

年老いた義父母は故郷リブラメントへの郷愁に苛まれたが,息子のビエとジェジェは新天地に自らの農場を開設すべく,ニェコの承諾を得てフィルメ農場の東方でネグロ川右岸の地に開拓適地を探し求めた。そして,フィルメ農場でのわずかな生活期間の後,2人はブリティ農場(Fazenda Buriti)を開設した。さらに両人は助け合いながら,ビエはフレクサス農場(Fazenda Flexas),ジェジェはアグアスジーニョ農場(Fazenda Aguassuzinho)をその後開設した(図4-4)。ビエは南パンタナールの開拓史において,最も重要な役割を果たした人物の一人といえる。

5. バリーニョス一族の入植と貢献

シェシェの一族であるバロンイスが,ニェコの農場を取り巻くようにその周囲に広大な農場を開設する中,バーロス家のもう一つの系譜であるバリーニョス一族も,南パンタナールの東部に次々と農場を開設していった(図4-4)。バリーニョス一族の始祖で,シェシェの伯父に当たるジョゼ・デ・バーロス・マシエルには,生涯2人の妻との間に10人の子どもがあった。彼はコカイス農場の近くに母親からの相続で農場を所有していたが,息子のマノエル・ウェンセスロー・デ・バーロスが実弟のニョニョ・ファンショからコカイス農場を買い取ったため,バリーニョス一族はリブラメントに広大な農場を所有することになった。彼自身は南パンタナールの植民・開拓には直接関わっていないが,孫で自分と同名のジョゼ・デ・バーロス・マシエル(一般にバリーニョス博士

Dr. Barrinhosと呼ばれた)の存在が,バリーニョス一族の南パンタナールへの移住を大きく支援・拡大することになった(図4-5)。

すなわち,前述したように測量学を修めたジョゼ・デ・バーロス・マシエルは,1899年にニェコの依頼で彼の農場を測量し,それが縁でニェコの娘メルセデス・ゴメス・ダ・シルバ(Mercedes Gomes da Silva)と1904年に結婚してカンピーナス農場(Fazenda Campinas)に入り,息子としてゴメス・ダ・シルバ一族の仲間入りを果たした。1909年にニェコが他界すると,1917年まで相続人の一人としてフィルメ農場の共同経営にも加わった。

彼は測量だけでなく法律も学び,無資格ながらコルンバで弁護士をやったり,その後はジャーナリストに転向して「ア・シダーデ(A Cidade)」紙を創刊したりした。さらに,コルンバにシャルキ(干し肉)工場を建設したり,1920年代には州議員を務めたりと,その有能かつ多才ぶりをいかんなく発揮して地域の発展に大きく貢献した。

同じバーロス家の系譜でも,バリーニョス一族の南パンタナールへの入植は,バロンイス一族より約20年ほど遅れるが,それでもニェコの息子となったジョゼ・デ・バーロス・マシエルとの紐帯を基盤として,彼の14人の兄弟たちが次々とタクアリ川左岸の南パンタナール東部に入植して,農場を開拓し広大な土地を占有していった(図4-4)。

このように,南パンタナールの植民・開発は,北パンタナールにルーツをもつゴメス・ダ・シルバ一族(カセレスのジャコビナ農場の系譜に属する人々)とバーロス一族(リブラメントのコカイス農場の系譜に属する人々)の婚姻による,親族間の堅固な結びつきに支えられて進展したことがわかる。なお,本稿では詳しく触れないが,ネグロ川の左岸に広がるパンタナール南部には,フィルメ農場と同時期にロンドン(Rondon)一族が入植して,その後農場を次々と開設・拡大していった(図4-4)。

(丸山浩明)

<文 献>

高橋麟太郎 1963.『ブラジルのインディオ―その生活と民族史―』帝国書院.
丸山浩明 2007. パンタナールの開発と環境保全. 坂井正人・鈴木　紀・松本栄次編『ラテンアメリカ』314-324. 朝倉書店.

レヴィ=ストロース著・川田順造訳 1977.『悲しき熱帯』中央公論社.
Barros, A. L. de 2007. *Pantanal pioneiros*. Brasilia: Senado Federal Conselho Editorial.
Bethell, L. ed. 1987. *Colonial Brazil*. New York: Cambridge University Press.
Campos, F. de e Dolhnikoff, M. 1993. *Atlas história do Brasil*. São Paulo: Scipione.
Debret, J. B. 1989. *Viagem pitoresca e histórica ao Brasil（Tomo primeiro）*. Belo Horizonte: Editora Itatiaia Limitada.
Piaia, I. I. 1999. *Geografia de Mato Grosso*. Cuiabá: EdUNIC.
Proença, A. C. 1997. *Pantanal: Gente, tradição e história*. Campo Grande: Editora UFMS.

第 5 章
牧畜業の盛衰と牧畜文化

I　牧畜業の盛衰

　南パンタナールでは，北パンタナールにルーツをもつ名門一族の移住と，その後の戦略的な婚姻により形成された強固な血縁関係を基盤として，19世紀後半以降，これら一族によるいわば独占的な植民・開発が進められた。その結果，大土地所有制（latifundio）に特徴付けられる，ブラジルの中でもとりわけ農場規模が大きい大牧畜地帯がこの地に形成された。しかし，牛の餌を限られた天然草地に依存せざるを得ない本地域では，肥育用の素牛生産を目的とする粗放的な仔取り繁殖経営が牧畜業の中核となってきた。

　南パンタナールの牧畜業は，都市への牛の輸送出荷体制が未整備だった19世紀には，依然として近隣の小規模な市場を指向するローカルな経済活動の域を出なかった。1856年にはアルゼンチン－ブラジル間でパラグアイ川の可航河川化が実現したものの，冷凍船がなかったために牛の出荷体制に変革はもたらされなかった。

　さらに，1850年には牧畜経営に必要不可欠な馬を大量死させる疾病マル・ダス・カデイラス（mal das cadeiras）が蔓延して，本地域の牧畜業は潰滅的な被害を被った。加えて，パンタナールを舞台に繰り広げられたパラグアイ戦争（1864～1870年）も，侵入するパラグアイ人による土地や家畜の横領，農場で働く奴隷や雇用労働者の出兵や大量戦死などを通じて，深刻な農場の荒廃や解体を引き起こした。

　このような植民・開発の初期に本地域を襲った幾多の困難を乗り越えて，南パンタナールの牧畜業は20世紀を迎えて大きく変貌を遂げた。すなわち，1914年にサンパウロ州のバウルー（Baurú）とマットグロッソ州のコルンバを結

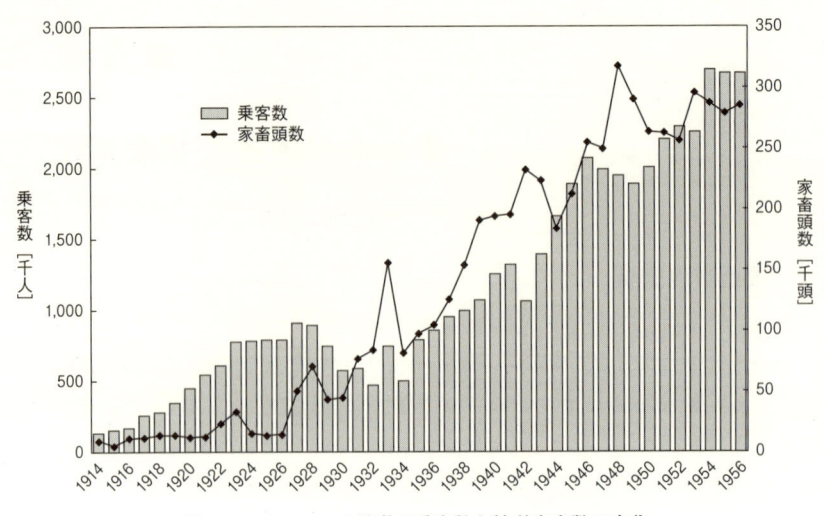

図5-1　ノロエステ鉄道の乗客数と輸送家畜数の変化
（Queiroz 2004: 192 より作成）

ぶノロエステ鉄道(Estrada de Ferro Noroeste do Brasil)[1]が開通すると，牛は貨車で生体のままミナスジェライス州やサンパウロ州の牧場へと出荷され，そこで肥育後に屠殺されるようになった。図5-1はノロエステ鉄道の開通以降，人や家畜の輸送量が急激に増加した様子を示している（丸山編著 2010）。また20世紀初めには，インド原産の瘤牛であるネロール種のゼブ牛[2]が本地域に導入され，スペイン人入植者が最初に持ち込んだイベリア種の子孫と急速に入れ替わっていった。

こうして20世紀以降，南パンタナールはブラジル最大の牧畜地帯へと大きく発展するが，それは近隣市場を指向する19世紀のローカルな経済活動が，

---

1) 1905年に建設が始まったノロエステ鉄道は，パラグアイ戦争の教訓から，隣国のボリビアやパラグアイに対する軍事的な兵站線としての重要な役割を担っていた。ノロエステ鉄道の敷設工事には，ペルーやブラジルに渡った初期日本移民が数多く参加しており，その後彼らの一部がカンポグランデに残留して地域発展の礎となった（丸山編著 2010）。なお，ノロエステ鉄道は当初コルンバを通らないルートが計画されていたが，南パンタナール開発の重鎮の一人ジョゼ・デ・バーロス・マシエルによる彼の新聞社を通じての運動の結果，鉄道はコルンバ終点に変更となった。

2) ゼブ牛は，現在ブラジルで一般的に飼育されている種である。北米で多く飼育が見られるヘレフォード種や黒毛アンガス種などと比べて飢餓や干ばつに強く，熱帯気候下の飼育に適した品種といえる。

20世紀には国内の大都市市場や国際市場を指向するグローバルな市場経済に組み込まれたことを意味している。そのため，牧畜経営は常に国家経済の変動に敏感に左右され，生産性の高い他産地との競合に晒されて伝統的な生産経営方式の近代化を迫られ続けることになった。

1986年には，ブラジル国内の牛肉市場価格が大暴落して牛の出荷が停止となり，パンタナールの牧畜業も潰滅的な被害を被った。中には廃業に追い込まれたり，新たに観光業(エコツーリズム)への参入を模索したりする農場主も現れた。そこで，1989年には牛の競り市(leilão)をパンタナール各地に導入して流通・販売の合理化を図ったり，1990年代にはアフリカ原産の牧草ブラッキャリア(*Brachiaria*)を導入して人工の改良牧野での放牧を進めたりするなど，牧畜経営の近代化が進められてきた。[3)]

2000年現在，パンタナールは約380万頭の牛が飼育されるブラジル最大の牧畜地帯である。そこでは全面積の95％を個人所有の大牧場(Fazenda)が占め，農場の平均経営規模は1,787.5ha(1996年)ときわめて大きい。規模別に見ると，とりわけ3,000～8,000haの農場が数多く存在しており，全体(15,879農場)の約5％にあたる10,000ha以上の大農場が全面積の約55％を占有している。3～8万haの大農場もいくつもあり，中にはほぼ東京都の広さに匹敵する20万haを超える巨大農場も存在する。土地利用は，天然牧草地が全面積の約50％($43,546\,km^2$)を占め，人工牧草地は$16,310\,km^2$と少ない(Fernandes e Assad 2002)。

都市近郊で卓越する近代的なフィードロットなどに比べて，未だ天然草地に餌の多くを依存する伝統的な牧畜の生産性は著しく低い。牛1頭あたり3.6ha(ブラジル平均は0.9ha)もの牧草地が必要とされるため，パンタナールの牧畜業は現在も肥育ではなく仔とり繁殖が中心である。また，牛の出産率は35％(ブラジル平均は60％)ときわめて低いうえに，離乳までの死亡率が15％(ブラ

---

3) パンタナールでは，1970年にEMBRAPA(ブラジル農牧業研究公社)の試験農場だったイニュミリン農場(Fazenda Inhumirim)でブラッキャリアの試験栽培が始まった。パンタナールの農場にブラッキャリアが普及したのは1990年代に入ってからである。ブラッキャリア・ウミディコラ(*Brachiaria humidicola*)やブラッキャリア・デクンベンス(*Brachiaria decumbens*)は，タンパク質が少なく水に強いため，パンタナールのような湿地帯での栽培に適しているといわれているが，実際には広範に枯れてしまった改良牧野も認められる。種子の値段が高いにも関わらず発芽率が低いといった問題点も指摘されている。

ジル平均は8％)と高いため，離乳率は40％(ブラジル平均は54％)まで低下してしまう。さらに，離乳後の死亡率も6％(ブラジル平均は4％)と高く，牝牛の初産は6歳(ブラジル平均は4歳)と遅い(Zimmer e Euclides 1997)。

このように，パンタナールの牧畜は近代化の波の中でさまざまな経営課題に直面し，伝統的な生産方式や牧畜文化の見直しを迫られながらも，今なお本地域の基幹産業として継続・発展を続けている。

II 伝統的な牧畜文化と住民の生活

1. 放牧地と農場施設

【牧場と農地】パンタナールのファゼンダ(fazenda)は，基本的に牧畜を中心とする大農場である。平均でも約1,800 haに達する広大な農場のほとんどは天然の放牧地であり，浸水の有無や植生の状況などを考慮して，インヴェルナーダ(invernada)と呼ばれる複数の牧区に分割されている。農場の周囲(所有界)や牧区の境界には，高さ約1.2 mの支柱に3～4本の鉄線や有刺鉄線が張られた牧柵(cerca)が敷設されている。

牧柵の支柱は，アロエイラ(aroeira, *Myracrodruon urundeuva*)，ピウーバ，カネレイラ(caneleira, *Ocotea suaveolens*)，ゴンサーロ(gonçalo, *Astronium fraxinifolium*)，カランダ(carandá, *Copernicia alba*)などの樹木で，敷設場所周辺の森林内から自家調達されている。中でもアロエイラは材質が硬く耐久性に優れた高級材であり，その支柱は100年以上の使用にも耐えるため，農場の所有界で牧柵が角度を変える地点などの重要箇所に頻用されている。また，比較的水に強く腐りにくいヤシ科のカランダやピウーバなどの樹木は，湖沼や一時的草地といった水没地の牧柵によく使用されている。

放牧地のほかに，農場内にはファゼンダで消費されるマンジョカやカボチャ，トウモロコシ，フェジョンマメなどの食料を生産する農地(roça)が作られており，牧童や住み込み農民(morador)が畑の開墾や作物栽培に従事している。

【農場の本部施設】ファゼンダの中枢をなす本部(sede)は，カザ・グランデ(casa grande)と呼ばれる農場主の豪奢な邸宅が立地する場所で，牧畜経営に

第 5 章　牧畜業の盛衰と牧畜文化　　　　　　　　　　　　　　　　　87

写真 5-1　独身牧童の簡素な住まい・ガルパン

関わるさまざまな指令はここから雇用者に対して発せられる。通常，カザ・グランデの裏庭にはポマール(pomar)と呼ばれる果樹園や小さな菜園が作られ，キッチンガーデンの役割を果たしている。また，カザ・グランデの周りには，食料雑貨類を収納(時に販売)する倉庫(armazém)や，農場内の諸作業に使われるトラクターやチェーンソーなどの農機具類を修理・整備する作業場(oficina)，牧童たちが馬具類を保管したり自身で調整・制作したりするデセンシリャドール(desencilhador)と呼ばれる家屋などが配置されている。牧童たちはよくデセンシリャドールに集い，テレレ(tereré，冷水で入れたマテ茶)を回し飲みしながら歓談する。

　牧童が生活する借家は，一般にカザ・グランデから少し離れた場所に建てられている。所帯持ちと独身とでは，家の大きさ(部屋数)や構造に若干の差があるが，基本的に小部屋，寝室，台所，トイレだけの簡素な建物である。独身の牧童が生活する住居はガルパン(galpão)と呼ばれ，一般に板張りで，寝室にハンモックを吊っただけの小さなものである(写真 5-1)。

　パンタナールのファゼンダに特徴的な施設の一つがアソーギ(açougue)である(写真 5-2)。これは切り刻んだ牛肉に塩を振り，それを干し竿(varal)に吊して天日乾燥する，いわば干し肉の製造所である。干し竿は天井に敷設されたレールにより前後に移動するようになっており，昼間は外側に引き出してテン

第Ⅱ部　南パンタナールの牧畜業と観光開発

写真5-2　干し肉製造所のアソーギ（奥の建物）と屠殺場のディスコ（手前）

写真5-3　牛の皮を天日乾燥するエスペカドール

ダル（tendal）と呼ばれる太陽光が差し込む場所で天日干しにされ，夜間は夜露を避けて屋根の下に押し込まれる仕組みである。アソーギの外側には，虫や鳥などの侵入を防ぐための金網が張られている。

　アソーギの前には，ディスコ（disco）と呼ばれる，円形にセメントが張られてその中心に牛を括り付ける丸太が立てられた，牛の屠殺場が設けられている。そこで屠殺・解体された牛の肉が，隣接するアソーギに運ばれて干し肉に

第 5 章　牧畜業の盛衰と牧畜文化　　89

写真 5-4　家畜囲いのマンゲイラ(中央)と誘導通路のカレファン(手前と奥)

加工される(写真5-2)。ディスコの前には，翌朝屠殺する牛を休ませるためのパランケ・ド・ディスコ(palanque do discoまたはcurral de repouso)と呼ばれる牛囲いが設けられていることもある。なお，解体された牛の皮は，エスペカドール(especador)と呼ばれる道具を使い，紐と重りで引っ張って伸ばしながら天日乾燥される(写真5-3)。また，屠殺時に出る大量の牛脂からは自家用の石鹸が作られており，専用の石鹸製造所をもつ農場もある。

【農場の副次的施設：レティロ】カザ・グランデが立地する農場本部から遠く離れた場所に，経営戦略上，副次的に設置される農場がレティロ(retiro)で，大・中規模農場が卓越するパンタナールでは一般的に見受けられる。レティロには，農場管理を任された牧童頭(capataz)や牧童の住居，あるいは次に詳述する牛囲いなどの牧畜施設が整備されており，農場本部から遠く離れた場所に放牧されている牛たちの効率的で目の行き届いた管理を実現することが，その主要な設置目的となっている。

【農場内の牧畜施設】予防接種などの家畜の健康管理や，乳牛の搾乳を行う中心的施設がマンゲイラ(mangueira)[4]と呼ばれる大規模な家畜囲いで，そこに牧童たちが放牧している牛を追い込むための誘導通路がカレファン(calefãoま

---
4)　マンゲイラの名称は，マンゴー(manga)の木陰に家畜囲いがよく作られたことにちなんでいる。ブラジルの他の地域では，家畜囲いをクラール(curral)と呼ぶことが多い。

写真 5-5　マンゲイラのエンブテ(手前)とブレッテ(奥)

たはencerra)である(写真5-4)。マンゲイラは，一度に数百頭の牛を収容できる巨大な円形の施設で，家畜が暴れて外に出ないように，高い支柱(約2m)に頑丈な丸太や鉄線が張り巡らされた牧柵に取り囲まれている。マンゲイラの内部は，放射状にランセ(lance)と呼ばれる複数の部屋に仕切られており，予防注射や焼印(marca de ferro)などを行う中央の作業小屋に向けて，牛は順次押し出されて行く。作業小屋には，牛が暴れないようにトロンコ(tronco，板で首を挟む装置)で身動きを抑えて一列に並べるブレッテ(brete)と，作業後の牛を効率よく仕分けて別々の部屋に収容するオーボ(ovo)と呼ばれる卵形の施設が連結されている(図8-11参照)。ブレッテに牛を誘導するために，その手前に設けられた漏斗状の部屋はエンブテ(embute)と呼ばれている(写真5-5)。

　また，マンゲイラに隣接して設置される小規模な家畜囲いはピケテ(piquete)と呼ばれ，仔牛や仔馬を母親から離して乳離れをさせるために利用される。さらに，マンゲイラでの処置後の牛を放して塩を与える比較的広い家畜囲いは，サルガデイラ(salgadeira)と呼ばれている。

2. 牧童と馬

　【牧童】パンタナールでペオン(peão)とかカンペイロ(campeiro)と呼ばれる牧童の主要な仕事は，農場に放牧されている牛たちの健康や繁殖の管理であ

る。日々，広大な農場内を見回り歩く牧童にとって，馬はかけがえのない家族の一員である。彼らは常に細心の注意を傾注して馬の体調を管理し，入念に馬具類の手入れを行う。ガルパンの玄関口やデセンシリャドールには，手入れの行き届いた馬具類が整然と並べられており，質実剛健な牧童たちの清楚な生活ぶりを垣間見ることが出来る(写真5-1)。牧童の中には，農場主の邸宅周辺で生じるさまざまな雑事や食料確保のための畑仕事に従事する者もあり，前者はプライエイロ(praieiro)，後者はホセイロ(roceiro)と呼ばれる。

【パンタナール馬】元来，馬はヨーロッパからスペイン人征服者たちにより南米にもたらされた動物である。パンタナールでは，先住民のグァイクルー族などが，白人との戦闘で奪った馬を飼い馴らしてその数を増やしてきた。在来馬として有名なパンタナール馬(Cavalo Pantaneiro)は，征服者たちが最初に持ち込んだイベリア系の軍馬と，1730年代にゴイアス州やサンパウロ州から持ち込まれたさまざまな品種の馬が交配を重ねた結果生み出された，いわばパンタナールの地域固有種である(Kojima 2003)。

ケンタッキー大学とブラジル農牧業研究公社(EMBRAPA)が実施した遺伝子解析によると，パンタナール馬はセルティック・ルジタン(celtic lusitan)種，アンダルス(andaluz)種，ベルベル(berbere)種に由来するという。パンタナール馬の肩丈は，平均で牡が140 cm，牝が135 cmとやや小振りの中型馬に分類される。この馬の最大の特徴は，長時間水中を移動しても柔らかくならない強い蹄を持っていることで，加えて水中植物を消化する能力も備えているため，重荷を背負っての湿地での長距離移動に適していることである。

しかし，とりわけ第二次世界大戦以降，パンタナールでは放牧地が拡大して牛の飼育頭数が急増したため，ヨーロッパや北米から移入された早駆け能力に優れ，牛追いに適した大型種の馬が主流となり，純血のパンタナール馬は1960年代中頃には絶滅の危機に瀕してしまった。そこで，ブラジル農務省は1972年にパンタナール馬を品種登録し，同年に「ブラジル・パンタナール馬飼育者組合(ABCCP)」を設立した。そして，ポコネにあるポコネ・デ・アルーダ農場(Fazenda Poconé de Arruda)を中心に，約120戸の飼育農家が協力してパンタナール馬の保護・繁殖に取り組んでいる。しかし，道路の整備とともにパンタナールの奥地にまでモータリゼーションが浸透する中，在来馬の数は

写真5-6　牧童の出で立ち姿

思うように増えておらず，地域固有種絶滅の危機は未だに回避されていない（Kojima 2003）。

【牧童の服装】パンタナールのおける牧童の基本的な出で立ち姿は，頭に革製あるいはカランダヤシやカルナウバヤシの葉で編んだ帽子（chapéu de palha）をかぶり，腰にはグアイアカ（guaiaca）と呼ばれる幅の広い革のベルトを締めている。時にファイシャ（faixa）と呼ばれる色鮮やかな布帯が腰に巻かれることもある。通常，ベルトには放牧地での作業に必要不可欠な小刀（faca, machete）が，それを研ぐヤスリ棒（chaira）とともに革製の鞘（bainha de couro）に納められて付いている（写真5-6）。

パンタナールの牧童は，1960年代頃までボンバシャ（bombacha）と呼ばれる独特な幅広のズボンをはいていたが，現在はジーンズなどの着用が多い。ズボンの上には，下肢の前側だけをすっぽり覆い保護する，ズボンをちょうど縦に半分に切ったようなスアドール（suador）と呼ばれる革製の覆いを着用している。そして，足には胴の短い革ブーツ（borzeguim）を履いており，胴に蛇腹模様がある独特な編み上げ靴はボタ・サンフォナーダ（bota sanfonada）と呼ばれている（写真5-6）。早駆けする時には，革ブーツに拍車（espora）を取り付けることもある。騎乗する時には，先端が二股に分かれた革製の鞭（chicote, reador, relhador）を手にする。その長さは大小さまざまであるが，比較的柄の

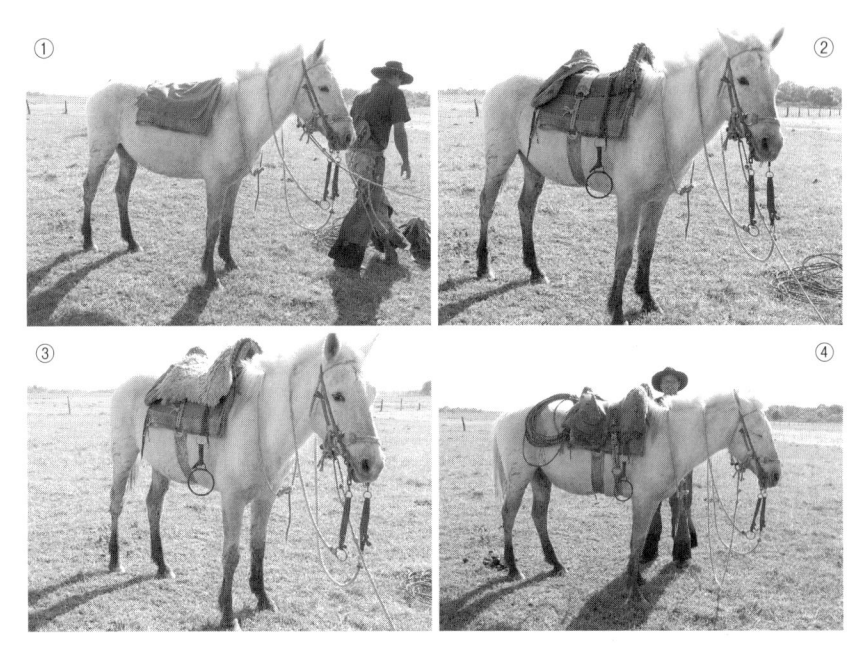

第5章　牧畜業の盛衰と牧畜文化　　93

写真 5-7　騎乗用の装備を整える

短いものが好まれているようである。なお，フリアージェンで寒い時や雨の日には，防寒・防水用にポンチョ（poncho, pala）が着用される。

【騎乗用の装備】馬の騎乗に必要な道具類一式は，トライア・デ・アレイオ（traia de arreio, arreiamento）と呼ばれ，その手入れは牧童の最も重要な基本的作業の一つである。彼らは常に細心の注意を払って，鞍（sela, arreio）などの馬具の取り付け作業を行っている。最初に馬の背に置く羊毛または綿でできた敷布がバチェイロ（bacheiro）である（写真5-7 ①）。鞍はバチェイロの上に乗せられ，チンチャ（chincha）とかバリガダ（barrigada）と呼ばれる革やナイロンで作られた帯（胸懸）でしっかりと馬の腹部に固定される（写真5-7 ②）。また，鞍の上にはペレゴ（pelego）と呼ばれるオレンジ，赤，黄，青色などに着色された羊毛の敷布がクッションとして置かれ（写真5-7 ③），その上にさらにバルドラナ（baldrana）と呼ばれる柔らかい牛革の布が敷かれる。そして，最後にバルドラナの上からペグア（peguá）と呼ばれる革帯を掛けて，鞍部全体を再び強く締めつけて固定する（写真5-7 ④）。

写真5-8　アルゴラ(金属の輪)の装飾が美しいパンタナールの馬

　また，馬を手綱(rédea)で牽き回したり，その動作を制御したりするために，頭部には革紐でできた面懸(cabo)を取り付け，口には轡(freio)を装着して固定する。よく面懸には，アルゴラ(argola)と呼ばれる，銀色に光輝く金属の輪が取り付けられており，大切な馬を飾る装飾具の役割を果たしている。面懸だけではなく，馬の胸帯を取り囲むアルゴラを連結した美しい紐飾りはペイテイラ・デ・アルゴラ(peiteira de argola)と呼ばれ，馬を愛おしむ牧童たちの心象がよく表れている(写真5-8)。

　【その他の馬具や装備】牧童の仕事に不可欠な道具の一つが，牛を捕獲したりその動きを制御したりするための，ラッソ(laço)と呼ばれる投げ縄や鞭となる革のロープである。牧童たちは，アンジーコ(anjico)の樹皮をなめし剤として入れた，クルティドール・デ・コウロ(curtidor de couro)と呼ばれる水槽に牛の毛皮を10日間ほど浸し，毛と脂を除いて柔らかくする(写真5-9)。そして，このなめし革をナイフで多数の細い紐状に切り裂き，それらを巧みに編み合わせて強靭な革紐を作る。投げ縄の長さは用途などにより異なるが，一般に仔牛用が9ブラッソ(braço，1ブラッソは1尋で約1.8m)，成牛用が17ブラッソで，平均でも12ブラッソと非常に長い。そのため，投げ縄を使わない時は丸く丁寧に束ねて，インパ(inpa)と呼ばれる紐でペグアに括りつけ馬の横腹に吊して運ぶ(写真5-7 ④)。

第5章　牧畜業の盛衰と牧畜文化　　95

　このほかに，後述するコミティーバ(comitiva, 牛追い)には，握り手となる柄の先端に鉄の鎖がついた鞭(piraim)や，ベランテ(berrante)と呼ばれる大きな牛の角笛が使われる。また，仕事中の喉の渇きを癒すために，牧童は水やマテ茶(テレレ)を飲むための牛の角で作ったグアンポ(guampo)と呼ばれるコップを携帯している。テレレ(terere)は，ブラジル南部のシマロン(chimarrão)に類似したパンタナール特有の飲茶文化である。ここでは，マテ茶はお湯でなく冷水で作られ，金属製のストロー(bomba de mate, bombilha)を使い仲間で回し飲みされる。

写真5-9　アンジーコの樹皮を利用した牛革のなめし作業

3. 湿地の移動手段

　雨季には広く浸水するパンタナールでは，モータリゼーションが進んだ現在でも馬が主要な移動手段である。また，水の中を渡れるように大きな車輪が付いた牛車も，今日ではその姿があまり見られなくなったものの，人や物資を運搬するパンタナールの伝統的な乗り物として特筆できる。さらに，馬や牛車での移動が困難な流れの速い河川や深い浸水地などでは，木製のカヌー(canoa)やモーター付きのアルミ製ボートが必要不可欠な乗り物である。

　【牛車】カーロ・デ・ボイ(carro-de-boi)と呼ばれる牛車は，直径約1.8mの大きな車輪(roda)が左右に付いた荷車(carreta)を，通常4ないし6頭の牛で牽引するパンタナールの伝統的な乗り物である(写真5-10, 口絵⑫)。荷車を牽く牛は，ボイ・デ・カーロ(boi-de-carro)と呼ばれ，一般に去勢されたおとなし

写真5-10 パンタナールの伝統的な牛車

い力のある牡牛が使用される。6頭立ての牛車の場合，牛は2頭ずつ3列に配置される。荷車に一番近い3列目の2頭は，ボイ・デ・カーロの中でも最もおとなしい飼い慣わされた牛で，ボイス・デ・カベサリョ(bois-de-cabeçalhoまたはcabeçário)と呼ばれる。ちなみに，先頭の2頭はボイス・デ・ギア(bois-de-guia)，真ん中の2頭はボイス・ダ・フォルサ(bois-da-forçaまたはbois-do-meio)と呼ばれる。各列2頭の牛は，カンガ(canga)と呼ばれるくびきでそれぞれ左右につながれ，さらにカンバン(cambão)と呼ばれる木材が革紐(rabicho)でカンガに連結されて荷車が牽引される。

　荷車に乗り長い鞭で牛車を操る牧童は，カレイロ(carreiro)と呼ばれる。荷車の大きな車輪には，水に強く丈夫なピウーバなどの木材が使用されている。接地面となる車輪の木枠(cambota)にはジャンタ(janta)と呼ばれる鉄板が張られており，木枠は多数のスポーク(raios)で車軸(maceiro)と連結している。車輪は1つで約100kgの重量があるという。荷車の荷台にはメザ(mesa)と呼ばれる木板が張られており，荷崩れを防ぐためにフエイロ(fueiro)と呼ばれる木の棒や側板が荷台の周囲に取り付けられている(写真5-10)。

　【カヌー】現在は25馬力程度の船外機を取り付けたアルミ製の小型ボートが広く普及しているが，パンタナールで古くから利用されてきた伝統的な舟は，

シンブーバ(chimbuva, ximbuva)[5]などの樹木を刳りぬいて作った小型のカヌーである。19世紀前半にグァトー族が川でジャガー狩りをする様子を描いた絵には，7人と3人乗りの2艘のカヌーが描かれており，先頭で弓を射るインディオのほかは手に長い棒を持っている。これは舟を人力で押し進めたり方向を制御したりするための櫂で，パンタナールではジンガ(zinga)と呼ばれている。

近年，上流域から供給される膨大な土壌の堆積で水深が浅くなったパンタナールの諸河川では，モーターボートのプロペラが頻繁に河床に接触して，あちこちで前進できない事態が生じている。そのような場所では，エンジンを止めてジンガでボートを水深が深い場所まで移動させることになる。なお，ジンガを持った2人の男が操る幅1m程の少し大きめなカヌーは，バテラン(batelão)と呼ばれ，中には船尾に草葺き屋根の小さな船室付きの舟(batelão com camarotinho)もあった。

4. 牛の移牧とコミティーバ

広大な湿地や砂地が広がるパンタナールでは，牛を運搬する大型トラックが奥地の農場まで進入できない。そのため，道路が整備されてトラック輸送が可能な，牛の競り市(leilão)が立つパンタナールの入口まで，牧童による伝統的な牛追いが現在も続けられている。一般に数十頭〜数百頭，時に数千頭といった大規模な牛追いが実施されるのは，雨季と乾季の交替にあわせて牧場間で牛を移牧させる場合と，競り市などに牛を出荷する場合である。

【移牧】パンタナールでは，雨季と乾季で大きく変動する河川水位と地形の微起伏との関係で，一年中浸水しない微高地のカンポアルト(campo alto)と，雨季を中心に一時的に浸水する低地のカンポバイショ(campo baixo)が，広大な土地にモザイク状に分布している。河川水位の低下とともに水が引いて出現するバザンテなどの低地は，おもに乾季の主要な放牧地である。一方，浸水から免れる微高地は，おもに低地が水没する雨季の主要な放牧地となる。

そのため，低地と微高地を所有地内に併せ持つファゼンダでは，農場内での牧区調整による牛の移動だけで季節的な浸水に対応できる。しかし，そのような条件が整わないファゼンダでは，微高地と低地にそれぞれ農場を確保して，

---

5) シンブーバの木は，牛に与える塩置き(cocho)やギター(violão)の用材などにも使われる。

写真5-11　牛を移送するコミティーバ

　水が引く乾季の始まりには微高地から低地の農場へ，浸水する雨季の始まりには低地から微高地の農場へと，牛を遠く離れた両農場間で季節的に移牧させる必要がある。
　【コミティーバ】ボイアーダ(boiada)と呼ばれる牛の群れを，別の農場や競り市，あるいは輸送トラックの荷積み場(embarcadouro)などに移送する牧童のグループや行為がコミティーバ(comitiva)である(写真5-11)。牛を追いながら何日もパンタナールの平原を移動するコミティーバは，常にさまざまな危険と隣り合わせの厳しい仕事であるが[6]，牧童として生きていくうえで必要不可欠な馬の騎乗技術，牛を制御する鞭や投げ縄の操作技術，角笛を理解し吹奏する技術，さまざまな困難に素早く適確に対応できる判断力，そして仲間と協力しながら任務を全うする責任感などを，長旅の中で実地に経験して習得できる格好の機会でもある。牧童を目指す子どもたちは，10歳位になると先輩の牧童についてコミティーバで実地訓練を始める。最近はコミティーバに女性の牧童を見掛けることもある。
　通常，コミティーバは役割の異なる7～8人の牧童からなる。すなわち，全体を統率する指揮官(condutor)と，道中の食事を賄う料理人(rancheiro)が各1名で，そのほかに牛群を追い立てる牧童5～6人が参加して構成される。

---

6)　しかし，聞き取り調査によると彼らの日当は1,000円未満(16～18レアル)と少ない。

第5章 牧畜業の盛衰と牧畜文化

写真5-12 バテドール(休憩場)で食事の準備をする料理人

　料理人は、コミティーバの本隊よりも常に数時間先を単独で移動し、牧童たちが休息所に到着した時にすぐに食事がとれるように準備を行う（写真5-12）。料理人とともに、調理道具や食料、衣類やハンモックなどの荷物一式を先行して運搬するラバ(mula)や馬は、カルゲイロ(cargueiro)と呼ばれる。その胸帯にはシンセーロ(cincerro)と呼ばれる鈴が取り付けられており、カランカランと高い音色をリズミカルに響かせながら、後方よりコミティーバがやって来ることを通行する人々に予告している。

　カルゲイロの首に下げる、ファリーニャやマテ茶などの携帯食(matula)を入れる袋(alforje)はサピクア(sapicuá)、牧童の服やハンモック、蚊帳などを入れる革製の箱はマラ・デ・ガルパ(mala de garupa)、米やフェジョン豆、マカロニなどの食料を入れる革製の箱や袋はブルアカ(bruaca)と呼ばれる。一般に、これらの荷物はラバの背に左右それぞれ1つずつ括り付けて運搬されている（写真5-13）。また、後方から追いついた牧童たちが食事をとり休息する場所はバテドール(batedor)と呼ばれ、通常、荷物を吊るす枝や日陰を提供してくれる大きな木々があり、さらに水や魚が得られる小川や湖沼の近くなどが好んで選定される（写真5-12）。

　バテドールはコミティーバにとって重要な場所で、今なおさまざまな風習が料理人や牧童の行動を規制している。たとえば、料理人はコミティーバの本隊

写真5-13 先行して荷物を運搬する馬(カルゲイロ)と料理人

が到着するまで帽子を脱いではならないとか，食料箱などの蓋はコミティーバの進行方向と逆向きに開けなければならないなどである。また，到着した牧童には厳格な食事のマナーが要求される。すなわち，まずは服装を正して帽子を脱ぎ，必ず一方向(進行方向)からバテドールに進入して，順番に並んだ鍋から料理を皿に盛る。その際，片手で皿と鍋の蓋を一緒に持ち，もう一方の手で料理を掬い取る。そして，静かに蓋を閉め，同様の所作で次の鍋へと移動する。この時，鍋の蓋を下に落としたり，皿を持つ手で鍋の蓋を持たなかったりしたら，マナー違反と見なされて罰金が徴収される。バテドールでは料理人が主人であり，罰金はニワトリ一羽(約5～8レアル)を料理人に支払う規則である(pagar frango，鶏で払うと表現される)。罰金のニワトリは，近隣の農場で牧童のリーダーが立て替えて購入し，後でマナー違反をした牧童の給料から天引きされるという。バテドールでは，自分の荷を取る時も料理人の許可を得なければならない。

　移動中の食事は，干し肉(carne salgada, carne de sol, carne de seca)，米，フェジョン豆，マカロニなどで，腹持ちを良くするためにキャッサバ粉のファリーニャをかけて食べる。ヤシの硬い葉脈などを串にして行われる野趣溢れる焼き肉は，シュラスコ・パンタネイロ(churrasco pantaneiro)と呼ばれる(写真5-14)。肉は出発前に牛を屠殺し，保存が利くように塩漬けにして持参す

第5章　牧畜業の盛衰と牧畜文化　　　101

写真5-14　パンタナールの野趣溢れる焼き肉

る。また，牧童は不足するビタミンを補給するため，テレレと呼ばれる冷水のマテ茶を1日に何杯も回し飲みする。なお，調理に使用する薪集めは，通常最年少の牧童の仕事である。

時に道中で捕獲した野生ブタのポルコ・モンテイロ（porco-monteiro）が食材となることもある。ポルコ・モンテイロは，ヨーロッパ人が持ち込んだイベリア種のブタが逃げ出し，パンタナールの多様な自然環境に適応しつつ野生化したもので，現在でも住民の貴重なタンパク源の一つとなっている。ちなみに，通常食べるのは去勢したポルコ・モンテイロの肉で，牧童はこの野生ブタを太らせて肉の臭みを取り除くために，一度捕獲して去勢した後，耳を切って所有印を付け，再び原野に放している。

牛群を追い立てる牧童は，それぞれの配置や役割が異なっている。牛追い

---

7) 2003年12月に実施された総勢7人のコミティーバでの聞き取りでは，12日間で牛半頭分の肉を消費するとのことであった。
8) ポルコ・モンテイロは，その早熟性と妊娠期間の短さ（平均115〜120日）から急速に個体数を増やした（Mauro 2002）。最近ではパンタナールの田舎料理として，エコロッジなどで観光客の食事にも出されているが，有鉤条虫症や旋毛虫症などの感染症を引き起こす可能性があるため，その調理には十分な注意が必要だという。また，ポルコ・モンテイロはバザンテに自生するミモゾの球根を掘り起こして食べるため，湿地のあちこちに植被が剥がされた大きな穴ができてしまう。現在，パンタナールのEMBRAPAでは，ポルコ・モンテイロの経済的価値とその利用について調査研究中である。

の動きや道(estrada boiadeira)を決める2人の先導役がカベセイラ(cabeceira)である。牛群の動きを前(frente)と両側面(lateral)で制御しながら、群れがばらけないように注意深く追い上げるのがポンテイロ(ponteiro)で、前者(前)をギア(guiaまたはguia do gado)、後者(側面)をフィアドール(fiadorまたはesteira)とも呼ぶ。そして、最後尾で全体を見渡しながら牛群を追い立てるのがクラテイロ(culateiro)である。通常、病気や衰弱してついて行けない牛は、クラトラ(culatra)と呼ばれるボイアーダの後方部に集まるため、それらを注意深く監視しな

写真5-15 角笛のベランテを吹く牧童

がら遅れないように動かすのもクラテイロの重要な仕事である。

　一般に、カベセイラやクラテイロは熟練の牧童が務め、ポンテイロは若い牧童が担う。牧童は握り手の柄に鎖がついた鞭を空中で振り回して勢いをつけ、それを一気に地面に叩きつけて大きな炸裂音で牛を脅しながら、群れから外れた牛を元に戻し、牛群がばらけないように前へと追い上げて行く。牛群を止めたり、牛の移動リズム(maiãoと呼ばれる)や針路を変えたりするさまざまな指示は、ベランテ(berrante)と呼ばれる牛の角笛の音やリズムの違いにより、リーダーから他の牧童たちに伝達される(写真5-15)。

　牛は群棲動物であるため、牛群が乱れずにまとまって行動するためには、優れたリーダー牛が群れを先導することが必要である。そのため、このようなボイアーダの先導役には、シヌエロ(sinuelo)と呼ばれる特別な訓練を受けた従順でおとなしい牛が使われる。シヌエロの首にはシネタス(sinetas)と呼ばれる鈴が付けられている。シヌエロは牛道を熟知しており、たとえ1頭でも70～80kmを自力で歩いて農場まで戻れるという。また、牧童を乗せ牛群を動か

第5章　牧畜業の盛衰と牧畜文化　　　　　　　　　　　　　　　103

写真5-16　タクアリ川の川中に延びる牛渡しのカイドウロ

す馬も日々疲労困憊するため，コミティーバには馬を余分に同行させ，疲れたら元気な馬と適宜交換しながら移動を続ける。

　牛追いで最も注意を要するのは，大きな川や湖沼，湿地帯の横断である。たまたま1頭が水中で暴れると，連鎖反応的に群れ全体の統率が乱れる危険がある。また，パンタナールではピラニアの攻撃も否定できない[9]。タクアリ川のような大きな河川を牛群が横断する場所には，カイドウロ(caidouro)と呼ばれる牛渡しが設置されている。写真5-16は，タクアリ川の両岸にファゼンダをもつ牧場主などが，右岸のパイアグアス地区から左岸のニェコランディア地区に牛を移牧する際に利用するカイドウロで，川の中まで牛を誘導するための牧柵が敷設されている。牛は川の流れによりどうしても下流側へと流されるため，現在は2台のモーターボートを使って下流から上流へと牛を追い上げながら川を横断させるという。

　コミティーバの1日の移動距離は，道や牛の状態などで変化するものの，概ね平均20 km（最大で36 km）ほどで，200～300 kmの行程を2週間ほどかけて移動するのが一般的である。また，ある休憩地から次の休憩地までの距離（間隔）はマルシャ(marcha)，牛とともに一夜を過ごす野営地はポウゾ・エン・ロ

---

9)　ピラニアへの生け贄となることを覚悟して最初に川に入れる牛を，ボイ・デ・ピラニア (boi de piranha)と呼ぶ。

写真5-17 パラグアイ川を航行する牛の輸送船・ボイエイロ

ンダ(pouso em ronda)とかポント・デ・ポウゾ(ponto de pouso)と呼ばれている。牧童たちは，夜間にジャガーなどの野生動物から牛を守るため，危険を察知した時は交替で見張り番につく。以前は年に1回しか牛を売らなかったので，何千頭もの牛を2カ月ほどかけて大移動させていたが，今では毎月パンタナールの各地で競り市が開催されるため，年に3〜4回，数十頭から数百頭規模に分けて牛を移動させることが多くなっている。

5. 船を用いた牛の輸送

　タクアリ川やパラグアイ川のような大河川に近接したパンタナールの内陸奥地では，コミティーバではなく，牛をシャッタ・クラール(chata curral)と呼ばれる家畜運搬用の平底船に載せて，それをランシャ(lancha)と呼ばれる小型動力船の前方に接合して後ろから押しながら川を航行する，ボイエイロ(boieiro)と呼ばれる牛の輸送船を使った出荷が伝統的に行われてきた(写真5-17)。タクアリ川では1992〜1993年頃までボイエイロが見られたが，その後の深刻な土壌堆積や，第9章で詳述するアロンバード(自然堤防の破堤による河川水の流出口)の周年開放にともなう河川流量の激減により，船の航行が困難となって姿を消してしまった。しかし，パラグアイ川では現在も牛を積載したボイエイロの航行が確認できる。

第5章　牧畜業の盛衰と牧畜文化

写真 5-18　パラグアイ川の河畔に設置されたボイエイロへの牛の積み込み場

　パラグアイ川の河岸には，ボイエイロへ牛を載せる際に使われる，ポント・デ・エンバルケ(ponto de embarque)と呼ばれる牛の積み込み場が，船に横付けできるように河畔に張り出して設置されている(写真5-18)。一般のシャッタ・クラールには，通常200〜300頭の牛が積載できる。船を借り切って牛を出荷する場合，輸送費は1頭あたり20〜25レアル掛かるという。コルンバでは毎月1回，18日に牛の競り市が開催されるため，それにあわせて牛がボイエイロで輸送されている。パンタナールでは，ランシャによる舟運は人や物資を安く大量に早く輸送する主要な手段であり，牛だけではなく，バナナなどの農作物や奥地で生活する住民の生活用品なども，今なお頻繁に輸送されている[10](写真5-19)。

6. 牛の競り市

　1989年に開設されたレイロン(leilão)と呼ばれる牛の競り市は，パンタナー

---

10) パラグアイ川で物資を運ぶランシャには，ラウラ・デ・ヴィクーニャ(Laura de vicunha)，シダーデ・ブランカ(Cidade branca)，アミーガ(Amiga)，プレシオザ(Preciosa)などの愛称が付けられている。2007年現在，パラグアイ川を往来する定期船は4隻で，ノヴァ・サンタ・ラウラ(Nova Santa Laura)号とラウリーニャ(Laurinha)号が木と金曜日にどちらか一方，ラウラ・デ・ヴィクーニャ号が土曜日，アヴィトリア(Avitoria)号が水曜日にパラグアイ川を遡上するという。

写真5-19　小型動力船のランシャを用いた生活物資の舟運

ルの牧畜を都市市場と直結させ，それまでの伝統的な生産・出荷体制の見直しを迫りつつ，牧畜経営の近代化と合理化を促す重要な役割を果たしている。現在，パンタナール各地に常設されているレイロンには，それぞれ月1回の決められた競り日にあわせて，近隣の農場からコミティーバやボイエイロで牛が運ばれてきて，ガヴェタ(gaveta)と呼ばれる牛群の収容場所に入れられる。また，所有者ごとに集められて頭数が確認された牛群はロッテ(lote)と呼ばれる。

　レイロンは，別名牛祭り(feira de gado)とも呼ばれるように，競売会場はさながら祭りの雰囲気で，賑やかな音楽が流れる中，買い手の農場主や業者らは飲食を楽しみながら競りに参加している。会場の前方には，競りに上がる牛たちを買い手に見せるピスタ(pista)と呼ばれるステージが設けられており，競売人(leiloeiro)がマイクで牛の属性や付け値(lance)をアナウンスする中，牛たちはピスタの中をぐるぐる回ってその姿を買い手に見せる。ピスタの前には，買い手の入札額を確認しながら常に最高値を扇動するピステイラ(pisteira)と呼ばれる競り人が何人も並んでおり，入札額が高止まりすると，競売人はハンマーで机を叩いて落札となる(写真5-20)。

　ニェコランディアの入口に開設されたLV・レイロンイス・ルライスの競り市は，毎月1回，最終土曜日に開催されている。そこでは仔牛だけでなく，精液検査を行った高額な種牡牛なども売買されていた。一般に肥育用の牛は5

第5章　牧畜業の盛衰と牧畜文化

写真5-20　レイロン(競り市)での牛の競売の様子

～10匹のグループで競売に掛けられており，痩せた牛や大きさが不揃いな牛群ほど落札価格が安い。ちなみに，2001年8月25日の競りでは，肥育用の牝牛が200～340レアル／頭，種牡牛が490～500レアル／頭で落札されていた[11]。一般にパンタナールでは，牛1頭の価格が土地1haの値段(約300～350レアル)とほぼ同額である。

7. 投げ縄の競技大会

牧童に不可欠な投げ縄(laço)の技量を競う祭典が，フェスタ・ド・ラッソ(Festa do laço)である。ミランダ川の支流沿いにあるリオ・ベルメーリョ農場に併設された施設での調査では，整備が行き届いた競技場の一端にスタート地点があり，疾走する牛はまずそこに集められる。そして，スタート地点のゲートが開いて追い出された1頭の牛は，反対側のゴール地点を目指して全力疾走する。その牛を馬に乗った牧童が全力で追尾し，スタート地点から100m以内

---

[11] LV・レイロンイス・ルライスの競り市では，ニェコランディアに持ち込まれる種牡牛も売買されている。Reis e Barros(2006)によると，外部から持ち込まれた種牡牛の場合，1頭あたりの平均的価格は2,500レアルである。このように高額で販売される種牡牛は，都市近郊の改良牧野で育成された血統種である。なお，牛の値段は貨幣単位であるレアルのほかに，枝肉量を示すアローバ(@)で表現されることもある。1アローバは枝肉15kgのことであり，2005年3月時点において約42～55レアルに相当する。パンタナールでは体重が平均的な380kgほどの牛で11.5アローバである。

写真5-21 投げ縄の技を競う子どもたち

の馬場内で投げ縄を使って捕らえる競技である。

　競技場のほぼ真ん中辺りの馬場外には高みの見物小屋が設置されており，採点官はそこに陣取って審査を行う。投げ縄が牛の角ではなく首に掛かったり，牛を傷つけたり，あるいは牧童が自分の帽子を落としたりしたら，いずれも減点の対象になるという。競技は5人一組のグループ戦で行われ，1番手はパトロン(patrón)，2～4番手はバランサ(balança)，5番手はフェッシャ・ロスカ(fecha-rosca)と呼ばれている。2人で一緒に牛を追尾して捕まえる競技もあるという。このような投げ縄の競技大会は，月に一回，マットグロッソドスル州のどこかで必ず開催されており，男性だけではなく，女性や子どもの競技会まであるという（写真5-21）。ちなみに，競技で使われる投げ縄の長さは，長いものが8m，短いものが6mである。

8. 多様な野生植物の利用

　近年ではパンタナールの奥地にも都市からさまざまな生活物資が流入して，現金による売買が一般的に行われている。しかし，それ以前の遠く都市から離れて孤立していた時代には，牧童たちは地元の環境資源を最大限に利用して生活を築き，必要に応じて労働力や物々交換により必要な物資を手に入れてきた。こうした，長い年月の中で培われてきた，いわゆる生存のためのさまざま

第 5 章　牧畜業の盛衰と牧畜文化　　　109

写真 5-22　マタ・パストの葉を絞った液を皮膚に塗り炎症止めに使う

な伝統的な生態学的知識は，近隣都市との結びつきが強まる中で急速にその必要性を減じて忘れ去られ，現在では辛うじて熟練した牧童や年配者の間で残存・継承されているのが実状である。

　日々，広大なパンタナールの原野に生活し，その自然を熟知している牧童らの野生植物やその利用に関する知識はきわめて膨大かつ実践的なもので，外部の者がその全体像を詳細に把握することは容易ではないが，同時にそれらを収集・記録することは喫緊の課題ともいえる。ここでは，実際に牧童と農場を歩き回りながら見聞きした情報を手掛かりに，彼らの植物利用に関わる伝統的な生態学的知識の一端を明らかにする。

　野生植物の利用で何よりも特筆すべきは，その薬草利用である。市販の化学薬品は値段が高い上に，そもそも奥地では入手が困難だったため，パンタナールの住民たちはケガをしたり病気に罹ったりすると，身近にある野生植物の樹皮や葉，根，花などからからさまざまな生薬を入手して対応してきた。こうした民間療法における野生植物の基本的な処方や薬効の摂取方法は，概ね次のようである。

　最も一般的な摂取方法は，煎じて飲む（薬用成分を湯に溶かし込んで飲用する）もので，とくに樹皮などはこの方法で薬用摂取されることが多い。また，葉や根を砕いて水を加え，薬用成分を水に浸出させた後，その水でテレレ（マ

テ茶)を作って飲用するパンタナール特有の摂取方法も認められる[12]。口当たりが悪く飲みにくいものは，煎じ湯に砂糖を加えてシロップ(xarope)にしたり，時にハチミツを加えたりして服用することもある。さらに，植物そのものを直接患部に貼ったり，絞り出した液を塗ったり，食べたり，点眼したりすることもある(写真5-22)。

　表5-1は，牧童からの聞き取りをもとに，彼らが薬用に利用する野生植物の使用部位やその処方・薬効などをまとめたものである。この中には，パンタナールの代表的な植物辞典であるPott e Pott(1994)の『Plantas do Pantanal』にもその薬用利用が指摘されていないものがいくつか含まれており，その薬効の真偽は定かではないが，牧童らの野生植物やその薬用利用に関する知識がきわめて深く広範であることが推察される。

　もちろん，野生植物の利用は薬用だけではなく，住民生活の細部にまで及んでいる。表5-2は，野生植物の薬用以外の利用方法についてまとめたものである。これによると，油や果実などの食材，農場で使われるさまざまな木材や屋根材，ロープや石鹸・ヤスリなどの生活用品の原料，染料やなめし剤，養蜂の蜜源など，その利用はきわめて多岐にわたっており，伝統的な住民の生活がパンタナールの多様な植物資源に大きく依存して営まれてきたことがわかる。こうした住民による環境資源利用のワイズユース(wise use)を積極的に発掘し，それを科学的に再評価しつつ維持・継承していくことがきわめて肝要である。

9. 子どもたちの学校教育

【ファゼンダ内の小学校】時に隣接する農場間の距離が何十kmにも及ぶ広大な大地と，雨季にはあちこちで浸水して移動が困難となる過酷な自然条件のために，パンタナールで働く牧童や農民の子弟たちは長い間学校で学ぶことができなかった。一方，農場主はその多くが普段は近隣の都市で生活しており，農場経営は管理人に任せて時々自家用の小型飛行機や車で見回りにやって来る不在地主である。そのため，彼らの子弟は町の学校に通い高等教育まで身につけ

[12) 腎臓に良い薬草としてテレレで飲用される植物には，ピカン(picão, *Bidens gardneri*)，ケブラ・ペドラ(quebra-pedra, *Euphorbia thymifolia*)，カナ・ド・ブレジョ(cana-do-brejo, *Costus cf. arabicus*)などがあるという。

第5章　牧畜業の盛衰と牧畜文化

表5-1　パンタナールにおける野生植物の薬用利用

植物名称(現地名・学名)	使用部位				処　方　・　薬　効
	樹皮	葉	果実	根	
almésca(*Protium heptaphyllum*)	○	○			咳止め
araçá(*Psidium guineense*)			○	○	根や新芽の煎じ湯は,下痢止めや利尿剤。実は健康増進
assa-peixe(*Vernonia scabra*)				○	シロップにして咳止め。風邪。煎じて目の薬
babaçu(*Orbignya oleifera*)*			○		種は化膿止めや鎮痛薬
barbatimão(*Stryphnodendron obovatum*)	○	○			煎じ湯にして止血や下痢止め。やけどには直接葉を貼る
bocaiúva(*Acrocomia aculeata*)			○	○	根の煎じ湯は利尿剤および呼吸系の病気に良い。油は下剤。樹液は解熱剤
cambará(*Vochysia divergens*)	○				シロップは咳止め,風邪に効く
capitão(*Terminalia argentea*)	○				シロップは咳止め。煎じ湯はアフタに効く
coroa-de-frade(*Mouriri elliptica*)*				○	利尿作用がある
crista de galo(*Heliotropium indicum*)*		○			煎じ湯は咳止め。胸やけにも効く。葉を直接やけどの患部に貼る
cumbaru(*Dipteryx alata*)	○				樹皮は腹痛に効く。種は強壮剤,月経痛に効く。油はリュウマチに効く
cupari(*Rheedia brasiliensis*)*			○		実は尿の病気に効く。種は切り傷に塗る
curte-seco(*Ouratea cf. hexasperma*)*	○				樹皮から出る液は化膿止め,切り傷に塗る
embaúba(*Cecropia pachystachya*)		○			葉の煎じ湯は心臓、花は気管支炎、新芽は咳止めに効く
fedegoso(*Senna occidentalis*)				○	根を煎じたりピンガに入れて飲むと食欲増進。胃腸や肝臓によい。うがい薬
gonçalo(*Astronium fraxinifolium*)*					咳止め。頭痛
gravateiro(*Bromelia balansae*)			○		実は咳止め(シロップにして舐めたり直接食べる)。乾燥肌にもよい
guaranazinho(*Copaifera martii*)*			○		実の油は止血作用があり傷口をふさぐ
hortelã-do-campo(*Hyptis crenata*)		○			葉をテレレに入れて飲むと虫下し、肺に良い。葉の液を皮膚に塗ると防虫効果
japecanga(*Smilax fluminensis*)				○	根の煎じ湯は性病、腰痛、肝臓、心臓に効く
jatobá(*Hymenaea stigonocarpa*)			○		実やその樹脂は、シロップにして咳止めや気管支炎に効く。腰痛、下痢、化膿にも効く
jatobá-mirim(*Hymenaea courbaril*)					幹から出る樹液は咳止め
jenipapo(*Genipa americana*)	○		○		樹皮は切り傷、化膿止め、腹痛、下痢止めに効く。実は貧血、胃腸、肝臓、神経症に効く。種は下痢止め、吐き気止め、止血。防虫作用、皮膚病にも効く
joá(*Solanum viarum*)			○	○	実を割り火で焼いておでき(せつ)にあてると癒創剤。根は腎臓や背の痛みに効く
lixeira(*Curatella americana*)*	○				樹皮は煎じて胃潰瘍に効く
malva-branca(*Waltheria communis*)		○			うがい薬として抜歯後に使う。けがに外用する(傷口を塞ぐ)
mamona(*Ricinus communis*)			○		種子からつくるひまし油は下剤
mangaba(*Hancornia speciosa*)	○	○			樹皮を煎じて飲むと胃腸病や胸やけに効く。葉の煎じ湯は咳止め
mata-pasto(*Senna alata*)		○		○	葉は痒み止め、皮膚病、性病に効く。根は月経や肝臓を調整する
paratudo(*Tabebuia aurea*)	○	○			樹皮は煎じて胃腸や肝臓、虫下し、糖尿病、発熱、マラリアに効く。葉は虫下し、貧血に効く
picão(*Bidens gardneri*)				○	腹痛、黄疸に効く。利尿剤
piuva(*Tabebuia heptaphylla*)					ガンに効く
purga-de-lagarto(*Tatropha elliptica*)				○	煎じ湯はけがの炎症止め、スナノミ予防。ワインに入れると性病やかゆみ、ヘビ毒に効く
quebra-pedra(*Phyllanthus amarus*)		○			煎じ湯は腎臓結石に効く。利尿剤
quina-genciana(*Acosmium subelegans*)					けがの洗浄(消毒)、傷口の癒着効果。腹痛に効く
santa-luzia(*Commelina cf. nudiflora*)					花は洗眼剤、目薬
sucupira(*Bowdichia virgilioides*)					かゆみ・下痢止め。糖尿病に効く
vassourinha(*Borreria quadrifaria*)*		○			煎じ湯はけがの化膿止め

＊ Pott e Pott(1994)では薬用利用が確認できないもの　　　　　　　　(現地での聞き取り調査により作成)

表5-2 パンタナールにおける野生植物の利用(薬用以外)

植物名称(現地名・学名)	植物の種類	利用方法
acri (*Scheelea phalerata*)	椰子	屋根材
angico(*Anadenanthera colubrina*)	樹木	革のなめし剤(タンニンなめし)，用材
ariticum(*Annona dioica*)	灌木	甘い実は食用
aroeira(*Myracrodruon urundeuva*)	樹木	牧柵材，用材
babaçu(*Orbignya oleifera*)	椰子	石鹸やマーガリンをつくる。新芽のパルミトは食材
cambará(*Vochysia divergens*)	樹木	養蜂の貴重な蜜源，用材
caneleira(*Ocotea suaveolens*)	樹木	牧柵材，用材
carandá(*Copernicia alba*)	椰子	牧柵材(特に水没地)，用材
cortiça(*Aeschynomene rudis*)	草本	コルクの代用。揚げ物の際の油汚れをとる
cupari (*Rheedia brasiliensis*)	樹木	実は釣りの餌
curte-seco(*Ouratea* cf. *hexasperma*)	樹木	赤色染料
figueira(*Ficus insipida*)	樹木	乳液はゴム
gonçalo(*Astronium fraxinifolum*)	樹木	牧柵材，用材
gravateiro(*Bromelia balansae*)	草本	ロープの繊維
hortelã-do-campo(*Hyptis crenata*)	灌木	養蜂の貴重な蜜源
jenipapo(*Genipa americana*)	樹木	実は釣りの餌
lixeira(*Curatella americana*)	樹木	葉は鍋や木材を磨くヤスリになる
mamona(*Ricinus communis*)	草本	種から油(ひまし油)
morcego(*Andira inermis*)	樹木	コッショ(塩給台)や食器の材料。建築材にも多用
paineira(*Pseudobombax marginatum*)	樹木	綿に似た実はクッションや枕の中身。舟材
pequi (*Caryocar brasiliense*)	樹木	実は食す
piuva(*Tabebuia heptaphylla*)	樹木	牧柵材，用材
saboneteira(*Sapindus saponaria*)	樹木	石鹸
vassourinha(*Borreria quadrifaria*)	草本	箒
ximbuva(*Enterolobium contortisiliquum*)	樹木	舟材。木と木の間を埋める材料

(現地での聞き取り調査により作成)

ることが可能であった。パンタナールが都市市場と直結した現在，牧童らも町に出る機会が増えたため，中には妻子を町に残して子どもを学校に通わせ，自らは単身でパンタナールの農場間を流れ歩く牧童たちも増えている。しかし，町に生活拠点を持てない多くの牧童や農民にとって，子弟教育は今なお大きな課題である。

こうした中，地方自治体や農場主，教師らが連携して，パンタナールに季節的な小学校(escolinha)を設立するプロジェクトが進められており，教育問題に一筋の光明が見えてきた。南パンタナールの入口に位置するアキダウアナ郡では，2003年現在，パンタナール学校(Escolas Pantaneiras)が11校建設されており，APPPEP(Associação dos Pais, Professores e Proprietários das Escolas

第5章　牧畜業の盛衰と牧畜文化　　113

写真5-23　バイアダスペドラス農場に設置されたパンタナール学校の授業風景

Pantaneiras, パンタナール学校父兄・教員・農場主協会)の活動をベースに，パンタナールの子どもたちにも教育の機会が提供され始めている。

2003年8月に訪問調査した，バイアダスペドラス農場(Fazenda Baía das Pedras)内に設置されたパンタナール学校は，開設されて5年目であった。児童はすべて農場に雇用されている牧童らの子弟で，2002年には42人いたが，2003年の訪問時には1〜4年生の全36人(男20・女16人)が農場内に建設された寄宿舎で寝泊まりしながら，板張りで窓ガラスのない簡素な教室で勉強を続けていた(写真5-23)。

開校期間は，通常5月(4月末のこともある)〜10月(雨季が遅れると11月)までの乾季が中心で，親たちは水が引いて移動が可能になると子どもたちをここに連れて来て，雨が降り出しそうになるとまた連れ帰るという。図5-2は，2003年8月現在，この小学校で学ぶ子どもたちの親が働いている農場の分布を示したものである。近隣の農場とはいえ，中には約70kmもの道のりを越えてこの小学校まで子どもを連れてくる牧童たちもいる。

小学校の日課は，朝5時起床で掃除を行い，6時半に朝食をとる。その後，お祈りをして国歌を斉唱し，7〜11時，13〜16時まで授業時間となる。教師は2名である。全寮制のため食事の手配が大変で，1日に米7kg，フェジョン豆4kgが消費される。また，肉は牛1頭分を5日間で食べてしまうため，子ど

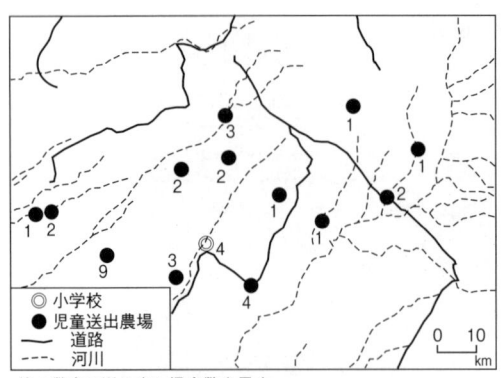

もたちを送り出している各農場の農場主に，児童1人に対して牛1頭の供出を依頼して合意を得ているという。それでも足りない食材や，シーツ・毛布などの生活物資は，バイアダスペドラス農場の農場主が無償で提供している。9月には医者や歯医者がボランティアで診療に訪れたり，床屋がやって来て散髪を行ったり

図5-2　バイアダスペドラス農場の小学校で学ぶ子どもたちの親が働く農場の分布(2003年8月現在)
(現地調査により作成)

と，パンタナール学校は善意のボランティア活動に支えられ運営されている。

【河岸の小学校】パンタナールの湿地内部ではなく，河岸地域に生活する住民の子弟は，川沿いに建設された小学校に船で通っている。パラグアイ川を航行すると，時々河岸に小学校が確認できる。2007年8月に訪問したパラグアイ川河畔に建つポロ・ポルト・エスペランサ小学校(Escola Polo Porto Esperança)は，約20世帯が暮らすパラグアイ・ミリン(Paraguai Mirim)集落の近くに立地する。この集落には，スポーツフィッシング客に販売する釣り用の生き餌を捕獲して生活する漁師が多い。校門の前を流れるパラグアイ川には，水深の浅い所でも容易に動けるラベタと呼ばれるスクリューモーター付きの船が，いわばスクールバスの代わりに係留されていた。

この小学校には先生が3人おり，生徒数は70人(1年生24人，2～3年生21人，それ以上25人)であった。校舎には教室のほかに寄宿舎も併設されており，男女8人ずつの計16人の児童が生活を共にしながら学習していた。この学校では，おやつも含めて1日5回の食事付きで，その費用は全額コルンバ市が支給してくれるという。寄宿生は半月に一度自宅に戻るが，その他の児童は毎日船などで通学してくる。通学圏でもっとも下流に位置するのは，ラランジェリーニャ(Raranjerinha)の集落である。

(丸山浩明)

<文　献>

丸山浩明編著 2010.『ブラジル日本移民―百年の軌跡―』明石書店.
Kojima, Y. A. 2003. 外来種の移入と問題点. 地理 48(12): 38-44.
Fernandes, D. D. e Assad, M. L. L. 2002. A pecuária bovina de corte da região pantaneira. In *Paisagens pantaneiras e sustentabilidade ambiental*, eds. Rossetto, O. C. e Rossetto, A. C. P. Brasil Junior, 99-125. Brasília: Universidade de Brasília.
Mauro, R. 2002. Estudos faunisticos na EMBRAPA Pantanal. *Archivos de Zootechica* 51: 175-185.
Pott, A. e Pott, V. J. 1994. *Plantas do Pantanal*. Corumbá: EMBRAPA-SPI.
Reis, V. D. A. dos e Barros, L. P. de 2006. Apicultura e bovinocultura de corte: comparativo econômico da implantação hipotética dessas atividades no Pantanal. *Documentos-Embrapa Pantanal* 84: 1-78.
Zimmer, A. H. e Euclides Filho, K. 1997. As pastagens e a pecuária de corte brasileira. In *Simpósio internacional sobre produção animal em pastejo*, ed. Universidade Federal de Viçosa, 349-378. Viçosa: Universidade Federal de Viçosa.

第6章
エコツーリズムの導入と発展

I　はじめに

　エコツーリズムのモデル地域とされるコスタリカやエクアドルを始めとして，中南米諸国はエコツアーの集積地であり，ブラジルもその例に漏れない（千代 2001; Duffy 2002; Wallace and Pierce 1996）。図6-1は，ブラジル観光公社（EMBRATUR, Instituto Brasileiro de Turismo）が指定したブラジル国内のエコツーリズム拠点（Pólo de ecoturismo）で，全部で26地域ある。これらはアマゾナス（1地点），パンタナールと周辺部（3地点），北東部と周辺部（13地点），南東部と南部（9地点）の4地域に大別されるが，規模（面積）が大きく世界的にも知名度が高いのはアマゾナスとパンタナールであろう（Maruyama et al. 2005）。

　パンタナールにおける観光業の立地には，明確な地域的差異がある（仁平 2003）。最もエコツーリズムが盛んな地域は，北パンタナールではポコネのトランスパンタネイラ（パンタナール縦断道路）沿線，南パンタナールではポルトダマンガとブラコダスピラーニャスを結ぶエストラーダパルケ（公園道路）沿線である（図6-2）。これらの地域には，釣り宿，農場民宿（ホテルファゼンダ），ホテルが数多く立地し，大勢の観光客に多様なエコツアーを提供している。これらの地域は，量的・質的にみてパンタナールにおけるエコツーリズムの核心となっている（Maruyama et al. 2005; 仁平 2003; 仁平ほか 2007）。

　これら核心地域における観光業の発展を受けて，内陸部のニェコランディア地区でもエコツーリズムを始める農場がいくつか現れた。内陸部でエコツーリズムを始める農場は，その所有地が1千ha程度の小規模なものから1万haを超える大規模なものまでさまざまである（仁平・コジマ 2005）。さらに近年では，州都や地方都市から遠く離れたパイアグアス地区でも，エコツーリズムを

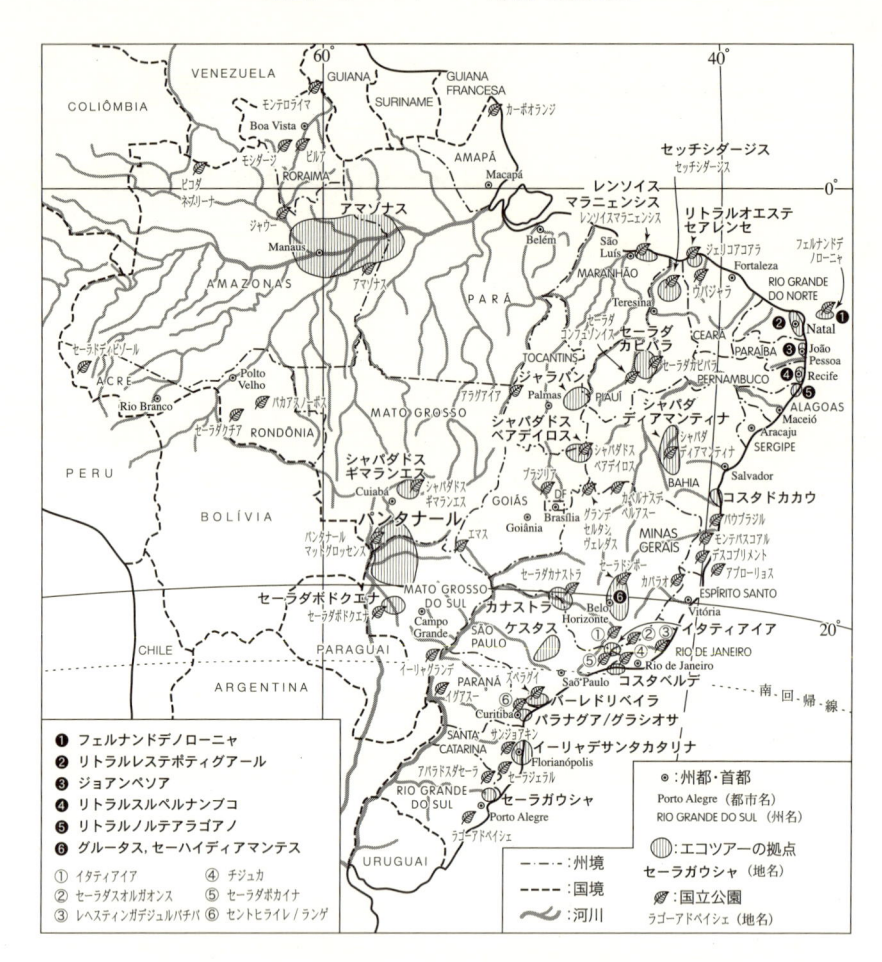

図6-1 ブラジルのエコツーリズム拠点と国立公園(2003年)
(ブラジル観光公社の資料より作成；Maruyama *et al.* 2005)

始める農場が出現している。

　エコツーリズムという用語に対してはさまざまな解釈や定義がなされているが(Honey 2008)，ここではパンタナールの宿泊施設がエコツーリズムとして提供するエコツアーに着目する。パンタナールのエコツーリズムの特徴として，外国人の観光客が多く高額であることが指摘されている(Trent 2000)。また，動植物の観察などの典型的なエコツアーばかりでなく，バルコホテルによ

第6章 エコツーリズムの導入と発展

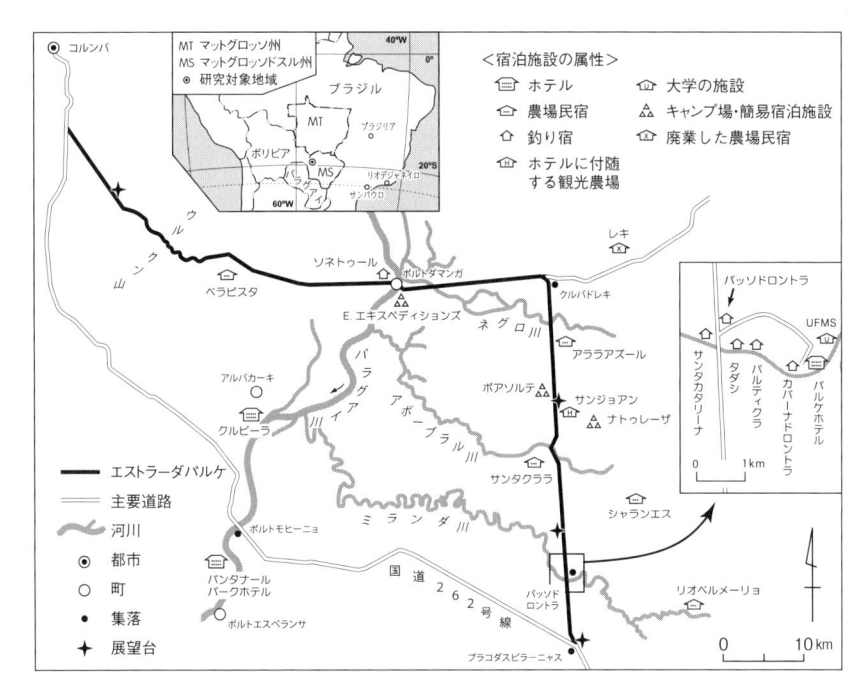

図6-2 核心地域における宿泊施設の分布（2006年）
（現地調査により作成；仁平 2011）

るスポーツフィッシングや，ギマランイス高原などパンタナール周辺の景勝地ツアーなどとも組み合わせたツアーの可能性が模索されている（Bordest et al. 1996; Paixão 2004）。

パンタナールを紹介する文献や資料は数多く，なかでも湿原の開拓や農場経営の歴史（Barros 1959; Souza 1973; Proença 1997; Benevides e Leonzo 1999），パンタナールの牧畜文化（Nougueira 2002; Lacerda 2004），メディアでの取り扱われ方（Brum e Frias 2001）などの先行研究は充実している。また，海外からの入り込み客が多いため，パンタナールの自然環境や動植物について解説したガイドブックや写真集には英語が併記されているものも多く（Machado 2000; Guia ecológico Brasil 2001; Colombini 2002），さまざまな外国語版も出版されている（Ravazzani et al. 1991）。

しかし，その多くはパンタナールの一部の地域や事例農場をおもな対象とし

た一般的な解説にとどまっている。広大なパンタナールにおけるエコツーリズムの発展を論じるためには，その内部の地域的な差異に着目した比較分析が必要である。

そこで，本章ではパンタナールの中でも南パンタナールを対象として，エコツーリズムの実態と持続的な発展のための課題を解明することを目的とする。その際，南パンタナールのエコツーリズム地域を「核心地域」「核心周辺地域」「外縁地域」の3つに区分して比較検討することで，地域的な差異の解明に迫ることにする。ここでは，ホテルや農場民宿が集中するエストラーダパルケ沿線を「核心地域」，エストラーダパルケに隣接するものの主要都市から約200km以上離れたニェコランディア地区を「核心周辺地域」，マットグロッソ州との州境地帯を含む最奥地のパイアグアス地区を「外縁地域」とする。

II 核心地域のエコツーリズム ――エストラーダパルケ沿線――

1. 観光資源の概要と宿泊施設の分布

エストラーダパルケは，コルンバの南端から湿原に入り，ポルトダマンガを経て連邦道路262号線沿いのブラコダスピラーニャスに至る，総延長120kmの鍵型の道路である。この道路は，トラックで牛を搬送するために1970年代に整備された。当時は牛飼いの道(エストラーダボイアデイラ)と呼ばれていたが，観光業の発展に伴って1993年にエストラーダパルケとして州の保護道路に指定された。エストラーダパルケには74の木橋がかかっており，重要な観光資源となっている。2001年には日本のODAによって湿原を見渡す展望台が4カ所に建設された。

エストラーダパルケは，コルンバからクルバドレキまではほぼ東西に走る。その中間地点にあるポルトダマンガは，艀によるパラグアイ川の渡船場であり，漁業，観光業，道路工事関係者による集落が形成されている。この付近の海抜は100m以下と低く，雨季の増水時にはしばしば通行止めになることもある。エストラーダパルケは，クルバドレキからブラコダスピラーニャスまでは南北に走り，ミランダ川やアボブラル川などのパラグアイ川の主要な支流を木橋で横断する。ミランダ川との合流地点であるパッソドロントラ(カワウソの

渡しという意味)は漁業集落でもあり，宿泊施設ばかりでなく漁船の停泊場，生き餌の販売店なども立地する。

　エストラーダパルケは，湿原の下流域に位置するため水量が豊富であり，鳥類ばかりでなく，ワニやヘビなどの爬虫類，カピバラやカワウソなどの哺乳類など，水辺を生息域とする動物が頻繁に見られる。とくに外国人観光客に人気があるのが，メガネカイマンやアナコンダなどの大型爬虫類である。また，ピラニアやランバリなどの小型の魚も豊富であり，竹竿に糸と針を付けただけの簡単な釣り竿で容易に釣ることができる。ドラードやピンタードなどの大型魚を狙うスポーツフィッシングでは生き餌が使われるが，エコツアーの参加者による小魚釣りには牛肉やトウモロコシの粒などが使われる。

　エストラーダパルケ周辺には，2006年時点で19軒の宿泊施設が立地する（図6-2）。これらの中で，おもにスポーツフィッシングを宿泊客に提供する釣り宿は，ポルトダマンガに1軒，パッソドロントラに5軒が集中している。ほとんどが宿泊業だけの経営であるが，ホテル・パッソドロントラは，宿泊業，レストラン，バー，ガソリンスタンドの複合経営である。エコツーリズム専用のホテルは3軒あり，パッソドロントラ，アルバカーキ，ポルトエスペランサの各集落の郊外にそれぞれ分散して立地する。いずれも大河川沿いに建設されており，モーターボートとホテル専用の港を備えている。エコツアー客のほかにスポーツフィッシング客も宿泊に利用する。

　既存の農場（ファゼンダ）が観光業を始めた農場民宿は5軒ある。農場民宿は，動植物の観察などのエコツアーを宿泊客に提供することから，エコロッジとも呼ばれている。ウルクン山麓に拓かれたベラビスタ以外は，パラグアイ川の東部に分散立地する。元々が放牧農場だったこともあり，必ずしも大河川沿いに立地するわけではないが，敷地内には湖や丘陵地などの風光明媚な場所を含んでいる。これら3タイプの宿泊施設のほかに，キャンプ場と素泊まりの部屋を提供する簡易民宿が3軒，ホテルに付随した観光用の農場と大学の研修施設が1軒ずつ立地する。

2. 宿泊施設の類型とエコツーリズム

　表6-1は，エストラーダパルケ沿線における宿泊施設の規模と開業年を示し

表6-1 核心地域における宿泊施設の属性(2004～2006年)

類型	宿泊施設・農場の名前	宿泊業の開始年	面　積(ha)	部屋数	収容人数	宿泊料金（レアル／人）
●	カバーナドントラ	1969	(宿泊施設の敷地のみ)	19	60	50
●	サンタカタリーナ	1969	200	6	40	50
●	ソネトゥール	1981	(宿泊施設の敷地のみ)	20	80	100, 150
●	パッソドントラ	1982	(宿泊施設と商業施設のみ)	14	30	45, 80
●	パルティクラ	1985	(宿泊施設の敷地のみ)	4	27	50
■	UFMS	1988	(宿泊施設と研修施設の敷地のみ)	8	35	－
○	ナトゥレーザ	1989	500	3	22	100
★	クルピーラ	1989	(宿泊施設の敷地のみ)	13	83	125, 208～250
●	タダシ	1993	8	17	65	110
★	パンタナールバルケホテル	1994	600	41	120	100, 275, 408
★	パルケホテル	1997	190	18	74	191, 225
◎	リオベルメーリョ	1998	7,000	9	27	200
◎	アララアズール	2001	6,000(農場民宿の敷地は400)	30	90	130
○	ボアソルテ	2001	1,040	－	60	85
☆	サンジョアン	2001	1,750	－	－	－
◎	ベラビスタ	2002	1,760	10	26	97.5
◎	シャラエス	2004	4,000(農場民宿の敷地は350)	17	46	200
○	エコロジカルエクスペディションズ	2005	(宿泊施設の敷地のみ)	12	24	35, 70
◎	サンタクララ	2005	1,700	11	30	60
□	アボーブラル	－	2,000	－	－	－
□	レキ	－	不明	－	－	－
□	サグラード	－	15,000	－	－	－
□	サンタヘレナ	－	1,000	－	－	－
□	サンベント	－	5,000	－	－	－
□	サンジョゼドアボーブラル	－	30	－	－	－

●：釣り宿(ペスカリア)　○：キャンプ場，簡易宿泊施設　★：ホテル
◎：農場民宿(ファゼンダ・ポウザーダ，エコロッジ)　☆：ホテルに付随する農場(ファゼンダ)
■：大学の研修施設　□：その他の農場　　　　　　　　(現地調査により作成；仁平 2011)

たものである．1960年代に開業した宿泊施設で現存するものは，パッソドントラに立地する釣り宿の2軒のみである．1980年代に開業したものは，3軒の釣り宿のほか，ホテル，キャンプ場，大学の研修施設であり，パッソドロン

トラとミランダ川沿いに分布する。1990年代に開業したものは，2軒のホテルのほかに，釣り宿と農場民宿である。これらのホテルは，湿地帯や既存の集落から離れた場所を整地して新しく建設されたものである。2000年以降に開業した宿泊施設は，農場民宿が4軒，キャンプ場，簡易民宿，ホテルに付随する観光ファゼンダである。これらの施設は，ネグロ川とアボブラル川の流域またはウルクン山麓に立地する。このように，エストラーダパルケ沿線に立地する宿泊施設は，建設年代の古い順から釣り宿，ホテル，農場民宿・キャンプ場となり，近年ほど開業した数が多くなる傾向がある。そこで，以下にこれら宿泊施設の経営についてその概要を説明する。

1）釣り宿

釣り宿の部屋数は4～20，収容人数は30～80である。収容人数は，小規模から大規模なものまでさまざまである。1人1泊あたりの宿泊料金は50～150レアルであり，この地域では低～中の価格帯である。宿泊料金が100レアル以下の釣り宿で，ボートを借りてスポーツフィッシングをする場合，ガソリン代や運転手代などを支払う必要がある。釣り宿の敷地は河川に面した宿泊施設だけの小規模なものが多い。以前は農場だったサンタカタリーナでは，敷地の一部をキャンプ場や遊技場に提供している。

釣り宿に宿泊するおもな観光客は，ヨーロッパを中心とする外国人とブラジル人のグループである。外国人とブラジル人の割合は宿によっても異なるが，概ね50％ずつである。大規模な釣り宿ではツアー客などの大きなグループも受け容れるが，それ以外は家族・友人などの小規模なグループの滞在が多い。年間の宿泊者数は延べ数百～2,000人であり，他の宿泊施設と比較して最も多い。観光業のピークは，カーニバルで連休がとれる3月，学校の休業や祝日がある7～9月である。禁漁期となる10月末から2月にかけては，休業する釣り宿も多い。

宿泊客の平均滞在日数は3泊であるが，長期休暇を利用して1週間ほど滞在する客もある。釣り宿で提供するツアーは，ほとんどがモーターボートを利用したスポーツフィッシングである。客によっては，ボート，エンジン，生き餌を自ら持参する者もいる。近年では，動植物の観察やダイビングなどのエコツアーを始める釣り宿も出てきた。たとえば，ポルトダマンガのソネトゥールで

は，大河川に面していない農場民宿(ベラビスタ)の客にボートツアーを提供している。

2) ホテル

ホテルの部屋数は13～41，収容人数は70～120で，いずれも大規模な経営を行っている。平均的な宿泊料金は200レアルであり，宿泊施設のなかでは最も高額である。以前は釣り宿だったクルピーラは宿泊施設だけであるが，パルケホテルは190ha，パンタナール・パークホテルは600haの敷地面積を有し，農場内でのエコツアーやキャンプに利用されている。母屋と独立したコテージや客室，専用に建設された大型レストラン，充実した娯楽施設などが，釣り宿や農場民宿の施設と大きく異なる。

滞在する観光客は，ホテルによって違いがある。スポーツフィッシングをおもに提供するクルピーラでは，ほとんどがリピーターのブラジル人グループである。ブラジル人の宿泊客の割合は，パルケホテルでは数％，パンタナール・パークホテルでは20～30％である。外国人観光客の国籍は，ドイツ，オランダ，ポルトガル，フランス，スウェーデン，アメリカ合衆国，日本などであり，おもにヨーロッパからパックツアーで来る者が多い。パックツアーの滞在日数は，多くの場合3泊4日である。年間の宿泊客は延べ500～1,500人ほどであり，大規模な釣り宿よりは少ない。観光業のピークは12～2月と7～8月である。おもにエコツアーを提供するホテルでは，禁漁期間であっても年末年始に宿泊客が増える傾向がある。

ホテルが提供するエコツアーは，農場の散策や乗馬，動植物観察の写真ツアー，スポーツフィッシング，ナイトツアーなどである。いずれのホテルもエコツアー専用の観光ガイドを雇用しており，さらに複数のモーターボートの運転手とも契約している。パックツアーの場合はグループに観光ガイドが付くことも多い。エコツアーの参加客が一人であっても必ずガイドが付く。パッソドロントラのパルケホテルでは，散策などのエコツアーを目的とする客が増加したため，乗馬と散策用の観光農場として近隣のサンジョアン農場を2001年に購入した。

3) 農場民宿

農場民宿の部屋数は9～30，収容人数は26～90であり，アララアズールを

除いて小規模な経営である。宿泊料金は60～200レアルであり，釣り宿よりも高額であるが，ホテルよりは安価である。宿泊料金には3回の食事とエコツアー料金が含まれている。農場民宿が建つ農場の敷地は1,700～7,000 haと広い。客室は観光用に増築されたものである。農場によっては，農畜産部門と民宿部門に分けられているが，たとえば父親が農場主で息子が民宿経営者であるなど，いずれも家族経営である。農場主と民宿経営者は，代々パンタナールに住み続けているわけではなく，観光業を始めるために農場を購入した外部地域の出身者が多い。外国人の農場主も2人いる。

　農場民宿に滞在する観光客は，50～80％が外国人の観光客である。外国人観光客の主な国籍は，オランダ，ポルトガル，フランス，イタリア，ドイツ，アルゼンチン，スイスである。年間の宿泊客は250～1,000人であり，宿泊施設の類型の中ではキャンプ場と並んで少ない。おもな宿泊客は，家族や友人などの少人数のグループであり，平均滞在日数は2泊3日か3泊4日である。観光業のピークはホテルとほぼ同じで，12月と7月である。

　農場民宿が提供するエコツアーのメニューは，スポーツフィッシングを除いてホテルとほぼ同じである。いずれの農場民宿も大河川に面していたり，敷地内に川や湖があるため，ボートツアーを提供している。しかし，農場に滞在するというイメージからかけ離れることもあり，スポーツフィッシングは提供していない。いずれの農場民宿もエコツアー専用のガイドを雇っている。シャラエスでは，WWF（世界自然保護基金）が企画するカワウソを対象とした野生動物保護計画に参加しており，生態学の専門家とITの専門家も雇用している。

4）その他の宿泊施設

　キャンプ場と簡易宿泊施設は，収容人数が20～60であり，小規模から中規模の経営である。宿泊料金は35～100レアルであり，釣り宿と並んで安価である。年間の宿泊客は約300人であり，農場民宿と同じかやや多い程度である。滞在する観光客はほとんどが外国人の若いバックパッカーであり，個人あるいは数人の小グループでの滞在である。宿泊施設には観光ガイドが雇われており，動植物の観察ツアーや小魚釣りなどのエコツアーを提供している。牛と馬は飼っておらず，モーターボートも所有していないため，提供されるエコツアーには制限がある。

3. 宿泊施設の類型別に見た経営事例
1) 釣り宿

　パッソドロントラに立地する釣り宿タダシが所有する土地は8haであり、そのうち宿泊施設の敷地面積は1haである。ミランダ川に面して船着場、駐車場、レストラン、オフィス、客室、ボート置場、発電機、従業員の部屋などの施設が配置されている(図6-3)。中庭を挟んで北〜東側にかけて、古い宿泊施設と未使用の宿泊施設、物置などが分布する。古い宿泊施設のうち北側のものは現在も使用されており、8つの客室がある。敷地の南側に作られた新しい客室には9つの部屋がある。新しい客室に隣接するレストランの収容人数は50人であり、宿泊しない客にも昼食を提供している。レストランで料理されるピンタードやドラードなどの川魚は、近所の漁師から仕入れている。一匹あたりの仕入れ値は、ピンタードが7〜8レアル、ドラードが5〜6レアルであり、2001年からは川魚の販売も始めた。

　客室には2つのシングルベッド、2〜3つの2段ベッド、飲料用の冷蔵庫、シャワーとトイレ、エアコン、テレビなどが備え付けられており、部屋の外には釣り上げた川魚を保存するための大型冷蔵庫がある。客室の西側は露地のボート置場となっている。新しい客室の南側には船着場があり、ボートを使用しなくても簡単な釣りを楽しむことができる。東側の建物は従業員の宿泊施設と物置になっている。中庭と新しい客室の周辺には、ブーゲンビリアなどの花木、木陰をつくるためのタルマやジェニパポなどの高木、パパイヤやグアバなどの果樹が植えられている。

　宿泊客が滞在できる部屋数は合計17であり、最大収容客数は65人である。1人1泊あたりの宿泊料金は110レアルであるが、他に釣り船のガソリン代と運転手代で約40レアルの料金がかかるため、エストラーダパルケにある釣り宿の中では高額である。2003年の宿泊客は約2,000人であり、そのほとんどがブラジル人であった。宿泊客はカンポグランデやドラードスなどのマットグロッソドスル州内の都市のほか、サンパウロ、ポルトアレグレ、クリチバなどから来る。平均的な滞在日数は2〜3泊であり、釣り宿までの移動手段は自家用車である。

　宿泊客が最も多いのは3月、7月、9月である。3月にはカーニバルがあり、

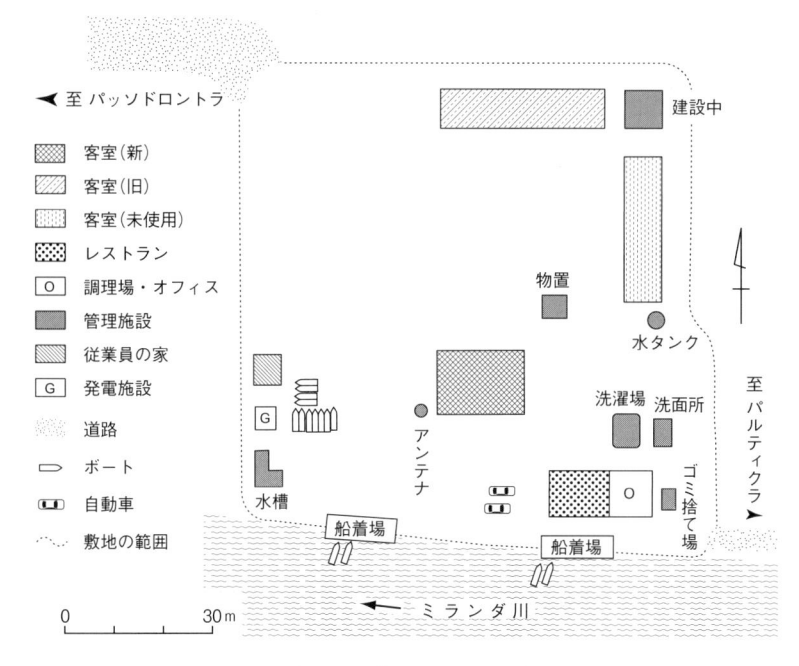

第6章　エコツーリズムの導入と発展

図6-3　釣り宿タダシの施設配置図(2004年)
(現地調査により作成)

　長期休暇をとって滞在するブラジル人が多い。7月は学校が休暇になるので，子ども連れの宿泊客が多くなる。9月にはブラジルの祝日(独立記念日)があり，ピラセマ(禁漁期)の直前で魚が良く釣れることも影響している。宿泊客が最も多かったのは1996～1999年であり，年間延べ4,000人ほどが滞在した。2000年からは観光客が減少しているが，これは法律によって1人が1回に持ち帰れる漁獲量が，1999年までの30kgから2004年の5kgまで暫時減らされてきたためである(第7章 p.164参照)。

　この釣り宿の所有者は，日系ブラジル人のT氏とK氏である。彼らは売りに出ていた釣り宿を購入・改装して，1993年から釣り宿の経営を始めた。現在，T氏はドラードス市，K氏はサンパウロ州内に住んでいる。そのため，現在の経営責任者は27歳のA氏である。調査時の従業員は9人であり，そのうち5人が常勤であった。最盛期の従業員は臨時雇用を含めて15人となる。従業員

写真6-1　パンタナールパークホテルの宿泊施設(2006年)

はカンポグランデ市，コルンバ市，ミランダ市の出身である。従業員の月給は，料理人が500レアルで，その他は360レアルである。従業員の給料のほかに，電気代などの宿泊施設の維持費が月2,500レアルと高く，そのうち税金が700レアルにも達するという。

　A氏によると，現在のところ宿泊客に提供する観光はスポーツフィッシングだけだが，2005年以降は他のエコツアーの導入も検討しているという。宿泊業の問題点は，州都カンポグランデ市からの距離が350kmと遠いこと，プロの漁師が魚を沢山捕ってしまい，観光客が釣り上げる量が少なくなることだという。一般にミランダやポルトムルンチーニョを拠点とするプロの漁師は，年間1,000～2,000kgを一人で釣り上げる。ブラジル政府は不正な漁獲を防止するために，州用と連邦用の2種類の釣りライセンスを発行し，更新を義務づけて漁獲の管理に当たっている(調査年月：2004年8月)。

2）ホテル

　パンタナール・パークホテルは，ポルトエスペランサの北に立地する。部屋数は41，最大収容客数は120である。各部屋にはテレビ，冷蔵庫，エアコン，太陽電池の電源が備え付けられている(写真6-1)。このホテルの建設が始まったのは1990年であるが，道路のない湿地帯で工事が難航したため，ホテル経営が始められたのは1994年であった。この地域はしばしば洪水に見舞われる

が，1995年の大洪水では経営に支障が出た。ホテルの面積は30 ha，ホテルに付随する観光農場の面積は600 haである。観光農場には90頭の牛と6頭の馬を飼っている。その他に，30人乗りのトラックと4人乗りのジープがエコツーリズム用に準備されている。

ホテルで働く従業員は4人であり，そのうち1人が経営の責任者，2人がエコツアーのガイド，1人が料理人である。そのほかに，農場を運営する3人が敷地内に住んでいる。このホテルが契約している観光ガイドは40人であり，彼らはポルトエスペランサ，コルンバ，ミランダに居住している。ホテルのオーナーはサンパウロ市に住んでおり，事務所も同市にある。宿泊料金は，朝食だけの素泊まりが100レアル，ガイドを含むエコツーリズムのパックが275レアル，スポーツフィッシングやボートツアーを含むパックが408レアルである。

2003年の宿帳に記入されていた宿泊客は171人であった。宿泊客は平均して3泊したので，宿泊者の延べ人数は約500人だという。宿泊者は，国籍別ではブラジル(45人)，日本(45人)，ポルトガル(30人)，ドイツ(12人)，スウェーデン(10人)，フランス(10人)の順に多い。また，月別では8月(33人)，6月(32人)，1月(25人)，4月(23人)の順に多い。ホテルへ向かう交通手段はパラグアイ川だけである。そのため，このホテルの宿泊客は国道262号線沿いのポルトモヒーニョの船着き場からボートを利用する。ポルトモヒーニョには，2000年5月にコンクリート製の橋が完成し，コルンバからのアクセスが大幅に改善された(調査年月：2006年7月)。

3) 農場民宿

ウルクン山の山麓に立地するベラビスタの面積は1,758 haであり，敷地内には，丘陵，洞窟，森林，草地，湖，川，間欠河川がある。地形が複雑であり観光には向いているが，石灰岩が多くて牧草の育ちが悪いため牧畜には不向きである。ベラビスタのおもな観光施設は，母屋に設置された客室とレストラン，母屋から離れた場所に作られたグループ用の大部屋である。そのほか，プールとゲーム場を備えたアミューズメント施設，および身体障害者が宿泊できる施設を建設中である。

2004年下四半期の資料では，宿泊者は118人(延べ約300人)であり，その

80％が外国人であった。外国人宿泊客の国籍は，オランダ，ポルトガル，フランスの順である。国内の宿泊客は，リオデジャネイロ州とサンパウロ州の人がほとんどであった。基本的な宿泊料金は，2人で1日あたり195レアルである。研究関係者の宿泊には30％の値引きがある。旅行会社を通して宿泊を依頼すると20～25％の手数料がかかるため，近年ではインターネットなどで直接宿泊を申し込む客が増えてきた。従業員はガイドの夫妻，料理人，および牧場管理の2家族である。牧場管理者の妻が宿泊施設の清掃も担当する。

牛の飼育数は300頭で，農場面積からみて数は少ないが，ここの土地は痩せているためこれが上限である。また，乗馬用に18頭の馬を飼育している。馬の種類はクオーターホースで，足は速いが長距離移動には向かないため，サファリフォトグラフィコ（自然写真の撮影ツアー）など農場内のエコツアーに使われている。農場内のエコツアーは，徒歩，乗馬，ボートによる散策のみであり，10人までのグループを限度にサービスを提供している。釣りを希望する客には，パラグアイ川でのボートツアーも手配している。

現在の所有者兼経営者であるポルトガル人夫妻は，2001年にこの農場を購入し，2002年から観光業を始めた。宿泊施設の開設に際して，地下水の石灰を濾過する装置を設置した。彼らは，旅行でこの土地を訪れた際にこの農場が気に入って購入を決めた。40歳代の夫は，ブラジルに17年間住んでいたために土地を購入することができた。購入時の土地の価格は350～400レアル／haだった。1代前のオーナーは，牧畜経営に加えて丘陵に多く生えているバビグーダの木で炭焼きをしており，2代前のオーナーはワニの養殖をしていたという。現在，牧草地としての生産性が低い丘陵の500haをRPPN（自然遺産の個人保留地）として申請中である（調査年月：2005年8月）。

III 核心周辺地域のエコツーリズム ——ニェコランディア地区——

1. 観光資源の概要と宿泊施設の分布

ニェコランディア地区はネグロ川とタクアリ川に囲まれた，南パンタナールではパイアグアス地区と並び大きな面積を占める地域である。その面積は2.69万km^2であり，ブラジル・パンタナールの約19％を占める（Silva e Abdon

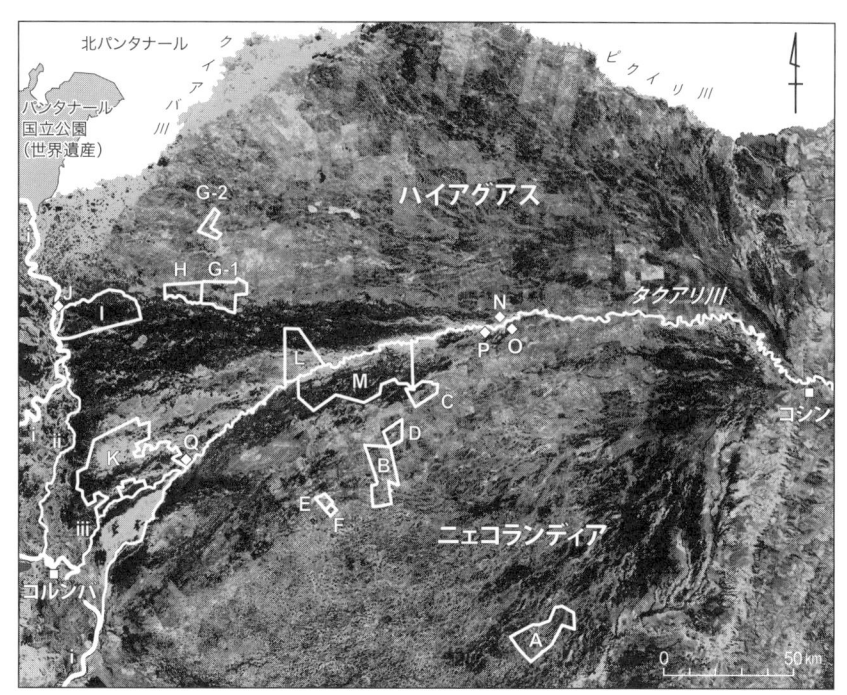

第6章 エコツーリズムの導入と発展

<農場> A：バイアダスペドラス B：カンポネータ C：サンタクララ D：クアトロカントス E：バイアボニータ
F：ベレニーセ G-1：ベーラビスタ G-2：ベーラビスタの分場 H：サンルイズ I：サクラメント
J：サンペドロ（サクラメントの港）
<集団移住地> K：サンドミンゴスなど L：バグアリなど M：ポンジェズスドタクアリなど
<アロンバード> O：カロナル P：フェーロ Q：ゼーダコスタ
<河川> ⅰ：パラグアイ川 ⅱ：パラグアイミリン川 ⅲ：タクアリベーリャ川

図6-4 核心周辺地域（2004年）と外縁地域（2007年）における事例宿泊施設の分布
（現地調査により作成；衛星写真は2001年）

1998）。ニェコランディア地区では，肉牛の繁殖を目的とする放牧が長年続けられてきたが，エストラーダパルケや北パンタナールでの観光業の発展を受けて，エコツーリズムを導入する農場が1990年代からいくつか出現した。

エストラーダパルケ沿線の核心地域と比較して内陸に位置するニェコランディア地区では，哺乳類と鳥類の種類や個体数が多いことがエコツアーの売りになっている。たとえば，哺乳類ではオオアリクイ，コアリクイ，アメリカヌマシカ，アルマジロ，カピバラ，カワウソなどは比較的容易に見かけられるし，場合によってはピューマやジャガーに出くわすこともある。鳥類では，パンタナールを象徴するズグロハゲコウやベニヘラサギ，カベッサセッカ，イン

表6-2 核心周辺地域における宿泊施設の属性(2004年)

記号	農場の名前	宿泊業の開始年	面積(ha)	部屋数	牛の数	牛1頭あたり面積(ha)
A	バイアダスペドラス	2003	15,500	5	3,500	4.4
B	カンポネータ	1994	14,500	5	2,300	6.3
C	サンタクララ	2004	7,200	4	1,900	3.8
D	クアトロカントス	2002	4,000	4	800	5.0
E	バイアボニータ	1990	1,750	9	870	2.0
F	ベレニーセ	2002	800	4	-	-

※番号は図6-4に対応する (現地調査により作成: 仁平 2011)

コ，オウム，オオハシなどの個体が豊富であり，ニニャルと呼ばれる集団営巣地も見ることができる。また，乾季に水が少なくなった湖にはワニが群がっている。

　ニェコランディア地区で観光客を受け容れている農場は，2005年の調査時点で6つ存在する。図6-4は，その農場の敷地を2000年に撮影された衛星写真上に示したものである。これらの農場は，南東部のバイアダスペドラス(A)を除いて，すべてニェコランディア地区の中央に位置する。また，表6-2はこれらの農場の経営をまとめたものである。敷地面積に着目すると，ファゼンダの中でもバイアダスペドラスとカンポネータ(B)が1万haを超える大規模農場，サンタクララ(C)とクアトロカントス(D)が数千haの中規模農場，バイアボニータ(E)とベレニーセ(F)が数百〜千数百haの小規模農場となる。これらの宿泊施設へ行くためには，湿原の西からは公園道路を，東からはコシンとリオベルデを経由して，網の目のように張り巡らされた農場内の道路を移動しなければならない。しかし，伝統的な農場に滞在し，本物の農場体験や住民(パンタネイロ)の生の生活を垣間見られることが，ニェコランディア地区のエコツーリズムの醍醐味である。

2. 農場の規模別に見た経営事例
1) 大規模農場

　バイアダスペドラスの敷地は，東西20km南北15kmに広がる。農場の母屋は，敷地内を南北に流れるカステロ川沿いにある。この農場は，ニェコラン

第 6 章　エコツーリズムの導入と発展　　　　　　　　　　　　　　　　　133

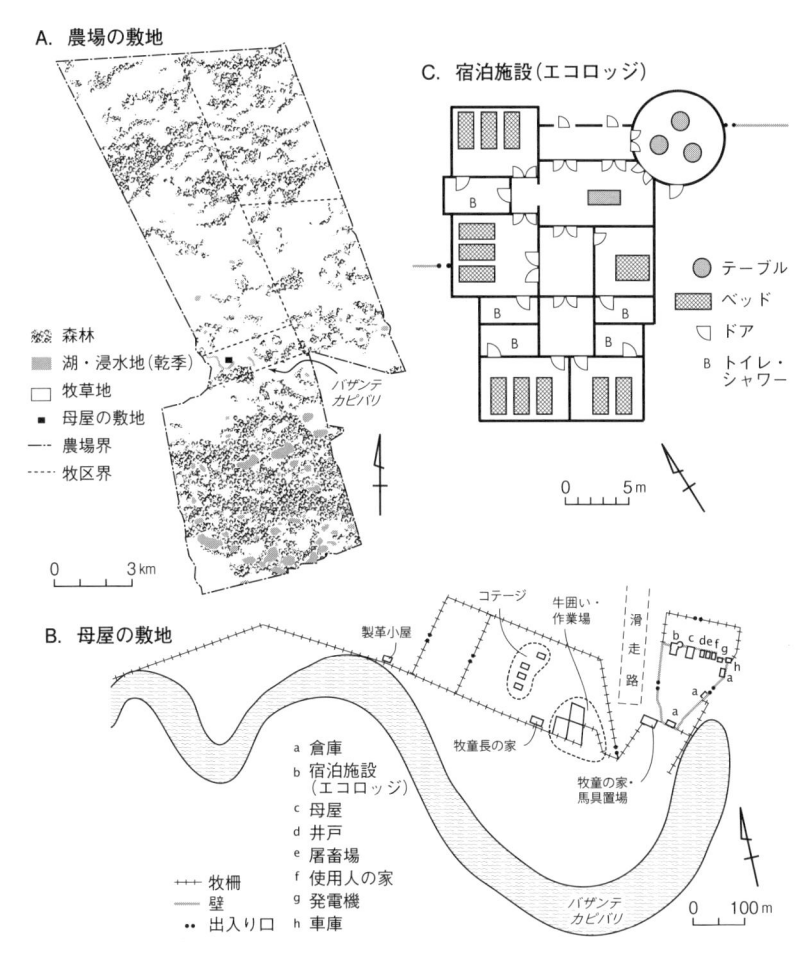

A. 農場の敷地

C. 宿泊施設（エコロッジ）

※※ 森林
　　湖・浸水地（乾季）
　　牧草地
■　母屋の敷地
―・―　農場界
‥‥‥　牧区界

○ テーブル
　　ベッド
　　ドア
B トイレ・シャワー

B. 母屋の敷地

a 倉庫
b 宿泊施設（エコロッジ）
c 母屋
d 井戸
e 屠畜場
f 使用人の家
g 発電機
h 車庫

+++ 牧柵
――― 壁
‥・‥ 出入り口

図6-5　農場民宿カンポネータの施設配置図（2003年）
（現地調査と衛星写真より作成）

ディア地区南部の草分けの一つである。農場主は敷地内で小学校を運営するなど，地域の盟主である。この農場では，母屋の改装を契機に，2002年に親類と知人を泊めるようになり，2003年からは観光客を受け入れるようになった。宿泊料金やエコツーリズムの料金などは，2003年の調査時点にはまだ検討中であった。客室は5部屋で，すべて母屋の中に作られている。提供するおもなエコツアーは，農場内の散策と乗馬である。宿泊業を始めたばかりであり，農

場主自らがガイドとなって観光客を案内している(調査年月：2003年8月)。

　カンポネータは，近隣のバイアボニータ農場でエコツアーが成功していたのを受けて，1994年に観光業を始めた。宿泊料金は，3泊4日のパックで1人1,800レアルである。この金額には，カンポグランデやコルンバなどの都市からの移動費，滞在費，エコツアーの料金などが含まれる。この農場が提供するエコツアーは，農場内の散策，乗馬，ナイトツアーなどである。母屋のすぐ前にあるカピバリ川では釣りができる(図6-5)。年間の宿泊客数は延べ200～300人ほどであり，その内の60～70％が外国人である。観光客の国籍は，多い順よりブラジル，アメリカ合衆国，フランス，オーストラリア，ベルギー，イタリア，日本である。観光のピークは，乾季の7～9月および雨季の11～12月である。農場は5つの牧区に分割されており，農場主家族のほかに1家族が南部の1牧区を管理している(調査年月：2003年8月)。

2) 中規模農場

　サンタクララは，著名な作家アビリオ・バーロス氏が所有する3つの農場の一つである。同氏はニェコランディア地区の開拓者であるバリーニョス一族の子孫であり，これらの農場はバーロス一族により代々引き継がれてきたものである。同氏の息子夫婦がいずれかの農場で宿泊業を始める予定であり，サンタクララが有力な候補地となっている。ここはタクアリ川に近く，大きな湖と森が残されており，野鳥の種類と数が多いことが特徴である。また，肉牛の繁殖農場としても優れた経営を行っており，牛追いなどの伝統的な農場の仕事も体験できる(調査年月：2004年8月)。

　カンポネータの北東部に隣接するクアトロカントスは，2002年から農場民宿の経営を始めた。ここは大規模農場だったアリアンサが遺産相続により分割されてできたものである。農場民宿の経営は農場主の妻が担当している。この農場は遠隔地にあるため，観光業の経営は不安定であったが，個人の外国人バックパッカーを対象としたことにより，近年では宿泊者数が増加してきた。宿泊業の開業に際して増築は行わず，母屋の4部屋だけを客室とした(写真6-2)。年間の宿泊者数は数十から百人程度である(調査年月：2004年8月)。

3) 小規模農場

　バイアボニータが観光業を始めたのは1990年であり，ニェコランディア地

写真6-2 クアトロカントスの宿泊施設(2004年)

区で最初の農場民宿となった。バイアボニータが提供するエコツアーは，農場内の散策，乗馬，ナイトツアー，写真ツアーなどである。1人1泊あたりの宿泊料金は，2001年には110レアルだったが，2005年には250レアルまで値上がりした。宿泊料金のほかに，コルンバから農場までの移動に農場のトラックを使用した場合，1台あたり500レアルの料金がかかる。観光の最盛期は乾季の7～8月である。宿泊客の約6割がドイツ，イタリア，アメリカ合衆国を始めとする外国人である。2002年以降，海外からの宿泊客が減少している。2004年の宿泊客数は延べ230人ほどであった(調査年月：2005年3月ほか)。

　ベレニーセは，2002年からカンポグランデの私立大学によって借り上げられている。おもに生物学や生態学の研究や授業に使用される大学の付属農場であり，2003年時点で放牧されている牛はいなかった。地主はバイアボニータ農場の親類であり，コルンバに住んでいる。ベレニーセとバイアボニータの農場主の祖父は，33,000 haを所有する大農場主であったが，2度の遺産相続を経て1,000～3,000 ha規模の小規模な農場に分割された(調査年月：2003年8月)。

3. 農場民宿の経営の特色

　ニェコランディア地区における農場民宿の特色は，小規模な農場から観光業が始まったこと，経営を始めたのは農場外に住む不在地主が多いこと，観光ガ

イドは農場関係者が担当する場合が多いことにある。小規模農場は，遺産相続によって分割されたかつての大農場の一部であり，牧場経営だけでは十分な収入が得られないこともあり，農場民宿の経営を導入した。先のバイアボニータ農場の例では，観光，牧畜のほかに養蜂業も行っている。2002年以前に宿泊業を始めた不在地主が経営する農場民宿では，実験農場となったベレニーセを除いて，土地相続者の配偶者が観光業を始めた。彼らは都市の出身であり，観光業という新しい経営の導入に強い関心を抱いていた。たとえば，カンポネータの農場主は，自分の農場ばかりでなく，観光ガイド兼運転手としてパンタナールを中心とするさまざまな場所を観光客に紹介している。ニェコランディア地区の農場民宿では，年間を通じて宿泊客がさほど多くないうえに季節性が大きいため，農場主やその親族，あるいは牧童などがエコツアーのガイドを担当していることが多い。バイアボニータ農場では，2001年まで専門の観光ガイドを雇っていた。彼は，宿泊客が少ない時期にはコルンバの自動車修理工場で働いていた。

IV 外縁地域のエコツーリズム ——パイアグアス地区——

1. 観光資源の概要と宿泊施設の分布

　パイアグアス地区は，州境であるクイアバ川とピクイリ川を北端とし，タクアリ川を南端とする，パンタナールのほぼ中央に位置する。その面積は2.7万km^2で，日本の近畿地方とほぼ同じである。その地名は，先住民のパイアグア族に由来している。

　パイアグアス地区における調査農場の分布をみると（図6-4），いずれもコルンバやクイアバなどの周辺都市からかなり遠方に位置し，州道などの幹線道路も整備されていない。そのため，パイアグアス地区では，他の地区に比べて動植物相の豊かさが際だっているものの，観光業はまったく振るわなかった。パイアグアス地区の農場は，伝統的に牧畜によって生計を立ててきたが，近年の社会・経済および自然環境の急速な変化に伴って，いくつかの農場で経営が大きく変化している。

　すなわち，最も大きな環境変化は，タクアリ川のアロンバード（自然堤防の

破堤部で河川水の流出口)の閉鎖が法律により禁止されたことにより，その下流域に広大な浸水地が出現し，農場の母屋や牧場施設のわずかな高まりを除いて広い範囲が一年中水没する事態となった。その結果，広範囲にわたり森林が枯死してしまい，上空からは無数の白い爪楊枝が地面に突き刺さったように見える。浸水地にある小農の集団入植地や大農場では，牛の飼育が困難となり，何ら補償がないまま土地の放棄が相次いだ。また，浸水地の周辺部では新たに牧場が開設されたり，観光業を導入したりする農場が出現した(第9章pp. 264-267参照)。

　ここで事例に挙げるのは，パイアグアス地区で観光業を始めた2つの農場である。これらは同じ農場主によって経営されている農場であり，内陸部のサンルイズ農場が2000年，パラグアイ川沿いのサクラメント農場が2004年に観光業を始めた。前者は7,400ha，後者は24,000haのいずれも大規模農場である。

　パラグアイ川の上流部に位置するパイアグアス地区は，水産資源が豊富であるため，10隻程度のモーターボートを積み込んだ大きなバルコホテル(船舶ホテル)がスポーツフィッシング客を乗せて往来している。また，内陸部では道路が整備されておらず，都市からも遠隔地であることから，伝統的な牧畜経営や農場景観が今なお維持されている。また，パイアグアス地区の北西部に隣接するパンタナール国立公園と，その周囲にあるパンタナール自然保護地域群も，パイアグアス地区の農場民宿にとって重要な観光資源となっている。[1]

---

1) 　マットグロッソとマットグロッソドスルの州境，およびボリビアとの国境付近には，パンタナール国立公園と3つのRPPN(自然遺産の個人保留地)がある。これらの保護地域のなかで最も広いのがパンタナール国立公園であり，その面積は13.6万haである。さらに，北西部に隣接するドロシェ(2.7万ha)や，パラグアイ川を挟んでアモラール山脈の東麓にあるアクリザル(1.4万ha)とペーニャ(1.3万ha)のRPPNをあわせると，大阪府ほどの面積が保護地域となっている。これらの国立公園とRPPNが，2000年にユネスコの世界自然遺産に登録された。

　これらの自然保護地域は，ブラジル環境・再生可能天然資源院(IBAMA, Instituto Brasileiro do Meio Ambiente e dos Recursos Naturais Renováveis)の管理下にあり，許可なしで自然保護地域内に入ったり，釣りなどの収奪行為が発覚したりした場合には，500〜7,000レアル(約2.5万円〜35万円)の罰金が科される。この地域は，パラグアイ川とクイアバ川の合流地点でもあり，洪水の常襲地帯である。ラプラタ川の河口から2,300〜2,400km も上流に位置するにもかかわらず，標高はわずかに90〜110mである。かつては5,000haを超える農場が複数存在したが，1974年の大洪水など相次ぐ水害により放牧地は放棄されていった。その土地を政府が借り上げ，1981年に国立公園に指定された。

2. 農場民宿の経営事例
1) サンルイズ農場

　サンルイズ農場は，コルンバから直線距離で北西約110kmに位置する。小型飛行機では約1時間の距離であるが，水路と陸路を使用すると移動に1日以上かかる。ヴェルメーリョ川とマタカショーロ川の河間に広がるこの農場は，東西約14km，南北約6kmで，4つの牧区から構成されている。

　アロンバードの周年開放によって，1998年以降浸水地が拡大して，農場の約6割が水没してしまった。放牧地の浸水で牛が飼育できなくなったため，その損失補填を目的に導入されたのが観光業である。当初は知人やその友人などを対象として，日帰りで乗馬やボートツアーを提供した。当時の日帰り客は，コルンバや北パンタナールのカセレスより，飛行機を使って農場を訪れた。その後，パンタナール国立公園とRPPN（自然遺産の個人保留地）がユネスコの世界遺産に登録され本地域の知名度が高まると，外国人観光客がおもな宿泊客となった。

　宿泊料金は1人1泊200レアルである。この料金には，農場内の散策や乗馬などのエコツアー代，1日3回の食事代などが含まれている。モーターボートで長距離を移動する場合には，運転手とガソリン代で100レアルが加算される。宿泊施設は，地主夫婦が普段使用している伝統的な母屋である。観光客が宿泊できる部屋は3つあり，宿泊人数は最大6人程度である。したがって，この農場民宿では一度に1グループの観光客しか受け入れない。グループの平均的な滞在日数は4泊である。観光ガイドは，本地域の自然環境や農場の歴史などを熟知する農場主の夫がおもに担当している。

　この農場では，年間6グループの受け入れを目標としている。この数は少ないように思われるが，たとえば6人のグループが4泊して，そのうちモーターボートを2日使用した場合，滞在費は6,000レアルになる。これは，農場の仔牛を20頭ほど販売した価格に匹敵するため，6グループの観光収入があれば，牛のワクチンとミネラル代，牧童の賃金など，農場の基本的な運営資金を十分にまかなえるのである。

　2006年にサンルイズに滞在したのはイギリス人の3グループで，そのうち2つはバードウォッチャーたちであった。このバードウォッチャーのグループ

は，パンタナールを訪れる前にカナダとアメリカでも野鳥の観察旅行を行ってきた。もう1つのグループは，ジャガーを見ること主目的とした動物観察のグループであった。これらのグループは，後述するサクラメント農場のポルトサンペドロにも滞在した。

　この農場の観光業の売りは，野生動物が豊富なことに加えて，伝統的な農場の生活様式を体験できることにある。その代表的なものが，カーホ・デ・ボイ（牛車）によるトレッキングである[2]。その一つは，母屋から牧場内の塩置場まで，塩を運ぶ作業を体験するものであり，片道約3kmの距離を50分ほどかけて移動する。ルートの1kmは完全に水没した道路であったが，4頭の牛に引かれたカーホデボイは，25kg入りの塩袋3つと観光客5人を載せて問題なく移動した（調査年月：2007年8月）。

2）サクラメント農場

　パラグアイ川に面するサクラメントは，面積が24,000haであり，パイアグアス地区でも大規模な農場の一つである。しかし，現在は総面積の約7割が水没しているため，畜産業はふるわない。サクラメントは，かつては3.3万haの大農場であり，現在の農場主の妻方の父が所有者であった。彼の死後，妻と子どもたちに土地が相続され，農場は3つに分割された。最も広い面積を相続したのが，末子である現在の農場主の妻であった。彼らが畜産経営を開始した1970年代の中頃には，サクラメントとサンルイズで合計16,000頭の牛を飼育していた。しかし，現在では数十頭の乳牛を飼育するのみである。水没していない約5,000haの牧草地は，近隣の農場に貸している。その賃料は牛1頭あたり3レアル/月であり，放牧頭数は1,000頭である。

　この農場の宿泊施設は，牛の出荷港であるポルトサンペドロに設置された大型のハンモック小屋（レダリオ）だけである。そこには，6つのハンモックと4つのソファーベッドが置かれており，洗面所の横には2つのベッドを備え付け

2）　カーホ・デ・ボイは，農場で使用する薪や，牛に与えるミネラルなどの農業資材の運搬に伝統的に使用されてきたものである。しかし，トラクターやトラックが普及したため，カーホ・デ・ボイを所有し運用できる農場の数は激減している。筆者らが調査したり資料を集めた40以上の宿泊施設の中で，カーホ・デ・ボイによるトレッキングを提供しているのはサンルイズだけであった。カーホ・デ・ボイを牽く牛は，その配置される場所により異なる性格や能力が要求されるため，その育成や選抜には牧童による長期にわたる世話と熟練した能力が不可欠である。

た小部屋もある。虫の進入を防ぐために、入口は二重網戸になっている。ハンモック小屋のほかには、母屋、バーベキュー施設、発電機と資材置き場、船着場などがある。2006年にサンペドロに宿泊した観光客は約200人で、その国籍はブラジル人が7割、外国人が3割であった。ブラジル人はパラナ州、サンパウロ州、そしてマットグロッソドスル州のカンポグランデやコルンバからの客がほとんどであった。外国人はイギリス人が最も多く、次いでフランス人、スイス人、イタリア人、スペイン人などが滞在していた。

　サンペドロを訪れる観光客は、そのほとんどがスポーツフィッシングを行う。農場に隣接するサンペドロ湖は釣りの名所として知られており、ルアーで釣れる外来種のトゥクナレが豊富に生息している。農場民宿の宿泊客でなくても、パラグアイ川を航行するバルコホテルの釣り客などに、1艘あたり50レアルの入場料を徴収して、サンペドロ湖での釣りを許可している。入場料の徴収や、必要に応じて釣り道具を20レアルで貸し出す仕事は、サンペドロの管理人である老夫婦の役目である。サンペドロでは2001年に観光客の受け入れを検討し、2003年までに宿泊施設を整備して、2004年から宿泊客を受け入れるようになった。観光客の誘致は、コルンバにある旅行代理店に依頼している（調査年月：2007年9月）。

V　南パンタナールにおけるエコツーリズム発展の課題

　地域別にみたエコツーリズムの実態分析から明らかになった課題は、次の5点にまとめられる。

1.　観光発展の局地性

　パンタナールは世界遺産にも登録され、ブラジルを代表する有名な観光地となった。その結果、観光の核心地域であるエストラーダパルケ沿線では、農場の売買が活発になって土地価格の急騰を招いている。たとえば、1990年代後半に農場民宿を開業した経営者は、1haあたり230～300レアルで土地を購入したが、2001年に開業した宿泊施設の土地価格は350～400レアル/haとなり、2003年には730レアル/haまで大幅に上昇している。土地を購入して宿泊施設

を建設する地主の中には，ブラジル南東部の大都市に生活する不在地主や外国人も多くなっている。また，地価がさらに上昇したら農場を手放したいという農場主など，エストラーダパルケ沿線における観光業はきわめて投機的な性格を帯びている。

このように，核心地域ではエコツーリズムがマスツーリズム化する一方で，観光ブームの影響は核心周辺地域のニェコランディア地区や，外縁地域のパイアグアス地区にはほとんど及んでいない。それどころか，核心地域における観光客数の増加とは対照的に，核心周辺地域では観光客数が減少している。

たとえば，ニェコランディア地区で農場民宿を経営するある農場主は，観光客数が減少したことにより，2004年に農場民宿の経営を止め，母屋を含む農場の一部を売却してしまった。その農場主は都市で賃貸住宅の経営を初め，新しい農場主は牧畜経営だけを営んでいる。また，ある農場民宿では，観光客の減少にともない，毎年のように宿泊費を値上げしている。このように，観光発展は交通の便がよい核心地域に限定され，他の地域はすでに衰退傾向にあることが課題となっている。

2. 環境保全に逆行する観光経営

パンタナールのエコツーリズムは，地域の自然環境に大きく依存しながら，観光経営面でも収益を上げなければならない。しかし，大勢の観光客を受け入れると自然環境への負荷が大きくなり，逆に受け入れ数が少なければ収入が減ってしまう。このような環境保全と経営維持のジレンマは，多くの観光客を受け入れている核心地域においてとりわけ大きな課題となっている。

たとえば，エストラーダパルケはポルトダマンガ付近で野生のカピバラの生息地を通過するが，2002年の調査では約1kmの範囲に18匹のカピバラの轢死体が確認された。高速で昼夜を問わず走行する自動車による野生動物の事故死は，深刻な問題となっている(Wagner 1997)。

外縁地域においては，タクアリ川におけるアロンバードの周年開放が，下流域の水没を通じて住民の生活ばかりでなく，野生動植物の生息域にも甚大な変化をもたらしている。アロンバードを開放するようになった理由の一つは理念的なもので，河川の流路を自然がなすままに放置してパンタナールの原初的な

写真6-3　農場民宿のトラックに乗り込むバックパッカーたち(2005年8月)

自然環境を復活させることにある。しかし，現実にはその背後に漁業資源などを巡る漁師と牧畜家，あるいは上流域の農民との間の政治的な問題が複雑に絡み合っている（第9章pp. 250-254参照）。恒常的な浸水地の拡大とともに，人々の生活空間や，彼らが育んできた牧畜・河川文化も消失の危機にある。自然環境ばかりでなく，住民の生活や文化を今よりも重要視する姿勢がなければ，エコツーリズムの内発的な発展は望めない。

3. 多様な観光客に対する対応力の低さ

　パンタナールにエコツーリズムが導入された当初は，海外からのバードウォッチャーが主要な観光客だった。彼らは多くのお金を地元に落とすばかりでなく，野鳥や地域の自然環境についても意欲的に学習する質の高い観光客だった。しかし，パンタナールの観光がブームになると，昼はエコツアーに受動的に参加するだけで，夜は大騒ぎして過ごすなどの物見遊山的な観光客も増えてきた。これらの観光客は，いずれも家族や友人のグループで宿泊施設に滞在していたが，近年では個人旅行の宿泊客も増加している。彼らは，ボリビア，ブラジル，パラグアイ，アルゼンチンなどの南米諸国を旅している若いバックパッカーである。エストラーダパルケには，バックパッカーを相手にするキャンプ場や簡易宿泊施設ができたが，彼らの宿泊人数や滞在日数をあらか

じめ確定することは困難であり，加えて彼らが地元に落とすお金は少ないため，その経営は不安定であるといわれる(写真6-3)。

また，従来型の宿泊客でも，農場の散策を目的とする客とスポーツフィッシングを目的とする客とでは，観光の志向が大きく異なる。エストラーダパルケ沿線の核心地域では，釣り宿と農場民宿が分かれており，滞在客の要望に合わせたエコツアーが提供できるが，農場散策やスポーツフィッシングなど複数のエコツアーを同じ経営者が提供しなければならない外縁地域の農場民宿では，多様な観光客の要望に応えるのは難しい。一般に，農場に滞在して散策などをする宿泊客は，川や湖でのスポーツフィッシングやボートツアーなどにも参加するが，スポーツフィッシングを主目的とする客は，わざわざ農場を訪れて野生動物や牛を見ることはないという。

4. 従業員の激しい流動性

エストラーダパルケ沿線では，エコツーリズムブームによる土地の売却・購入を通じて，農場主や従業員が頻繁に入れ替わってきた。このような人材の流動性は，核心周辺地域や外縁地域でもみられる。パンタナールで働く牧童や料理人は，農場や他の職業を転々とするが，その理由の一つは彼らの給料が最低賃金程度と非常に安いことにある。パンタナールの牧畜は，天然の牧草地に依存した粗放的な放牧であり，加えて牛の価格が低迷していることもあって農場経営は厳しく，状況に応じた従業員の調整は日常的に繰り返されている。その結果，その地域の自然環境や歴史，伝統的な牧畜文化を熟知する人は少なく，エコツアーの質を維持することが難しくなる。今後，農場で長年働いてきた牧童などの地元住民を，積極的に観光業に取り込むことが必要であろう。

5. 周辺地域との連携不足

パンタナールのエコツーリズムが持続的に発展していくためには，周辺地域との連携が欠かせない。パンタナールの東に広がるブラジル高原では，かつて牧畜が盛んであったが，近年では大豆やとうもろこしなどの穀作農業や綿花栽培が拡大している。これらの耕地から流出する土壌，農薬，化学肥料などがパンタナールの水環境に与える影響を絶えず監視する必要がある。同様に，北パ

ンタナールのポコネ周辺にある金山や，南パンタナールのコルンバ南部にある鉄山など，大規模な露天掘りの鉱山の活動が自然環境に与える影響にも注意する必要がある．

また，パンタナールの周辺には，ボニートやシャパダ・ドス・ギマランイスなどの景勝地，州境付近に集中する国立公園と自然保護区，点在する先住民の保護区など，エコツーリズムに関連する自然的・文化的な観光資源が数多く分布する．パンタナールのエコツーリズムとそれらをいかに連携させるのかも重要な課題である．

Ⅵ　おわりに

パンタナールを取りまく社会・経済的な環境は絶えず変化しており，それを受けてパンタナール内部の自然環境と文化景観も変化を続けている．牧畜地帯だったパンタナールに観光業が導入されて発展したのも，そのような変化の一部である．観光に関連する宿泊施設は，農場民宿からホテルまで多様である．また，その分布や提供される観光の内容は，主要都市や道路からのアクセスによって大きく異なる．内発的で持続的な観光業の発展を提案するためには，湿原内外の資源を有効に活用しながら，それぞれの地域性を十分に考慮した計画が必要である．その際，政治的・経済的な利害関係にとらわれすぎないこと，湿原独自の文化を大切にすること，地域住民の知識を取り入れることなどが必要である．また，海外から大勢の観光客を集めるために，観光施設のサービスはグローバルスタンダードで考える必要がある．

（仁平尊明・コジマ＝アナ）

＜文　献＞

千代勇一 2001．エクアドル・アマゾンにおける観光開発のインパクト—クオラニ社会の事例研究—．国立民族学博物館調査報告 23: 199-210．

仁平尊明 2003．エコツーリズム—観光業の発展と場所特性の変化．地理 48(12): 30-37．

仁平尊明・コジマ＝アナ 2005．ブラジル・パンタナールにおける熱帯湿原の持続的開発と環境保全(11)—南パンタナール・ニコランディアにおけるエコツーリズムの発展—．日本地理学会発表要旨集 67: 134．

仁平尊明・コジマ＝アナ・吉田圭一郎 2007．ブラジル・パンタナールにおける熱帯湿原

の持続的開発と環境保全(16)―南パンタナール・エストラーダパルケにおけるエコツーリズムの発展―. 日本地理学会発表要旨集 71: 65.

仁平尊明 2011. ブラジル・南パンタナールにおける観光業の導入と発展. 地理空間 4: 18-42.

Barros, J. 1959. *Lembranças: Para os meus filhos e descendentes*. São Paulo: Empresa Gráfica Carioca.

Benevides, C. e Leonzo, N. 1999. *Miranda estância: Ingleses, peões e caçadores no Pantanal mato-grossense*. Rio de Janeiro: Editora Fundação Getúlio Vargas.

Bordest, S. M. L., Macedo, M. e Priante, J. C. R. 1996. Potencialidades e limitaçoes do turismo na Bacia do Alto Paraguai, em Mato Grosso. In *Resumos: II Simposio sobre recursos naturais e socioeconomicos do Pantanal*, eds. Resende, E. K., Moretti, E. C., Bortolotto, I. M., Mourao, G. M., Loureiro, J. M. F., Oliveira, M. E. B., Dantas, M., Santomo, M. e Santos, S. A, 503-506. Brasilia: EMBRAPA-SPI.

Brum, E. e Frias, R. eds. 2001. *A mídia do Pantanal*. Campo Grande: Editora UNIDERP.

Colombini, F. 2002. *Pantanal: Cores e sentimentos*. São Paulo: Escrituras.

Duffy, R. 2002. *A trip too far: Ecotourism, politics and exploitation*. London: Earthscan.

Guia ecológico Brasil. 2001. *Região de Bonito-MS: Turismo ecológico-ecologic tourism*. São Paulo: Grande ABC.

Honey, M. 2008. *Ecotourism and sustainable development, second edition: Who owns paradise?* Washington, DC: Island Press.

Lacerda, O. A. C. 2004. *Entendendo o Pantanal*. Campo Grande: Grafica e Editora Alvorada.

Machado, R. 2000. *Pantanal: Light, water and life*. Campo Grande: Gráfica Zagaia.

Maruyama, H., Nihei, T. and Nishiwaki, Y. 2005. Ecotourism in the north Pantanal, Brazil: Regional bases and subjects for sustainable development. *Geographical Review of Japan* 78: 289-310.

Nougueira, A. X. 2002. *Pantanal: Homen e cultura*. Campo Grande: Editora UFMS.

Paixão, R. O. 2004. Turismo regional: problemas e perspectivas. In *IV Simpósio sobre recursos naturais e sócio-econômicos do Pantanal*, ed. SIMPAN 2004, 76-80. Corumbá: EMBRAPA Pantanal.

Proença, A. C. 1997. *Pantanal: Gente, tradição e historia*. Campo Grande: Editora UFMS.

Ravazzani, C., Wiederkehr-Filho, J. P., Fagnani, J. P. and Costa, S. 1991. *Pantanal: Brazilian wildlife*. Curitiba: EDIBRAN.

Silva, J. S. V. da e Abdon, M. M. 1998. Delimitação do Pantanal Brasileiro e suas sub-regiões. *Pesquisa Agropecuária Brasileira* 33: 1703-1713.

Souza, L. G. 1973. *História de uma região: Pantanal e Corumbá*. São Paulo: Editora Resenha Tributária.

Trent, D. 2000. Ecotourism in the Pantanal and its role as a viable economic incentive for conservation. In *The Pantanal: Understanding and preserving the world's largest wetland*, ed. Swarts. F. A., 107-115. St. Paul, Minnesota: Paragon House.

Wagner, A. F. 1997. *Efeitos da BR-262 na mortalidade de vertebrados silvestres: síntese naturalistic para a conservação da região do Pantanal, MS*. UFMS(Mestre em Ciências Biológicas).

Wallace, G. N. and Pierce, S. M. 1996. An evaluation of ecotourism in Amazonas, Brazil. *Annals of Tourism Research* 23: 843-873.

第7章
スポーツフィッシングの進展と漁村の変貌
―エコツーリズムに翻弄されて疲弊した漁村―

I はじめに

　パンタナールでは，とりわけ1990年代以降，その豊かな生物多様性や自然環境資源を利用したエコツーリズムが急速に発展し，国の内外から多数の観光客が湿原に大量流入するようになった。それにともない，さまざまな環境・社会問題が，地域性を示しつつ各地で顕在化している。すなわち，北パンタナールでは，パンタナール縦断道路に象徴される自動車道路の整備や，エコロッジ，リゾートホテルなどの宿泊施設の建設を背景として，多様なエコツアーを提供するツーリズムが多数の観光客を集めている。しかし，マスツーリズムと何ら変わらない，都市の観光業者（外部資本）によるガイドを伴わない稚拙な日帰り・短期ツアーの隆盛や，それにともなう自動車道路での野生動物の轢死，植生破壊，火の不始末による山火事の発生，ゴミの散乱などの諸問題が噴出している(Maruyama et al. 2005)。

　こうした諸問題は，エコツーリズムが北パンタナールよりも遅れて発展した南パンタナールにおいても，とりわけ公園道路といった観光用道路の周辺において顕在化しており，その解決に向けた取り組みにはもはや一刻の猶予も許されない状況である。しかし，エコツーリズムの発展にともなう南パンタナールで最も深刻な環境・社会問題は，水産資源の減少と急速な伝統的漁村社会の衰退である。それは，南パンタナールのエコツーリズムが，河川や湿地の豊かな魚相に依存し，スポーツやレジャーを目的に魚を釣るスポーツフィッシング(pesca esportiva)の急速な発展に支えられてきたからである。実際，マットグロッソドスル州では，同州を訪れる観光客の約9割が釣り客だと言われている（図7-1）。

　そこで本章では，南パンタナールを事例に，スポーツフィッシングの発展が

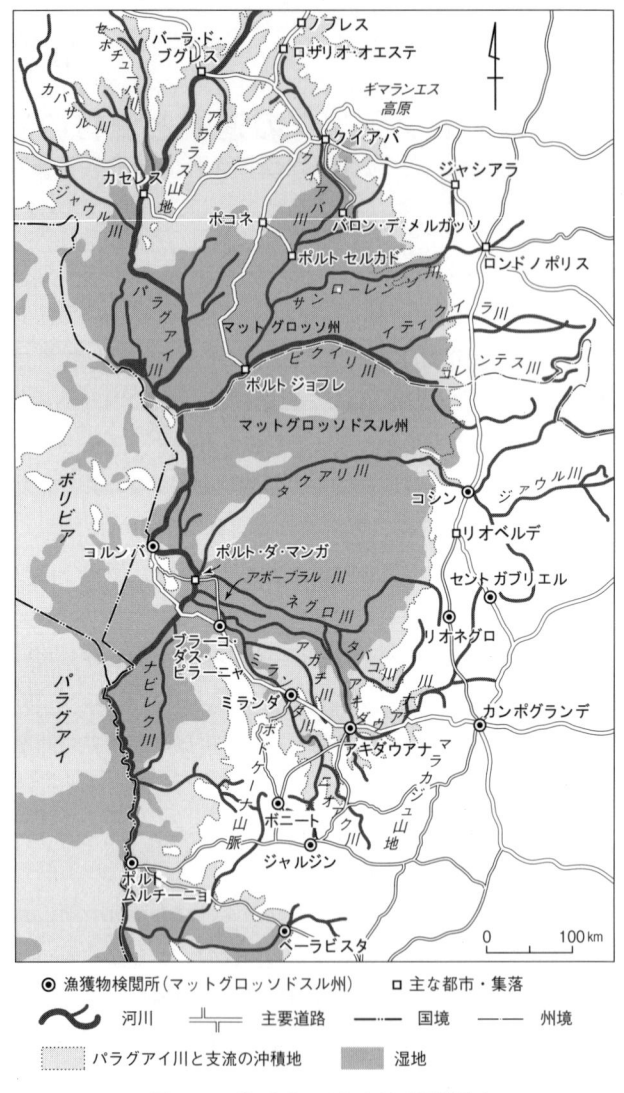

図7-1 パンタナールにおける河川分布

地域の伝統的な漁業や漁村社会，あるいは水産資源に及ぼした影響や問題点について実証的に解明するとともに，その解決に向けた法規制の有効性についても検証する。

II スポーツフィッシングの発展と漁村社会の変貌

1. 魚釣りの形態

広大な湿原が広がる南パンタナールでは，魚釣りは住民の重要な生業活動の一つとして維持され発展してきた。本地域で認められる魚釣りは，1)自給的な魚釣り(pesca subsistência)，2)プロの漁師による魚釣り(pesca professional)，3)スポーツフィッシングに代表されるアマチュアの魚釣り(pesca amadora)，4)研究目的で実施される科学的な魚釣り(pesca científica)の4形態である。ここでは，その主要な魚釣りである前3形態について次に詳述する。

1) 自給的な魚釣り

自給的な魚釣りは，手漕ぎボートや河畔に迫り出して設置されたセバ(ceva)と呼ばれる簡素な釣り用の台座で行われる自給目的の魚釣りである[1]。一釣り(一回の釣り)の最大漁獲量は5kgまでに制限されており(1999年SEMA決議001号)，自家用消費が釣りの目的であるため，漁獲物の販売や輸送は禁止されている。パンタナールでは，朝な夕なに河畔のセバから釣り糸を垂らす住民の姿をよく見かける(写真7-1)。

2) プロの漁師による魚釣り

プロの漁師による魚釣りは，コルンバ(Corumbá)，コシン(Coxim)，トレスラゴアス(Tres Lagoas)，アナスタシオ(Anastacio)，ミランダ(Miranda)，アキダウアナ(Aquidauana)，ムンドノーヴォ(Mundo Novo)，ファチマドスル(Fatima do Sul)の，南パンタナールにある8つの漁業協同組合(Colonia de Pescadores)のいずれかに登録され，「商業的な釣りのための環境許可証(Autorização Ambiental para Pesca Comercial)」を取得したプロの漁師が生業として営む魚釣りである。この環境許可証には，有効期間が1年の連邦用(Licença de pesca federal)と4年の州用(Licença de pesca estadual)の2種類があり，前者はブラジル全土，後者はマットグロッソドスル州内のみで有効で

---

1) 通常，セバとは餌置き場を意味し，人工的に餌付けをする場所やその行為を指す。タクアリ川では，セバはコシン市の上流部に集中的に分布しており，その下流域には釣り客用の宿泊施設や駐車場，レジャー施設などを備えたペスケイロ(pesqueiro)と呼ばれる施設が数多く認められた。

写真 7-1　セバでの自給的な魚釣り（2001年）

ある。もちろん，これらの許可証を取得していても，実際には漁業に従事していない漁師たちもいる。

　プロの漁師数は，本地域でスポーツフィッシングが本格的に進展した1990年代に急減な減少をみせた。1995年に3,742名だったプロの漁師は，1998年には1,358名に激減している。さらに，スポーツフィッシングの発展とともに，成魚を捕獲・販売する本来の商業的漁師が激減する一方で，スポーツフィッシング客が使う生き餌（isca viva）を専門的に捕獲・販売するイスケイロ（isqueiro）と呼ばれる生き餌漁師や，魚釣りの技術や漁場知識を活かしてアマチュアの釣り客を案内する釣りガイド漁師が急増して，仕事にみるプロ漁師の分化が急速に進展した。ちなみに，2002年現在で約680名のプロ漁師がいるミランダ漁業協同組合の場合，その約44％にあたる300名が生き餌漁師だという。

　図7-2は，2003年のマットグロッソドスル州におけるプロ漁師数の市別分布である。プロの漁師は，パンタナール湿原を取り囲むようにその周辺域に数多く分布している。とくにその数が多いのは，パラグアイ川水系のコルンバ市（558人），ミランダ川水系のミランダ市（535人），タクアリ川水系のコシン市（375人）で，これら3市でマットグロッソドスル州のプロ漁師全体の約半数に達する。ちなみに同年，連邦および州用の環境許可証（漁業免許）を所持し，

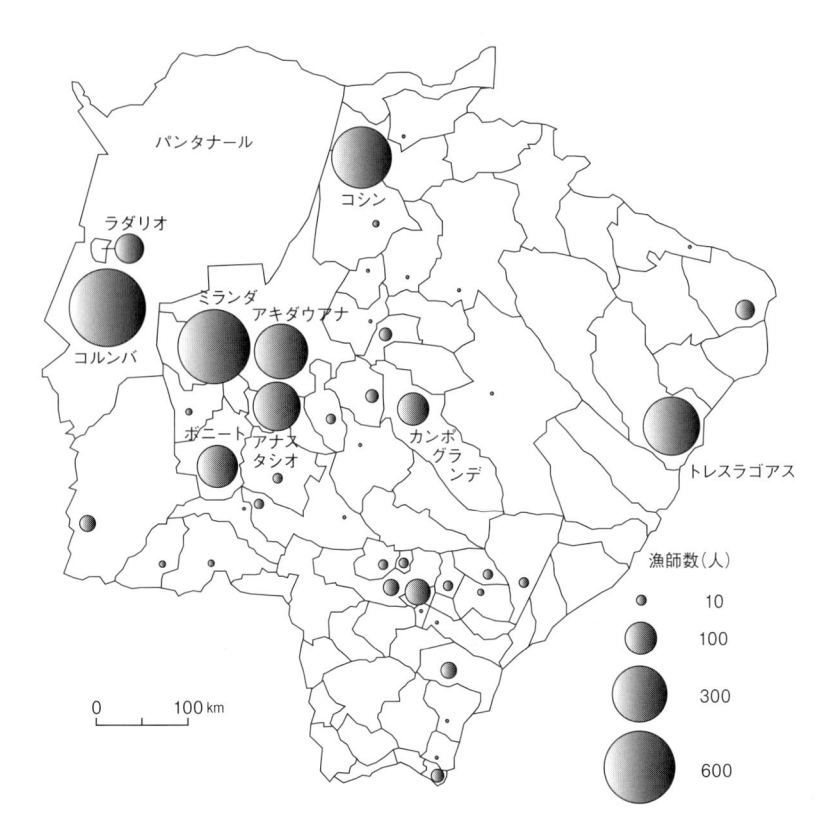

図7-2 プロ漁師数の市別分布(2003年)
(SEMACTの資料をもとに作成)

SEMACT(Secretário de Estado de Meio Ambiente, Cultura e Turismo, 州環境・文化・観光局)に登録されたプロの漁師数は，43市全体で合計2,998人であった。

3) アマチュアの魚釣り

1990年代にパンタナールで急激に増加したのが，エコツーリズムの一環として導入されたスポーツフィッシングの釣り客である。これは「スポーツフィッシングのための環境許可証(Autorização Ambiental para Pesca Desportiva)」を取得したアマチュアの釣り客が行う，スポーツやレジャー目的の魚釣りである。環境許可証を取得しないと，魚釣りや漁獲物の輸送はできない。この入漁証ともいえる環境許可証には，船釣り(embarcada)，陸釣り(desembarcada)，

写真7-2　ボート（上，2004年）とバルコホテル（下，2007年）によるアマチュアの魚釣り

キャッチ＆リリース釣り（pesque e solte），潜り（sub-aquática）の4形態の魚取りについて，それぞれ有効期間が1年と3カ月のものが用意されており，料金もそれぞれ2～10 UFERMS（Unidade Fiscal Referencia Estadual do Mato Grosso do Sulの略で，2002年には1 UFERMS = 1.0641レアル）と異なる。パンタナールを訪れるスポーツフィッシング客は，国内の金融機関やその自動支払機，インターネットのオンラインシステムにより，入漁前に環境許可証を申請・購入しなければならない。

　同じスポーツフィッシング客でも，魚釣りの方法は多様である。もっとも安上がりな魚釣りは，朝に釣りのポイントまで小型ボートで運んでもらい，午

後に再び連れ帰ってもらう陸釣りで，基本的に必要なのは往復の船賃(2001年調査で約5レアル)だけである。多くのスポーツフィッシング客が利用するのが，バルコ(barco)と呼ばれる小型ボートを借り切って行う船釣りである(写真7-2)。通常，小型ボート(長さ6m，幅1.28mで，右舷に1カ所，左舷に2カ所，釣り竿を固定する道具が取り付けられている)は4人乗りで，25馬力程度の船外モーターが付いている。船には船頭と釣りガイドを兼ねたプロの漁師が1人乗り込み，客の魚釣りを全面的に支援する。料金は船頭付きで1日80～90レアル(3,000～4,000円程度)が相場である。ガソリン代(2レアル/ℓ)は別料金となっており，使った分だけ別途支払うのが一般的である。

さらに，スポーツフィッシング客の中には，コルンバなどの都市に本拠をおく旅行会社などが所有する大型観光船や，バルコホテル(barco hotel)と呼ばれる豪華な大型釣り船を利用して魚釣りを楽しむ者もある。写真7-2は，2007年にパラグアイ川で調査したバルコホテル・セレブリダーデ(Celebridade)である。釣り客が20人乗りのこの船には，リオデジャネイロやミナスジェライス州からやって来た10人の釣り客が乗っていた。彼らは4泊5日の日程で，コルンバからパラグアイ川・サンローレンソ川を遡り，途中何度も釣りのポイントに停泊しながら，マットグロッソ州のポルトジョフレ辺りまで移動する。

この船は，両舷に各3隻，船尾に4隻の，合計10隻のバルコを運ぶことができ，大きな河川だけでなく，時に陸地内部のバイア(湖沼)やコリッショ(水路)にまで入り込んで魚釣りができる。船内には釣り用の生き餌を入れた容器や，釣った魚などを保冷する大型フリーザーが完備されている。食事はすべて専門のコックが担当し，レストランやバー，バーベキューや音楽が楽しめる娯楽室などもある。寝室は5室(1階3室，2階2室)で，各部屋には2段ベッドが2つずつ置かれている。この船には，釣り客のほかに船長1名，機関士1名，掃除・バーテンダー(taifeiro)2名，コック1名，コック補助1名，バルコの船頭兼釣りガイド5名が乗船していた。ちなみに料金は，すべて含めて釣り客20人の場合は1人あたり1,800レアルだが，今回のように10人だと1人あたり2,000～2,200レアルと割高になる。利用客は都会に住む医者などが多い。コルンバには，このような豪華なバルコホテルが15隻ほどあるという。

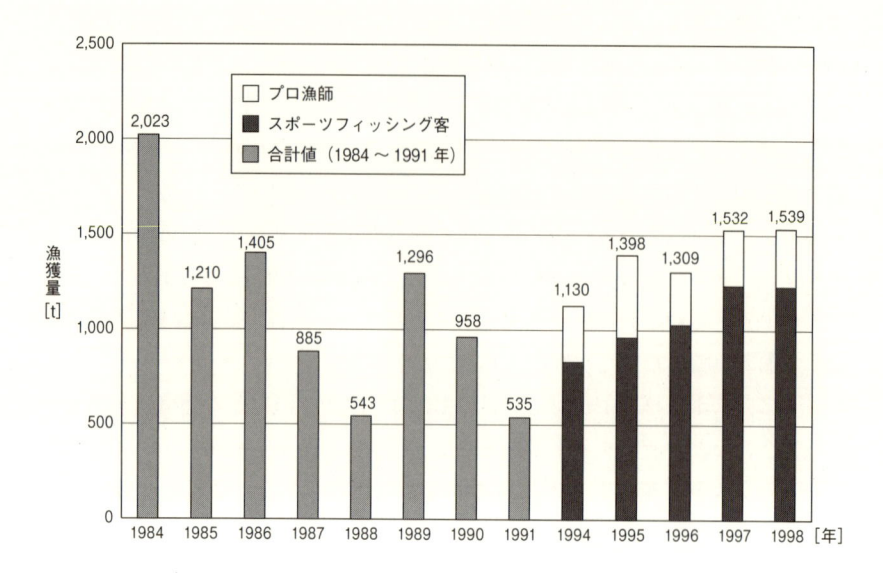

図7-3　漁獲量の経年変化（1984〜1998年）
（Catella et al. 2001ほかの資料をもとに作成）

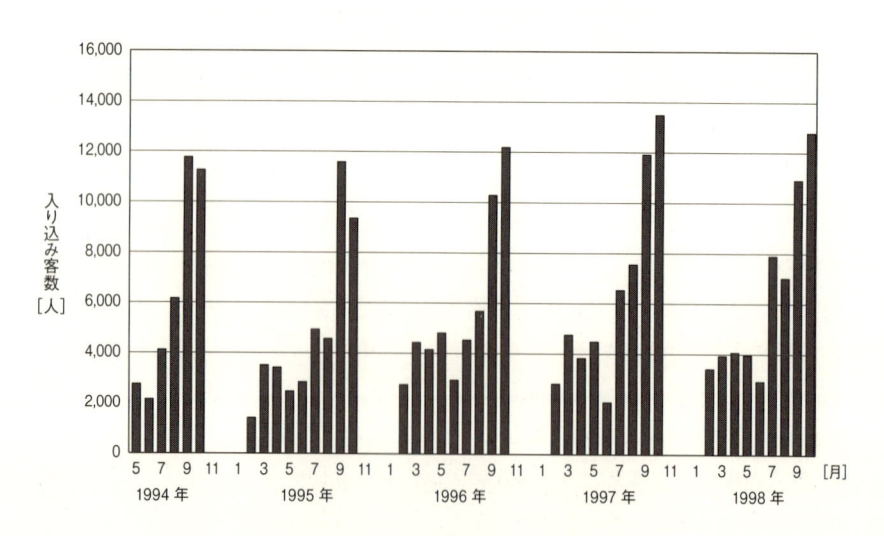

図7-4　スポーツフィッシング客の月別変化（1994〜1998年）
（Catella et al. 2001ほかの資料をもとに作成）

2. スポーツフィッシングの発展

図7-3は，スポーツフィッシング導入以前の1984年より，それが急速な発展を遂げた1998年までのマットグロッソドスル州における漁獲量の変化を，釣り人の属性別に示したものである。1991年までのデータには，プロの漁師とスポーツフィッシング客の区別がないが，まだこの時期にはスポーツフィッシングがほとんど行われていなかったので，漁獲量はその大半がプロの漁師によるものと考えられる。1984年に2,023トンだった漁獲量は，その後大きく減少に転じ，1991年には1984年の約4分の1に当たる535トンにまで激減した。プロの漁師による本来の漁業がこの時期に大きく衰退した背景には，当時パンタナールに流入する諸河川の上流域にあたるブラジル高原で，大規模な農地造成をともなうセラード農業開発が急速に進展し，大量の土砂や化学肥料・農薬などが水により運ばれて下流域の湿地生態系に大きな影響を及ぼしたことなどが考えられる（第9章 pp. 247-250 参照）。

その後，1994～1998年には，漁獲量が約1,000～1,500トンに回復しているが，その7～8割をスポーツフィッシング客の漁獲量が占めており，プロ漁師の漁獲量はさらに約300トンまで減少を続けたことがわかる（図7-3）。ちなみに，1998年には全体の80.4％（1,237トン）がスポーツフィッシング客，19.6％（302トン）がプロの漁師による漁獲量であった。このような漁獲量の経年変化は，プロの漁師による商業的漁業が1980年代に潰滅的な状態に至るまで衰退する一方で，その後スポーツフィッシングが1990年代に劇的な発展を遂げた様子を裏付けている。

図7-4は，1994～1998年までのスポーツフィッシング客の月別経年変化である。年間の入漁者数はわずかに増加傾向にあるものの，1996年以降大きな変動はなく，年間約5万人代を維持している。ちなみに1998年のスポーツフィッシング客は56,713人であった。入漁者数を月別にみると，水位が高く魚が分散している雨季（2～5月）は最も少なく，水が引き始める乾季の初め（6～8月）になると若干増加する。入漁者が最も多いのは，水位が低下して魚が集まる乾季の盛り（9～10月）で，月に1万人を超える入漁者がこの期間に集中してパンタナールを訪れる。この時代には11～1月が完全な禁漁月であったため，この期間の入漁者数はゼロになっている。このような入漁者数の月別変化

表7-1　漁場(水系)別にみたスポーツフィッシング客数の経年変化(1994〜1998年)

主要な漁場	スポーツフィッシング客数(人)					釣り客数('98)構成比	釣り客数('95〜'98)増加率
	5/'94〜4/'95	1995	1996	1997	1998		
パラグアイ川	＊	21,627	23,595	30,336	28,892	50.9	33.6
ミランダ川	＊	12,159	18,339	17,890	18,901	33.3	55.4
タクアリ川	＊	2,996	2,213	2,131	2,454	4.3	-18.1
アキダウアナ川	＊	2,919	3,774	2,719	2,574	4.6	-11.8
クイアバ川	＊	814	511	762	223	0.4	-72.6
その他	＊	1,667	2,006	2,222	2,419	4.3	45.1
不明	＊	1,739	1,123	1,112	1,250	2.2	-28.1
合計	46,161	43,921	51,561	57,172	56,713	100.0	29.1

＊：不明　　　　　　　　　　　　　　　　(Catella et al. 2001 ほかの資料をもとに作成)

表7-2　発地別にみたスポーツフィッシング客数(1998年)

発地(州名)	釣り客数	割合
サンパウロ	38,441	67.8
パラナ	7,678	13.5
ミナスジェライス	4,991	8.8
サンタカタリーナ	1,664	2.9
マットグロッソドスル	1,341	2.4
リオグランデドスル	666	1.2
ゴヤス	523	0.9
リオデジャネイロ	515	0.9
その他	473	0.8
不明	421	0.7
計	56,713	100.0

(Catella et al. 2001 をもとに作成)

に比例して，漁獲量も雨季には少なく乾季には急増するという顕著な季節変化が認められる。

表7-1は，1994〜1998年までのスポーツフィッシング客数の経年変化を，主要な漁場(水系)別にみたものである。1998年にはパラグアイ川が50.9％，ミランダ川が33.3％で，この2つの河川の水系がスポーツフィッシングの拠点となっていることがわかる。その他の水系に入り込むスポーツフィッシング客はわずかで，1995年に比べて釣り客数も減少をみせている。ちなみに，1998年のスポーツフィッシング客による漁獲量を水系別にみると，パラグアイ川が56.2％，ミランダ川が28.0％で，やはりこの2水系における漁獲量が全体の8割以上を占めていることがわかる。

表7-2は，1998年の発地州別にみたスポーツフィッシング客数である。これによると，スポーツフィッシング客全体の9割を，サンパウロ州，パラナ州，ミナスジェライス州の上位3州で占めており，とりわけサンパウロ州からの入

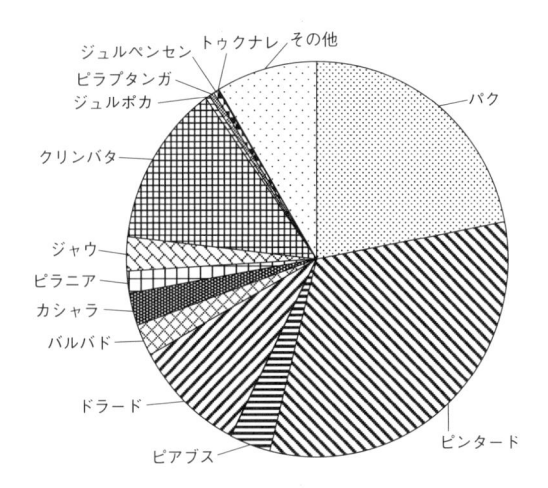

図7-5 1984〜1998年の総漁獲量に占める魚種別構成
(Catella *et al*. 2001 をもとに作成)

漁客が38,441人と全体の67.8％にも達している。マットグロッソドスル州内からの釣り客はわずか2.4％に過ぎず，南パンタナールはまさにサンパウロ州住民の釣り場といった様相を呈している。

1984〜1998年の総漁獲量に占める魚種別構成をみると，第1位がピンタード(pintado)で全体の32％，第2位がパク(pacu)で22％，第3位がクリンバタ(curimbata)で13％，第4位がドラード(dourado)で10％，第5位がピアブス(piavucu)・バルバド(barbado)，カシャラ(cachara)・ジャウ(jau)でそれぞれ3％の順となっており，上位4魚種で漁獲量全体の77％にも達する(図7-5)。このことは，特定の魚種が魚釣りの主要な対象であることを示しており，その種の水産資源の枯渇が危惧されている。マットグロッソドスル州漁業管理システム(SCPESCA/MS, Sistema de Controle de Pesca de Mato Grosso do Sul)の収集データに基づく1998年の水産資源分析によると，とくにパクの乱獲(過剰捕獲)が深刻な状態であり，すでにその漁獲量は持続可能な最大漁獲量の約2倍に達しているという(Catella *et al*. 2001)。また，パクとともにジャウも乱獲の兆候がみられると指摘されている。なお，マットグロッソドスル州で捕獲された魚の70％は同州内，22％はサンパウロ州へ流通しており，これら2州で全体の92％にも達する。

表7-3 釣り人の属性別にみた一釣りあたり漁業従事日数，漁獲量，および1日あたり漁獲量の月別平均値(1998年)

月	一釣りあたり漁業従事日数		一釣りあたり漁獲量(kg/人)		一日あたり漁獲量(kg/人)	
	プロ漁師	スポーツフィッシング客	プロ漁師	スポーツフィッシング客	プロ漁師	スポーツフィッシング客
2	6	5	55.5	21.16	9.25	4.60
3	5	5	93.66	20.66	22.50	4.06
4	6	5	63.5	19.90	6.35	4.25
5	7	5	73	22.50	12.01	4.25
6	9	5	102.32	21.50	11.00	4.79
7	8	5	97.75	22.50	13.49	4.33
8	9	5	94.25	23.25	14.15	4.60
9	6	5	81.81	22.16	12.40	4.21
10	5.5	5	96.66	20.83	17.72	4.08

(Catella *et al.* 2001 をもとに作成)

表7-3は，釣り人の属性別にみた一釣りあたり漁業従事日数NDP(Número de Dias de Pesca)，一釣りあたり漁獲量CAPPVG(Quantidade de Pescado Capturado por Pescador, por Viagem de Pesca)および1日あたり漁獲量CAPPD(Quantidade de Pescado Capturado por Pescador, por Dia de Pescaria)の月別平均値を示したものである。スポーツフィッシング客の一釣りあたりの釣り日数は5日で，季節的な変化は見られない。これに対し，プロ漁師の釣り日数は平均5～9日とスポーツフィッシング客よりも長い。また，季節的にも乾季の6～8月は長く，雨季には短いといった釣り日数の変化が認められる。これはプロ漁師の場合，個人あるいはグループで遠方まで釣りに出掛け，釣り場は季節やその時の水の状況にあわせて適宜選択するためである。また，一釣りあたり，あるいは1日あたりの漁獲量は，ともにプロ漁師の方がスポーツフィッシング客よりも格段に多く，前者は最大で4.8倍(6月)，後者は最大で5.5倍(2月)の値を示している。

III スポーツフィッシングの発展にともなう諸問題と法規制

1. スポーツフィッシングの発展にともなう諸問題
1) さまざまな自然環境破壊と伝統的社会への影響
1990年代に急速な発展を遂げたマットグロッソドスル州のスポーツフィッ

シングを中心とするエコツーリズムは，パンタナールの湿地生態系に多様かつ深刻な影響を及ぼす結果となった。北パンタナールのパンタナール縦断道路(Transpantaneira)同様，南パンタナールでもエコツーリズム客を湿原内部へと誘導するための道路整備が，米州開発銀行(BID)や国際協力銀行(JBIC)の出資により実現した「パンタナール計画(Programa Pantanal)」のもとで進められた。国道262号線沿いのブラコダスピラーニャス(Buraco das Piranhas)から分岐・北上して，パンタナール湿原を横切りコルンバ市へ至る公園道路(Estrada Parque)はその代表であり，沿線には多数のエコロッジやホテルが建設された。その結果，第6章で詳述したように，多数のスポーツフィッシング客やバックパッカーと呼ばれる若者たちが，ブラジル国内はもとより世界各地からここに集結するようになった。

　湿原内部を貫通する大規模な道路建設とその永続的な補修工事は，道路沿線の植生破壊や道路脇の掘鑿と道路面の盛土などの地形改変を通じて，甚大な自然環境破壊の主要因となっている。雨季には頻繁に水没して通行不可能となり，乾季には路面が凸凹だらけでスピードが出せなかったかつての細い道路は，2000年代には道幅も広く平坦で，年間を通じて高速走行が可能な自動車道路へと姿を変えることになった。こうしたエコツーリズム発展のためのインフラ整備は，水辺に生息するさまざまな野生動物の生息環境を破壊すると同時に，昼夜を問わず高速で走行する自動車が，カピバラやオオアリクイ，タテガミオオカミ，ワニ，ヘビなどのさまざまな野生動物を轢死させている(Fischer 1997)。

　また，観光客によるタバコの火の不始末が，毎年大規模な野火(fogo)を引き起こして野生動物の生存を脅かしている[2]。乾季の乾燥した植生にひとたび火が付くと，激しく燃え上がって延焼を続け，消火活動が困難な湿原内では雨が降って自然鎮火するまで放置せざるを得ない(写真7-3，口絵⑧)。こうして真っ黒に焼け焦げた広大な大地からは，大量の木灰が雨水により河川に流出して，デクアーダ(dequada)と呼ばれる水中の酸素不足に起因する魚の大量死を

---

2) 野火にはタバコなどの火の不始末によるもののほかに，落雷などの自然現象に由来するもの，牧場主が良質な牧草を確保するために草地に火入れを行ったものが延焼してしまったものなどがある。

写真7-3　野火で延焼する森林(2005年)

引き起こす[3]。

　さらに，環境保全や水産資源保護に対する理解や認識が低いアマチュアの釣り客の急増は，釣り糸や釣り針などの漁具の不法投棄，ゴミの放置・散乱，小魚まで含めた水産資源(成魚・生き餌)の違法乱獲，水質汚染(ボートの燃料や雑排水の流出)，外来種の放流による生態系の攪乱[4]，釣りポイントをめぐるプロ漁師との漁場の争奪戦など，釣りに起因するさまざまな問題を引き起こしている。加えて，都会から訪れるスポーツフィッシング客の多くは，自家用車に釣り期間(一釣り)分の食料や飲み物，中には自家用ボートや燃料，テントまで積み込んでやって来るため，パンタナールの環境・水産資源をただ搾取するだけで地元にはほとんどお金を落とさないとの批判も強い。さらに，昼間から酒を飲み酔って大声で悪ふざけをしたり，漁場をめぐりプロの漁師とトラブルを起こしたりするなど，アマチュアの釣り客のマナーの悪さやスポーツフィッシングの弊害を指摘する漁師たちも多い。

---

[3] デクアーダは，雨季の浸水による植物の腐植により，水中の酸素が不足して発生するともいわれている。
[4] アマゾン水系の外来種であるトゥクナレが，1980年代にパンタナールに持ち込まれた結果，現在ではパンタナールの奥地でも各地でトゥクナレが釣れる。

2) プロ漁師の生業変化と漁場の荒廃

スポーツフィッシング客が引き起こす直接的な諸問題とともに，プロ漁師の生業変化に起因する伝統的な漁業の衰退が，地域社会（伝統的漁村）やパンタナールの湿地生態系に及ぼす影響は甚大である。すなわち，1990年代の急速なスポーツフィッシングの進展とともに，それまで生活手段として魚を捕ってきたプロ漁師の多くが，観光業に飲み込まれるかたちで魚釣りを止め，アマチュアの釣り客が使う生き餌（稚魚）捕獲漁師や，彼らをボートでポイントまで案内する釣りガイドへと転身した。その結果，それまで湿地生態系の保全や漁場の維持・管理を行ってきたプロ漁師の激減と伝統的な漁村の崩壊を通じて，漁場の荒廃や水産資源の減少といった問題が顕在化するようになった。

2. 水産資源保護をめぐる諸政策と法規制の強化
1) 水産資源保護をめぐる組織と政策

1990年代，スポーツフィッシングの急速な発展を背景に顕在化した深刻な諸問題に対処するため，さまざまな政策や法規制の強化が実施されてきた。水産資源保護政策の基本となる魚群の生態や個体数などの情報を収集するために，マットグロッソドスル連邦大学やCESUP(Centoro de Ensino Superior de Campo Grande, カンポグランデ高等教育センター)，パンタナール・ブラジル農牧業研究公社(EMBRAPA-CPAP)などが協力して調査・研究が進められてきた。1994年には，マットグロッソドスル州環境特別局(SEMA, Secretaria de Estado de Meio Ambiente-MS)，マットグロッソドスル州森林警察(Policia Florestal de MS)，パンタナール・ブラジル農牧業研究公社が連携して，世界銀行の資金をもとにマットグロッソドスル州漁業管理システム(SCPESCA/MS, Sistema de Controle de Pesca de Mato Grosso do Sul)を導入し，パンタナールの漁業政策に役立つ魚相や水産資源に関する組織的な情報収集が進められるようになった。また，2000年には州政府やマットグロッソドスル州環境局，ブラジル環境・再生可能天然資源院(IBAMA, Instituto Brasileiro do Meio Ambiente e Recursos Naturais Renováveis)，パンタナール環境協会(IMAP, Instituto de Meio Ambiente Pantanal)などの16機関が集まって，マットグロッソドスル州漁業審議会(COMPESCA, Conselho Estadual de Pesca do Estado do MS)を立ち上げ，漁獲量制限などの政策立案を行うようになった。

　科学的な情報収集や政策立案とともに，法律による具体的な漁業規制も年とともに強化されてきた。ブラジルでは1988年憲法において，「環境は国民の共有財産であり，国家・国民は現在および将来にわたって環境を保全する義務がある」と謳い，環境保全に対する積極的な姿勢を示した。また，1998年2月には「環境犯罪法(Lei de crimes ambientais)」という画期的な連邦法(法令第9,605号)が制定され，環境犯罪についてはその第5章で規定されている。この法律は，動物虐待や植生破壊，汚染などの環境犯罪に対して国家が刑事罰を科す厳格な刑法で，禁固刑や罰金をともなう厳しい刑罰規定が盛り込まれている。このうち，漁業に関わる条項は第34条～第37条に明記されており，禁漁期や禁漁区で釣りを行った者には1～3年の禁固刑と罰金(第34条)，爆発物や有毒物質などを用いた漁を行った者には1～5年の禁固刑が科される(第35条)と規定している。さらに連邦法でも，1999年の行政法(法令3,179号)では，違反者に対して700～100,000レアルの罰金に加え，違法に取得した魚1kgあたり10レアルの追徴金と，すべての漁獲物や釣り道具，船，自動車の差し押さえが規定されている。

　このような連邦法とともに，マットグロッソドスル州でも独自にその水産資源の持続的開発と保全を実現するための法令が制定されている(Fabichak 1978)。すなわち，1990年に制定された州法5,646号は「水産資源の持続的開発と保全を実現するための法令」で，マットグロッソドスル州における水産資源の持続的開発を実現するための管理規定が細かく定められている。この法令は，その後条文の改訂などを繰り返しながら，同州における水産資源管理の基本法としての役割を果たしてきた。なお，法令の内容審議や運用実務はマットグロッソドスル州環境・文化・観光局(SEMACT, Secretária de Estado de Meio Ambiente, Cultura e Turismo-MS)とパンタナール環境協会が，法令違反の取り締まりや摘発は環境軍警察(Polícia Militar Ambiental)があたっている。そこで，次に水産資源の持続的開発と保全を実現するための州法令の内容を具体的に検討する。

2) 水産資源の持続的開発と保全を実現するための州法令

　マットグロッソドスル州の法令では，まず魚釣りの形態を，プロ漁師の魚釣

第7章　スポーツフィッシングの進展と漁村の変貌

表7-4　マットグロッソドスル州における「水産資源の持続的開発と保全を実現するための法令(5,646号)」の諸規定

主な規定とその内容		入漁証の取得義務	「スポーツフィッシングのための環境許可証」の購入義務
	＊	使用可能な漁具規定	網，もり，やな，鉤，爆発物，有毒物などの使用禁止規定
		漁獲割当量規定	捕獲可能な最大漁獲量を規定
	＊	漁獲サイズ規定	魚種別に捕獲可能な最小漁獲サイズを規定
	＊	禁漁期規定	魚が産卵するピラセマ期(11〜2月)は自給用を除き禁漁とする
	＊	漁場規定	恒常的禁漁区，キャッチ&リリース指定区，禁漁期の延長区を設定
	＊	輸送・販売規定	産地証明証，入漁証，漁獲物コントロールガイドなどの携帯義務
	＊	罰則規定	違反者に対する罰金，装備差し押さえ，業務停止，禁錮刑などの規定

＊プロ漁師およびスポーツフィッシング客の双方に適用される法令

(SEMACT 資料より作成)

り，アマチュアの魚釣り，科学的な魚釣りの3つに大別・定義したうえで，それぞれの禁止事項や罰則規定を細かく定めている。水産資源を保全する観点からとくに重要なのが，(1)漁業資格の認定(登録や入漁証購入の義務)，(2)使用可能な漁具規定，(3)漁獲割当量規定，(4)魚種別漁獲サイズ規定，(5)禁漁期(ピラセマ期)規定，(6)漁場規定，(7)輸送・販売規定，そして(8)これらの違反者に対する罰則規定である(表7-4)。ここではプロの漁師とアマチュアの魚釣り(スポーツフィッシング)を事例に，その規定の詳細を次に説明する。

(1)漁業資格の認定：すでに述べたように，パンタナールで魚を捕るプロの漁師は「商業的な釣りのための環境許可証(連邦用もしくは州用)」，アマチュアのスポーツフィッシング客は「スポーツフィッシングのための環境許可証」を取得・携帯しなければならない。

(2)漁具規定：魚釣りに際しては，手釣りの糸(てぐす)，釣り竿(リール付きも可)，生き餌または疑似餌の釣り針(ルアー)は使用できるが，網(rede)，投網(tarrafa)，鉤(gancho)，やす(fisga)，もり(arpão)，矢(flecha)，やな(pari)，囲い(cercado)，爆発物，有毒物，電気・光・音，棒(殴打用)などを用いた漁は禁止されている。また，船釣りの場合には，エンジンをかけたままのボートでの釣りも禁止されている。

プロの漁師が魚釣りに使う生き餌を捕獲する場合には，釣り針か，最大2.2m×1.2mの寸法の捕獲網を利用し，水中の植生を除去したり移動させた

りしてはならない．さらに，捕獲した生き餌は十分な水を入れたタンクや生け簀(viveiros)に入れて管理しなければならない(州法1,910号，1998年)．

(3)漁獲割当量規定：プロの漁師は除き，アマチュアの釣り客には釣り上げて持ち帰れる漁獲割当量(cota)が定められており，その重量や個体数を超える魚は川に戻さねばならない．一釣り(por viagem,一回の釣り旅行)あたりの漁獲割当量は，1999年までは30 kg(魚の総重量) + 1標本(30 kgの総重量には含めずに，大物などの好きな1個体)であった．しかし，2000年には25 kg + 1標本，2001年には15 kg + 1標本，2002年には12 kg + 1標本，2003年には10 kg + 1標本，2004年には5 kg + 1標本と，年とともに漁獲割当量は漸次削減され，2006年にはついに標本2匹(その内訳は，鱗のないピンタードやジャウなどのナマズ類Peixe de couroと，ドラードやクリンバタなどの鱗のある魚Peixe de escamasが各1匹) + ピラニア5匹だけとなった．このような厳しい漁獲割当量規制の実施により，スポーツフィッシング客が規制の緩い他地域に流出したこともあり，2007年には再び10 kg + 1標本 + ピラニア5匹に改訂された．

(4)魚種別漁獲サイズ規定：捕獲して持ち帰れる魚の大きさに関して，プロとアマチュアの双方に対して魚種別に細かな規定が設けられている(1990年の州法5,646号，2000年の州法9,768号)．表7-5は，釣り上げて持ち帰れる成魚の最小サイズを，マットグロッソドスル州(南パンタナール)について魚種別にまとめたものである．規制の対象となる魚種とその最小サイズは，年次や州により異なるため注意が必要である．マットグロッソドスル州の場合，9種類の魚について捕獲可能な最小サイズが定められており，それを下回る規格外の魚を釣り上げた時は，個体を痛めないように注意深く針を外し川に戻さなければならない．釣り用のボートの座席には，魚の大きさを瞬時に測れるように大きな物さしのシールが貼り付けられている．規格外の魚を捕獲・輸送した場合には，後述する罰則の対象となるため，注意深い計測が必要である．

魚種別の捕獲可能な最小サイズの規定は，成魚だけではなく釣り客が使う生き餌に対しても設けられている．マットグロッソドスル州の場合には，生き餌となる9種類の魚種について最小サイズが1998年の州法1,910号で定められている(表7-6)．ただし，生き餌は小さくて計測が難しいため，全体の15 %までは規格外であっても許容すると明記されている．ちなみに，生き餌を捕獲で

表7-5 マットグロッソドスル州における成魚の最小漁獲サイズ規制(2000・2006年)

俗 名 (nome vulgar)	学 名 (nome científico)	最小漁獲サイズ(cm)	
		2000年	2006年
ジャウ	Paulicea luetkeni	95	95
ピンタード	Pseudoplatystoma corruscans	80	85
カシャラ	Pseudoplatystoma fasciatum	80	80
ドラード	Salminus maxillosus	60	65
パク	Piractus mesopotamicus	45	45
クリンバタ	Prochilodus lineatus	38	38
ピアブス	Leporinus macrocephalus	38	38
バルバド	Pinirampus pirinampu	60	60
ピラプタンガ	Brycon Microlepis	30	30

(マットグロッソドスル州法令ほかをもとに作成)

表7-6 マットグロッソドスル州における生き餌の最小漁獲サイズ規制(1998年)

魚種名	学 名	最小漁獲サイズ(cm)
トゥビラ	Gimnotus carapo	15
ジェジュン	Hoplerythrynus unitaeniatus	10
ムスン	Symbranchus vulgaris	10
カスクディーニョ	Brochis spp.	10
カンボタ	Callychthys callychthys	20
チンボレ	Leporinus spp.	12
クリンバタ	Prochilodus lineatus	12
カランゲージョ	Dilocarcinus paguei paguei	2
カラムージョ	Pomacea spp.	2
ランバリ	Astyanax spp.	3

(マットグロッソドスル州法令ほかをもとに作成)

きるのはプロの漁師に限られているため,この法令はプロの漁師を対象とした規制といえる。

(5)禁漁期(ピラセマ期)規定:プロとアマチュアの双方の釣りに対して,ピラセマ(Piracema)期と呼ばれる全面禁漁期間が設定されている。この期間に許されるのは,住民による自給的な釣り(3kg/日・人)のみである。ピラセマとはインディオの言葉で,雨季になり川の水位が上がると,魚が産卵のために湿原から川の水源域へと群れ(cardume)をなして一斉に遡上する生態現象を指す。住民の話では魚の遡上には順番があり,通常,クリンバタ,ピアブス・パク,ドラード,ピンタード・ジャウ,その他の魚の順に群れをなして上流域を

目指すという。毎年，ピラセマが発生する11月1日～2月末日にかけて，マットグロッソドスル州内の河川は全面的な禁漁期間となり，魚の繁殖活動が守られる。とくに魚の産卵場所となる河川の水源域に位置する水産資源保護区（Area de Reserva de Pesca）では，ピラセマの禁漁期間がさらに3月15日まで延長される。ピラセマの考え方は1985年頃からあったが，それが州により禁漁期間として最初に法令化されたのは1988年のことであった。

　このピラセマ期の禁漁規制は，生活の糧を漁労に依存しているプロの漁師にとっては死活問題となる。そこで行政は，ピラセマの禁漁期間(4カ月間)を対象に，国が審査・支給する失業保険あるいは州が審査・支給するセスタバシカ（cesta basica，生活必需品）のいずれかの失業補償が全員に行き渡るように対応している。失業保険は，毎月1最低賃金(2003年12月現在で240レアル)が支給される。受給者になるための条件は，プロの漁師で漁業以外に仕事がなく，それまで3年間(2003年からは1年間に変更)漁業に従事しており，税金(INSS)をきちんと納付していることである。州が支給するセスタバシカは，失業保険を受給できないSEMACTに登録されているプロの漁師全員に支給される。

　(6)漁場規定：プロとアマチュアの双方の釣りに対して，パンタナールには魚釣りが禁じられている恒常的な水産資源保護区がある。具体的には，ダム（barragens）や堰の上流側（montante）と下流側（jusante）のそれぞれ200ｍの範囲，早瀬（corredeiras），滝（cachoeiras），魚道（escadas de peixes），湖への流入口などである。また，ネグロ（Negro）川の一部やペルディド（Perdido）川，アボブラル（Abobral）川，ヴェルメーリョ（Vermelho）川では，釣り上げた魚をすべて川に戻さなければならないキャッチ＆リリース方式（sistema pesque

---

5) セスタバシカの内容と2002年におけるその平均的な市場価格は次のようである。米10kg（17レアル），フェジョン豆4kg（6レアル），食用油4ℓ（8.8レアル），砂糖5kg（5レアル），マテ茶2箱（2レアル），イワシの缶詰4缶（6レアル），ゴイアバ菓子1袋250g（1.7レアル），フバ1kg（0.6レアル）の8種類が箱詰めにされており，総額は47.1レアルとなる。

6) 2000～2001年は両方受給できたが，2002年からはどちらか一つだけの受給となった。失業保険の方がセスタバシカよりも実質的な受給額が約5倍と大きい。しかし，国からの支給が遅れると，食料も買えない死活状態に直面するという。

7) 2003年のミランダ漁業組合での調査では，プロの漁師535人の内，約350以上が失業保険の受給者となっており，残りの約200人がセスタバシカを受け取ることになっていた。

e solte)の魚釣りしか認められていない。キャッチ&リリース方式の漁場規制は，その効果に対する漁師らの根強い批判や疑問があるものの，行政側では規制地域の拡大に向けた検討が進められている。さらに，ミランダ郡のサロブラ(Salobra)川とアズル(Azul)水路，ボニート郡のプラタ(Prata)川とフォルモゾ(Formoso)川では，科学的な釣りを除いていかなる魚釣りも禁止されており，船も4サイクルで15馬力までの小型ボートしか航行できない。

また，禁漁となるピラセマ期が通常の2月末ではなく，3月15日まで延長される水産資源保護区もある。それらは，タクアリ(Taquari)川流域ではコシン市の古い橋(Ponte Velha)より上流域，アキダウアナ(Aquidauana)川流域ではアキダウアナ市とアナスタシオ市を結ぶ古い橋より上流域，ミランダ(Miranda)川流域ではボドケーナ市への入口となるミランダ市の古い橋より上流域と規定されている。

(7) **漁獲物の輸送・販売規定**：プロとアマチュアの双方の釣り人が魚を輸送する場合には，州内21カ所に設置された環境軍警察の検査所において，必ず魚の重さや魚種別サイズの検査を受けなければならない。そして，法令違反がない場合には，魚がその場で封印梱包され，釣り人の名前や登録番号，アマチュアの場合には行き先や移動手段(自家用車・バス・飛行機・電車・その他)，魚を釣った場所や日時，輸送する魚の内訳などを細かく記した「漁獲物コントロールガイド(Guia de Controle de Pescado)」が交付される。釣り人は入漁資格である「環境許可証」とともに，この「漁獲物コントロールガイド」を携帯のうえ移動しなければならない。なお，検査所に持ち込まれる魚は，頭を切り落とす，皮を剥ぐ，切り身にするなど，その特徴が改変されたり禁止されている道具での捕獲が証明されるものであってはならない。

プロの漁師は，他の市や州に出かけて漁ができるが，釣った魚は現地で販売し，魚を他の市や州へ輸送することはできない。商業あるいは工業(加工)用に他州で捕獲された魚や養殖魚を輸送するためには，運搬者の身分証明証，「漁獲物コントロールガイド」，魚の産地(origem)を示す証明書(税務伝票nota fiscal，輸入通知書guia de importação，生産伝票nota do produtorなど)の携帯が義務づけられている。さらに，成魚ではなく生き餌の輸送には，IBAMAとSEMACTの許可が必要である(州法1,910号，1998年)。

(8)違反者に対する罰則規定：違反者に対しては，既述した連邦法（刑法や行政法）の厳しい罰則規定に加え，マットグロッソドスル州の州法も細かな罰則規定を設けている。すなわち，法令違反者に対する罰金は 100～10,000 UFERMS（10,000 UFERMS は約 40 万円に相当）で，罰金のほかに漁獲物や釣り道具，装備一式（自動車やボートなど）は差し押さえとなる（州法 1,826号，1998 年）。また，プロの漁師や法人の場合は業務停止処分となる。さらに略奪漁やそれに由来する魚の輸送・保管・受益に対しては，禁固ならびに罰金の刑事処分や民事処分（損害賠償）といった厳しい罰則規定が設けられている。

Ⅳ スポーツフィッシングの発展と漁村の変貌
──ミランダ市リベリーニャ地区の事例を中心に──

　ここでは，南パンタナールの中でもとくにプロの漁師数とその漁獲量が多い，ミランダ川水系の中心的な漁業集落の一つであるミランダ市リベリーニャ地区を事例に[8]，スポーツフィッシングの発展にともなう伝統的な漁村の変貌について実証的に明らかにする。

1. 漁業集落の景観とプロ漁師の形態別分布

　図 7-6 は，2004 年のミランダ市リベリーニャ地区におけるプロ漁師の形態別分布を示したものである。合計 27 戸あるプロ漁師の家は，全体の 74％にあたる 20 戸がミランダ川左岸の橋のたもとに集積しており，残りの 7 戸（26％）は右岸の川沿いに広範囲に分散立地している。右岸には漁師の家のほかに釣り

---

[8] ミランダ漁業協同組合での聞き取り（2003 年 12 月）によると，ミランダ市の総漁師数は 1,150 人で，このうち 480 人は登録されていないという。登録されている 670 人のうち，535 人は連邦と州の両方の環境許可証（漁業免許）をもつ正規のプロ漁師で，SEMACT の漁師台帳（Pescadores Profissionais Cadastrados na SEMA/IMAP）にも登録されているが，135 人は連邦の許可証しか持っていないという。ミランダ市には，リベリーニャ地区のほかに，ブレジーニョ（Brejinho）地区，サロブラ（Salobra）地区，パッソドロントラ（Passo do lontra）地区などのプロ漁師の集積地区がある。これらの漁業集落は，いずれもスポーツフィッシング客などが車で通過する国道 262 号線沿いに立地しており，プロ漁師の中でも「生き餌捕獲」漁師が多く生活している。とくに市街地に近いアリス集落（Vila Alice）では「生き餌捕獲」漁師が多い。サロブラ地区では，漁師 58 人中 30 人が「魚釣り」中心の漁師，20 人が「生き餌捕獲」中心の漁師，8 人が「釣りガイド」漁師とのことであった。

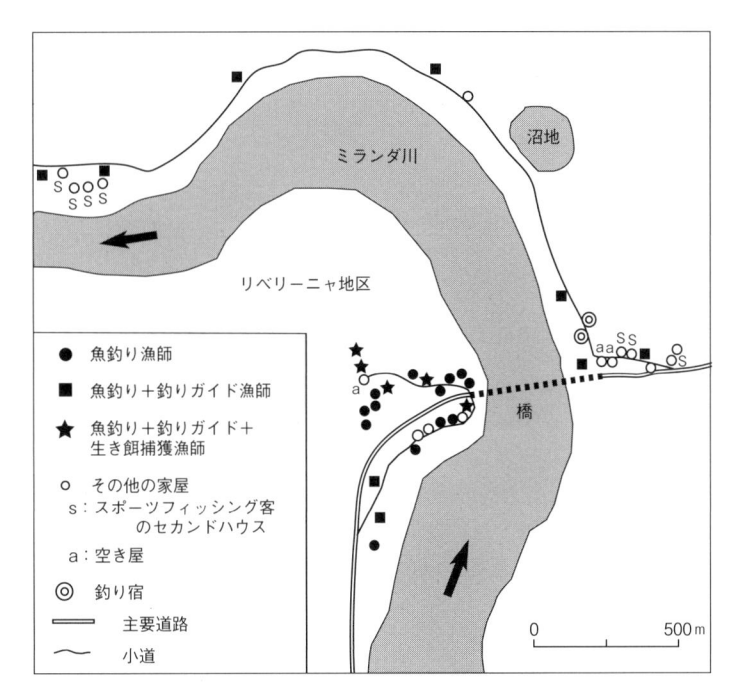

図7-6 ミランダ市リベリーニャ地区におけるプロ漁師の形態別分布(2004年)
(現地調査により作成)

宿や釣り客が所有するセカンドハウスが7戸あるが，8月の釣りシーズン中にもかかわらず閑散としていた。また，あちこちに空き家も認められた。

プロ漁師の家は，全体の85％にあたる23戸がミランダ川に架かる橋の袂に集中しており，川を挟んで一つの漁業集落が形成されている。橋の下のミランダ川には，プロ漁師が所有する小型ボートや木製のシャラナ(chalana)と呼ばれる釣り船が数多く係留されている(写真7-4)。一般に，シャラナの船内には吊り上げ式のベッドや釣った魚を入れるフリーザー，そして船尾には洗面所が装備されている(写真7-4)。また，日差しを避ける屋根の上には，釣りに使う竹竿が数多く並べられている。彼らは船内で寝泊まりしながら，川で何日も漁を行う。

リベリーニャの漁業集落はミランダ川沿いの低湿地にあり，家屋は道に沿って比較的まとまって建設されている。漁師の家はその多くが粗末な高床式の木

写真7-4　ミランダ川に係留されたシャラーナ（上）とその内部（下，2004年）

造家屋で，雨水をためるタンクなども設置されている（写真7-5）。生活排水などはすべて垂れ流しで，下水処理は行われていない。そのため，蚊が大量に発生して衛生状態の悪さは深刻である。

　プロ漁師の分布を形態別に考察すると，全27戸の約半数に当たる13戸（48％）が「魚釣り」漁師で，残りの9戸（33％）が「魚釣り＋釣りガイド」漁師，5戸（19％）が「魚釣り＋釣りガイド＋生き餌捕獲」漁師である（図7-6）。漁師本来の姿である魚釣りを生業とする「魚釣り」漁師は，すべてミランダ川左岸の漁業集落に居住しており，右岸には一人も見られない。同様に，経営が多角的な「魚釣り＋釣りガイド＋生き餌捕獲」漁師も，その数は少ないものの，すべ

第7章　スポーツフィッシングの進展と漁村の変貌

写真7-5　リベリーニャ地区における漁師の高床式木造家屋（2004年）

て左岸にある漁業集落の居住者である。これに対し，ミランダ川の右岸に生活するプロ漁師は，全員が「魚釣り＋釣りガイド」漁師で，スポーツフィッシングに関わる者が多い。右岸には釣り宿や釣り客のセカンドハウスもあり，観光客に販売する土産物を作っている家もある。ここでは，川を挟んでその両側で，漁師やその他の住民の生活形態に顕著な差異が認められる。

　このようなプロ漁師の分化は，とりわけ1992年頃より順調に増加を続けたスポーツフィッシング客の入り込みに対応したもので，その活況ぶりは1999年頃まで続いた。この期間に伝統的な「魚釣り」漁師の多くが，より高い収入が得られる「釣りガイド」漁師や，釣り客用の餌をとる「生き餌捕獲」漁師に転身した。しかし，その状況は2000年以降に大きく変化した。ミランダ漁業協同組合での聞き取りによれば，本地域における1990年代初め頃のスポーツフィッシング客数を100とすれば，1999年には80，2002年頃には20，2003年には10程度の釣り客しか流入しておらず，その衰退ぶりは急速かつ顕著だという。それにともない，プロ漁師の経営形態にも再び変化が生じている[9]。

　表7-7は，2003年現在のミランダ市における類型別プロ漁師数である。これによると，全体の約6割にあたる308人が専業型の「魚釣り」漁師で，専業

---

[9]　南パンタナールのスポーツフィッシング客は，1999年の5.9万人を最高にその後急速に減少を続け，2000年には4.3万人，2001年には3.5万人，そして2002年には3万人となった（Catella 2003）。

表7-7　ミランダ市における類型別プロ漁師数(2003年)

類型		プロ漁師数(人)					
		男	(%)	女	(%)	計	(%)
専業型	P型	219	54	89	70	308	58
	E型	60	15	22	17	82	15
	G型	1	0	0	0	1	0
複合型	P+G型 [1]	84	21	1	1	85	16
	P+E型 [2]	23	6	8	6	31	6
	P+E+G型	0	0	1	1	1	0
不明		21	5	6	5	27	5
計		408	100	127	100	535	100

P：魚釣り漁師　E：生き餌捕獲漁師　G：釣りガイド漁師
1) 85漁師中，Pが主 (PG型) が84で，GP型は1のみ
2) 31漁師中，Pが主 (PE型) が25で，EP型は6のみ

(漁家台帳をもとに聞き取りにより作成)

型の「生き餌捕獲」漁師(82人)や専業型の「釣りガイド」漁師(1人)を大きく上回っており，急速に漁師の本来の姿に戻りつつあることを裏付けている。複合型のプロ漁師は全体の22％にあたる117人と少なく，そのうち最も数が多い「魚釣り＋釣りガイド」漁師の85人についてみても，そのほとんどは魚釣りが中心で釣りガイドへの依存はわずかである。「魚釣り＋生き餌捕獲」漁師はわずか31人と少ないが，この形態でもやはり魚釣りが中心で生き餌捕獲に依存する者は多くない。

2. プロ漁師の漁労活動
1)「魚釣り」漁師の実態

　スポーツフィッシングが発展する1990年以前には，プロの漁師といえば販売用の魚を捕獲する「魚釣り」漁師を指した。彼らの漁労は，陸釣りと小型ボートやシャラーナを利用する船釣りの2つに大別できる。陸釣りの代表的な漁法は，釣り糸(テグス)を手で操るだけのペスカ・デ・リニャダ・デ・マン(pesca de linhada de mão)で，舟を持てない河畔に住む貧しい漁師が頻用する漁法である(写真7-6上)。また，河畔の木や川中に伸びた倒木の枝や幹に釣り糸を括り付け，魚がかかるのを待つアンゾル・デ・ガリョ(Anzol de galho)と呼ばれる漁法もある。

第7章　スポーツフィッシングの進展と漁村の変貌　　　173

写真7-6　テグス釣り（上）と竿釣り（下, 2004年）

　竿釣りはペスカ・デ・バラ（pesca de vara）と呼ばれる（写真7-6下）。竿には竹竿やグラスファイバー製の竿にリールを付けたものがあるが，一般にプロ漁師は竹竿を使うことが多く，リール竿はスポーツフィッシング客が頻用する。竿釣りは，川岸や船の上からも行われる。小型ボートを利用する漁法に，ボイア（boia）と呼ばれるものがある。これは，釣り糸を括り付けたペットボトルを川に流して船で追尾するもので，魚が多い時期には一度に5個位，少ない時期には20個位を流すという。この漁は，通常2人の漁師がペアで行い，ペットボトルが普及する前は1ℓの油缶を使っていた。
　このようなプロ漁師の伝統的な漁法に対しても，水産資源保護の観点から規

制が強められており，多くの釣り糸やペットボトルなどを利用するアンゾル・デ・ガリョやボイアの漁法は禁止の通達がでて，プロ漁師からは厳しい反発の声が上がった。また，川を跨いで岸から岸へワイヤーを張り，そこに何本も釣り糸を垂らすエスピナン（espinão）という漁法や，ガラテイア（garatéia）と呼ばれる錨状に3本の掛かりが付いた釣り針を使った魚釣りなども禁じられている。

船で長期間にわたり広域的に行われる漁労もある。セドロ（cedro）の木で作られた長さ5.5mのカヌーに，5馬力の小さなエンジンを取り付けた船で漁に出ているプロ漁師の話では，3～6月半ば頃まではミランダ市よりも下流のミランダ川で，魚が遡上してくる6月半ば頃～11月まではラ・リマ（La Lima）インディオ居留区辺りまでのミランダ市より上流に位置するミランダ川の支流で魚釣りを行うという。11～2月のピラセマ期は休漁期間である。

魚釣りは，燃料や食料の節約とジャガーなどの危険に対する防御のために，通常2～3人が一緒に行う。1回の漁は10～12日間で，3人グループの場合，その基本的な食料装備は米が15kg，フェジョン豆が2kg，食用油が4ℓで，塩や砂糖，コーヒーなども持参する。また，蚊帳や虫除け薬[11]，燃料のディーゼル油100ℓも準備する。さらに釣り道具として，竹竿（一人あたり約20本），釣り糸，魚種により使い分けるさまざまな釣り針，ジェニパポ（jenipapo）やゴイアバ（goiaba），イチゴなどの果実から作った練り餌なども持参する。生き餌は基本的に現地で調達するが，あらかじめ湖沼や川で捕獲したカニなども持って行くという。

漁師が魚釣りを行うポイントはアカンパメント（acampamento）と呼ばれ，彼は全部で300地点ほど認識しているという。アカンパメントは先客がいなければ自由に使える。生き餌は昼の間に捕獲し，水を入れた穴に入れておく。魚釣りは1人約20本の釣り竿を仕掛けて待つ。魚が掛かったらすぐに釣り上げないと，ピラニアやワニに食べられてしまうので，夜は2～3時間毎に起き出

---

10) 木製カヌーの制作費は350～400レアル／艘である。毎年整備を行い，2～3年毎に修復しても，6年程度しか利用できないという。モーターは新品で約2,500レアル，中古で約1,000レアルである。通常，燃料を節約するために，下りは櫂でこぎ，上りだけモーターを使うという。

11) AUTAN社の液体の虫除け薬と髪油を同量ずつ混ぜ合わせて作ったもので，油が皮膚によく乗り薬の持続効果が高まると漁師は言っていた。

しては竿を見回るという。魚でもパクやピラニア，ピラプタンガ，ピアブス，ドラードは早朝から昼間によく釣れるが，ピンタードやジャウといった川底の魚は，暗くなり始めてから夜明けまでの夜間によく釣れるという。漁師は船の中や河畔に蚊帳を張って眠り，雨の時は蚊帳の外にテントを張って雨を防ぐ。

プロの漁師が漁期を通じて狙う魚は，おもにパクとピンタードである。パクは，水が濁っている時には生き餌のカニ(caranguejo)やムスン(muçum)，水が澄んでいる時には持参した果実の練り餌を使って釣る。1日あたりの釣果は，良い日で15～20匹，悪い日で2～3匹である。仮に30匹掛かったとしても，法令による最小サイズ規制をクリアーできるのはわずか5匹程度で，残りの25匹は規定のサイズよりも小さくて川に戻さねばならないという。しかし，出血して弱った魚は，川に戻してもすぐにピラニアの餌食となり，果たしてこの法令が水産資源保護にどれだけ有効なのかは疑問だとの声がよく聞かれた。

ピンタード釣りには，トゥビラ(tuvira)，ムスン，クリンバタ(curimbatá)，カスクディーニョ(cascudinho)，カンボティーニャ(cambotinha)といった生き餌がよく使われる。1日あたりの釣果は，良い日で10～12匹，悪い日はほとんど釣れないという。仮に30匹が掛かったとしても，最小サイズ規制をクリアーするのは18匹程度で，残りの12匹は規定サイズ外の小物だという。

このほかに，数は少ないもののジャウやドラードなども釣られている。ジャウはピンタードと同じ生き餌で釣るが，釣果の80～90％は規定サイズ外の小物である。近年ではほとんど釣れなくなり，規制強化が一段と進められているという。引きが強く魚体が美しいドラードは，スポーツフィッシング客の好みの魚であるが，ここの漁師はあまり狙わないという。早朝によく釣れ，昼間も掛かるが，夜は釣れない。掛かった魚の約30％は規格外の小物で川に戻すという。

2) 「生き餌捕獲」漁師の実態

2003年12月に聞き取りを行ったポンテデバナナ(Ponte de banana)と呼ばれるミランダ川に通じるコリッショで生き餌を捕獲するプロ漁師の話では[12]，彼ら

---

12) ポンテデバナナのほかに，ミランダ川水系ではモーロデアゼイテと呼ばれるコリッショでも，生き餌の捕獲が盛んに行われている。そこでも橋の下が漁師の作業場兼休憩所になっている。

写真7-7　橋の下で休息する「生き餌捕獲」漁師（上）と生け簀の穴（下，2002年）

は毎日朝6〜11時，昼休みを挟んで15〜23時頃まで，1日13時間も水に浸かりながら，法令で定められた大きさの網で小魚などを掬い取って生け簀に入れている。話を聞いた漁師は1986年から生き餌漁を始めており，現在1日約10〜15レアル（400〜600円）の収入を得ているという[13]。

　コリッショを横断する橋の下が彼らの休息場で，そこには自炊用の粗末な薪用の炉や，ピンガ（火酒）のビンが山積みになっていた（写真7-7）。休息場の横には捕獲した生き餌を入れておく生け簀用の穴が6つ掘られており，カスク

13）漁ができないピラセマ期の3カ月間は，最低賃金かセスタバシカを受給しつつ，荷運びや農夫，時計売りなどで生計を維持しているという。

表7-8 ミランダ市における生き餌の魚種別出荷・販売価格(2003・2004年)

(単位:レアル/12匹)

生き餌の種類	主な釣り対象魚種	事例漁師の出荷価格			事例仲買・販売業者の売値		
		A	B	C	D (生き餌店)	E (釣り宿)	F (生き餌店)
トゥビラ	ドラード, ピンタード	2.4	2.4	2.4	3〜5	6	8
ジェジュン	ドラード	2.4	2.4〜3.6	2.4	4	6	8
ムスン	パク, ピンタード	–	3.6〜6	–	6〜12	–	12〜18
カスクディーニョ	ピンタード	1.8	1.2	1.8	4	6	5
カンボティーニャ	ドラード, ピンタード	–	–	–	4	–	–
クリンバタ	ドラード, ピンタード	–	–	–	8	–	–
カランゲージョ	パク, ピアブス	3	1.5〜2.5	–	5〜12	8	8
ランバリ	ジュルポカ, ジュルペンセン	–	1.2〜3	1.2	3.5	4.5	4
ミニョコスー	–	–	–	–	–	20	15〜20

A・D・Eは2003年夏,B・C・Fは2004年夏の調査結果

(現地調査により作成)

ディーニョ,トゥビラ,ジェジュン,カランゲージョなどの生き餌が分けて入れられている。「生き餌捕獲」漁師たちは,魚をとる連邦・州用の環境許可証(漁業免許)は持っているが,捕った生き餌を釣り客に直接販売したり,それらを車で輸送するためのIBAMA・SEMACTが発行する許可証は取得していない。そのため,週に1回,魚の輸送許可証をもつ各地の生き餌販売業者が,ここまで生き餌を買い付けにやって来るという。彼らが取引している生き餌の仲買・販売業者(店舗)は8軒で,地域別ではカンポグランデが3軒,ミランダが4軒,コルンバが1軒である。

表7-8は,ミランダ市の漁師3人(A〜C)の生き餌仲買・販売業者への魚種別出荷価格と,市内の生き餌店や釣り宿3件(D〜F)でのそれらの販売価格をまとめたものである。これによると,生き餌の魚種や販売業者による若干の差異は認められるものの,漁師の出荷価格と店舗での販売価格との間には約2〜4倍の価格差が生じており,仲買・販売業者に生き餌を買い叩かれている漁師の弱い立場が見て取れる。

一般に,釣りのポイントをあちこち移動する魚釣りに比べて,水生植物の根元などに潜む小魚などを網で掬いとるだけの生き餌漁は,比較的家の近くで簡

単に行えるため、女性の従事者も意外と多いのが特徴である。しかし、とりわけ水中での夜間の生き餌捕りは、暗闇に潜むワニやアナコンダなどの大蛇、ピラニア、ジャガーなどの危険と常に隣り合わせの過酷な仕事でもある。道脇で出会った「生き餌捕獲」漁師の話では、彼らは夜間、胸まで浸かるほどの深い湿地に入り、昼間に捕っておいたシロアリを撒き餌に小魚を集め、二人で浮き草の下にそっと網を広げて掬い取るという。彼らは一晩に約200匹のトゥビラを捕獲し、1ダース（12匹）2～3レアルで仲買人に販売している。

3)「釣りガイド」漁師の実態

漁師がスポーツフィッシング客のガイドをするためには、海軍発行のモーター付き船舶の操縦免許、州観光局が発行するガイド免許、そして漁をするプロ漁師免許の3つを取得しなければならない。これらの資格を持つ「釣りガイド」漁師は、その雇用形態から大きく2つに分けられる。一つは、観光客を多く受け入れるホテルが知り合いのプロ漁師を日雇で雇用するもので、釣り舟、モーター、釣り具といった必要な器材一式はホテル側が準備する。2003年の調査では、釣りガイドの日当は20～25レアルである。他方、スポーツフィッシング客がホテルに支払う料金は、ボート代が60レアル、モーター代が60レアル、燃料代が40ℓとして100レアル、ガイド代が20～25レアルで、1日合計240～245レアルとかなり割高である。

これに対しもう一つの形態は、プロ漁師が自分の舟やモーター、漁具を使い、日頃からコンタクトがあるホテルなどから釣り客を紹介してもらう形態である。この場合、客が支払う料金は前者に比べると大分安い。すなわち、ボート代（モーター代を含む）が35レアル、ガイド代が30～35レアルで、あとは使った分の燃料代だけなので、1日の合計は65～70レアル＋燃料代で済む。ちなみに、ミランダ漁業協同組合の漁家台帳を使った調査では、「魚釣り＋釣りガイド」漁師で自分の舟やモーターを所有しているのは約20％で、残りの約8割はホテルなどの日雇いでガイドを行っている。全体の約3割の漁師は、釣り用の木舟すら所有していない。

---

14) 別の漁師の話では、水域が縮小する8月などの乾季には、生き餌を求めて比較的遠くまで出かけるが、水域が拡大している雨季には家の近くで生き餌がとれるという。もちろん、ピラセマ期には生き餌の捕獲も禁じられている。

写真7-8　ミランダ市の生き餌販売店(2002年)
左上：販売店　右上：生き餌　左下：計量　右下：酸素吸入

3. 生き餌販売店とスポーツフィッシング客

　漁師から買い取った小魚などを釣り客に売る生き餌販売店は，ミランダ市内に5軒ある。大型バスやトラックが集まる国道262号沿線のバス停近くに立地する店の一つでは，風通しが良い店内にコンクリート製の生け簀がたくさん並んでおり，さまざまな生き餌が魚種ごとに飼育・管理されていた(写真7-8)。店員は客の注文に応じて，生け簀から網で生き餌を素早くすくい捕り，樋状の道具の上で数を確認しながらたらいに流し，大きなビニール袋に水ごと生き餌を移して，最後に酸素を注入・密封して客に引き渡す(写真7-8)。この店では，常時50人の漁師から生き餌を買っており，通常仕入れ値の2〜3倍の価格で客に販売している[15]。

　2003年の調査時に来店した6人組の釣り客は，サンパウロ州から自家用車2台に分乗してやって来た。彼らはこれから6日間の日程で，ボリビアとブラジ

---

15) 生き餌のほかに，餌となるジェニパポやイチゴの果実を5レアル/12個，小麦の練り餌やそれにイチゴの果汁を加えた練り餌を2レアル/24個で販売していた(2003年調査)。

ルの国境付近でスポーツフィッシングを楽しむそうで，車の荷台には大量の食料やビール，釣り道具が満載されていた。彼らはこの店でさまざまな生き餌を合計90レアル（約3,600円）分購入して出掛けて行った。

4. スポーツフィッシングに対するプロ漁師の意識
　　――アンケート調査結果の分析――

　スポーツフィッシングの発展とそれにともなう法規制の強化が，プロ漁師の生活や漁村にどのような影響を及ぼしてきたのか，2004年8月にミランダ市でアンケートを使った聞き取り調査を実施し，25人のプロ漁師より回答を得た。その結果をまとめたものが図7-7と図7-8である。これによると，スポーツフィッシングの導入で生活が豊かになったと考える漁師は24％に過ぎず，漁師の7割以上が生活に大きな変化はなかったと感じている。また，スポーツフィッシングの発展には6割の漁師が賛同を表明する一方で，自ら関わりたいと考える者は48％にとどまっており，ほぼ意見が二分された状態である。換言すれば，スポーツフィッシングに強く反対はしないが，同時に大きな期待もせずに推移を見守りつつ，一定の距離を置いていると見ることもできる（図7-7）。

　さらに，水産資源保護を進めるための法令に関しては，スポーツフィッシング客に対するさらなる漁場規制や検査の強化を約8割の漁師が望んでおり，アマチュアの釣り客の急増が漁場の争奪や水産資源の減少を通じてプロ漁師の魚釣りにダメージを与えているとの認識が伺える。商業用の魚釣りはできないものの，失業保険ないしはセスタバシカの支給といった最低限の失業補償が受けられる禁漁期（ピラセマ期）の設定には，実に9割以上が賛同している。具体的な禁漁時期や禁漁期間についても，現状肯定派が約6〜8割の高い割合を占めており，水産資源の枯渇に対する強い危惧が反映されていると考えられる。その一方で，キャッチ＆リリースなど個別の法規制に対しては強い反対意見も聞かれ，4割のプロ漁師が役に立たない法令があると指摘している。アマチュアの釣り客にはさらなる規制強化を望む一方で，全体の半数以上の漁師が現行の法規制を厳しすぎると感じており，9割以上が規制強化には反対の意向を表明している。

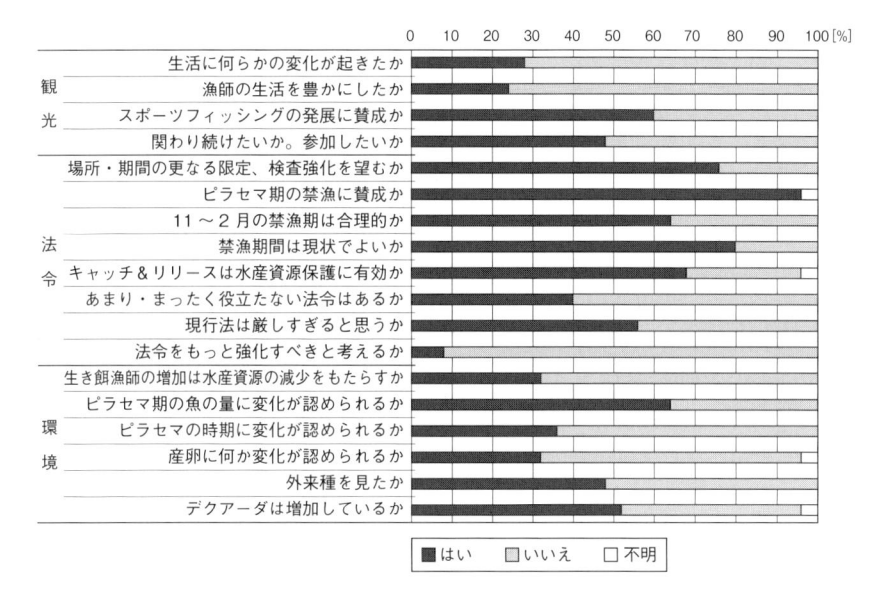

第7章 スポーツフィッシングの進展と漁村の変貌

図7-7 プロ漁師の観光・法令・環境に対する認識(2004年)
(アンケート調査により作成)

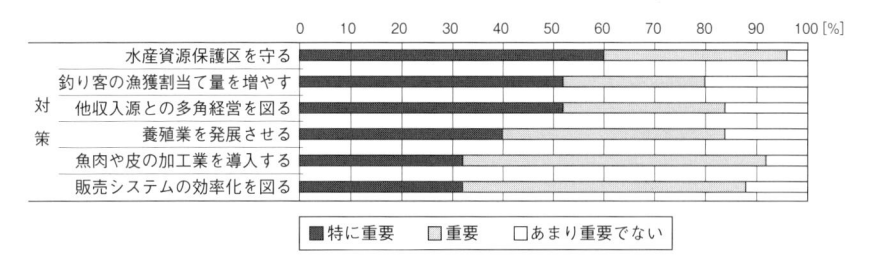

図7-8 パンタナールにおける漁業の将来性に対する認識(2004年)
(アンケート調査により作成)

　魚相や漁場環境については，6割以上の漁師が産卵期に遡上する魚の減少を指摘している。さらに約半数の漁師が，アマゾン川に生息するトゥクナレなど外来種の生息・捕獲や，河川に木灰が流出して魚が大量死するデクアーダの増加を報告している(図7-7)。

　パンタナールにおける漁業の将来性については，全体の42％が悪くなると回答し，良くなると答えた33％，あまり変わらないと答えた25％を上回って

年代	パンタナールの漁村社会	自然環境の劣化	スポーツフィッシングと法規制
～1990年	魚釣りを生業とする伝統的漁業		
	魚釣り漁師の激減 ←	〔環境資源の荒廃〕水産資源の減少	← エコツーリズムの発展にともなうスポーツフィッシング客の大量流入
	漁家の分化 釣りガイドの増加 生き餌捕獲漁師の増加	ゴミ投棄，水質汚染 外来種による生態系攪乱 道路建設による植生破壊 車による野生動物の殺傷	水産資源の持続的開発と保全のための**法令施行**および違反者に対する**罰則規定**
2000年	観光業に依存した漁家経営 漁場・水産資源保護の弱体化	→ 深刻化 ←	法令による**規制強化**
	漁家経営の弱体化 釣りガイドの激減 生き餌捕獲漁師の激減 漁家収入の減少		→ スポーツフィッシング客の激減
	廃業・移住者の増加 伝統的な魚釣りへの消極的回帰		環境負荷の少ないスポーツフィッシングの指導 漁家組織との合理的な連携体制の確立 実効性の高い法規制と違反者監視体制の整備 環境負荷の少ない代替エコツアーの推進
	持続可能な漁業および漁家経営の模索	↔ 協調	

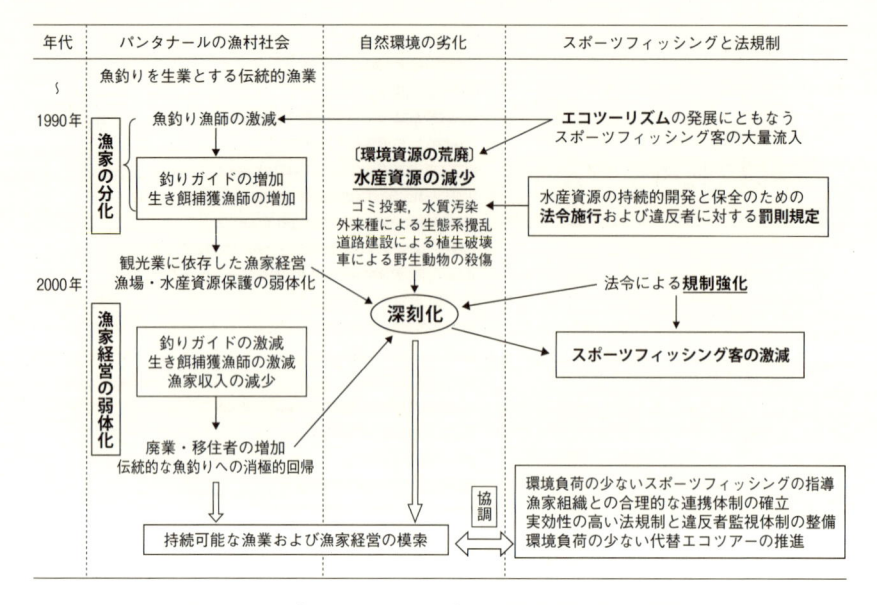

図7-9 スポーツフィッシングの発展と漁家・漁村の変化

いる。今後の漁業については，ほとんどの漁師が水産資源保護区の遵守が必要であると指摘する一方で，釣り客の漁獲割当量を増やすことで入漁客の増加を実現し，スポーツフィッシングとの関わりの中で再び収入の増加を実現したいと考える漁師も数多く認められる。一方で，養殖業や魚肉・魚皮加工業の導入，魚販売システムの効率化など，魚をめぐる新たな産業創成や流通改革が将来的にとくに重要だと考える者は相対的に少ない。このことは，自ら主導的に漁家経営の改革を模索するのではなく，法規制の緩和による観光業（スポーツフィッシング）の復興に便乗して経営の再建を図りたいとする，漁師たちの保守的で受動的な姿勢を露呈しているともいえる（図7-8）。

V おわりに ——エコツーリズムに翻弄されて疲弊した漁村——

図7-9は，南パンタナールにおけるスポーツフィッシングの導入と，それにともなう自然環境や漁家・漁村の変貌プロセスをまとめたものである。1990年代のエコツーリズムの発展とともに，大量のスポーツフィッシング客が流入し

た南パンタナールでは，漁家経営に著しい変化が生じた。すなわち，伝統的な「魚釣り」漁師では獲得できない高収入や都会的な雰囲気・生活スタイルが，多数のプロ漁師の心を捉え，スポーツフィッシング客を相手にした「生き餌捕獲」漁師や「釣りガイド」漁師への急速な転身を促した。その結果，伝統的な漁村が急速に衰退し，漁場や水産資源の保護・管理を担ってきたプロの漁師が激減する一方で，観光業であるスポーツフィッシングに強く依存しつつ収益の増大や生活スタイルの転換を実現する新たなプロ漁師が登場して，漁家は一時的に活況を呈して激変した[16]。

しかし，観光業に依存した漁家経営が活況を見せたのはわずか10年ほどであり，2000年代に入ってひとたびスポーツフィッシングが下火となり，その継続性や発展性に蔭りが見え始めた時，それまでの短期的な地域活性化や漁家経営の利益増大を相殺しても補えないほど甚大な自然・経済・社会的問題を露呈する結果となった。その背景には，スポーツフィッシングが誘発する多様な諸問題に対する政府の厳しい政策的な対応があった。

すなわち，スポーツフィッシングの進展にともなう水産資源の減少や湿地生態系の破壊・攪乱の深刻化に対して，政府は厳罰規定を盛り込んだ厳格かつ子細な法令施行とその徹底により臨んだ[17]。とりわけ状況の悪化が顕在化し始めた2000年代には，毎年のように法規制を強化して対応しようとした。このような厳格な法規制とその強化は，南パンタナールに限定されたものだったため，多様な釣りや釣果を求めるスポーツフィッシング客は他州の漁場へと流れ，本地域ではスポーツフィッシング客が激減する事態に陥った[18]。

---
16) 一般にスポーツフィッシングは，直接それに関わるプロ漁師は別として，地元にあまりお金を落とさない。釣り客のほとんどは家族連れではなく，釣り道具やボート，食料，テントなど，必要な資材をすべて自家用車に積み込んでやって来る。彼らが地元で買うのは氷と生き餌ぐらいである。地域に落とすのはゴミくらいで，ただ自然環境を破壊して大騒ぎして帰っていくだけだと厳しく批判する住民も多い。環境負荷の少ない代替エコツアーの推進が，地域活性化の観点からも望まれている。
17) 州により法令が異なり規制に一貫性がないこと，法令が頻繁に変更されて周知徹底が困難なこと，地域が広すぎて違反行為の監視が十分にできないこと，外部からの釣り客に法令や環境保護の重要性を十分に認知させるのが難しいことなどから，パンタナールでの法令の徹底はきわめて困難である。法規制の強化とその効果はまったく別物である。
18) ミランダ川流域のとある釣り宿での聞き取りによると，1999年には釣り客が年間延べ8,800人いたのが，2004年には延べ5,400人まで減少したという。

このように, 1990年代のスポーツフィッシングブームに踊らされて「釣りガイド」や「生き餌捕獲」漁師に転身したプロの漁師たちは, 現在, 漁場や水産資源の保護を目指す法規制の継続的強化による釣り客の激減という厳しい現実に直面し, 再び消極的に魚釣りに回帰したり, プロの漁師を止めて町へ移住したりする者が増えている。しかし, 法規制はプロ漁師の伝統的漁法に対しても強化されており,「魚釣り」漁師への回帰ですら今や容易なことではない。そこには, 外部社会の経済発展や観光開発ブーム, 政府の対症療法的な政策に翻弄されて疲弊した伝統的な漁村の姿がある。地域の自然環境や人的資源の持続可能性に裏付けられた自立経営漁家の選択的拡大と, 彼らを中心とする新たな漁村の再生が急務である。

(丸山浩明)

<文　献>

Catella, A. C., Albuquerque, F. F. de e Campos, F. L. de R. 2001. *Sistema de controle da pesca de Mato Grosso do Sul, SCPESCA/MS-5-1998* (Boletim de Pesquisa, Número 22). Corumbá: EMBRAPA Pantanal.
(なお, 本報告書は1が1996年, 2が1998年, 3と4が2000年に出版されている)

Catella, A. C. 2003. *A pesca no Pantanal Sul: Situação atual e perspectivas*. Corumbá: EMBRAPA Pantanal.

Fabichak, I. 1978. *A pesca no Pantanal de Mato Grosso*. São Paulo: Livraria Nobel S. A.

Fischer, W. A. 1997. Efeitos da BR-262 na mortalidade de vertebrados silvestres: síntese naturalística para a conservação da região do Pantanal, MS.(Mestre em Ciências Biológicas, UFMS)

Maruyama, H., Nihei, T. and Nishiwaki, Y. 2005. Ecotourism in the north Pantanal, Brazil: regional bases and subjects for sustainable development. *Geographical Review of Japan* 78: 289-310.

第III部
南パンタナールの農場経営と環境問題

黄色い美しい花を咲かせるアクリヤシ

第8章
伝統的な農場経営とその課題
——バイアボニータ農場の事例——

I　はじめに

1. 研究課題

　世界最大級の熱帯低層湿原であるパンタナールは，2000年にその一部がユネスコの世界自然遺産に登録されたことも手伝って，近年ではエコツーリズムの一大拠点として世界的に認知されるようになった(Fernandes e Assad 2002)。しかし，ここが伝統的にブラジルを代表する牧畜地帯であることに変わりはない。広大なパンタナールの牧畜業は，多様な天然草地に依存する粗放的な牛の放牧が中心であり，その経営はブラジル各地の肥育地帯へ出荷する素牛生産を目的とする仔取り繁殖に特徴づけられる。

　パンタナールでは，牧畜経営を支える天然草地の面積が雨季と乾季で大きく変動する。そのため，各農場では季節的な水位変動にあわせて牛をより良質な天然草地へと移動させて対応する。パンタナールの土地利用は，非浸水地，雨季を中心に水没する一時的浸水地，通年浸水地の3つに大別される(丸山・仁平 2005)。このうち，牧畜に利用されるのは非浸水地と一時的浸水地の天然草地である。これら両者が一つの農場内にバランスよく配置されている場合には，牧区規制による農場内での牛の移動だけで対応できるが，どちらか一方の天然草地のみが卓越する農場では，雨季には高台の農場へ，乾季には水辺に近い低地の農場へと，牛群を季節的に農場間で移牧させなければならない。

　このことは，パンタナールの牧畜では，草地の総面積だけではなく，非浸水地と一時的浸水地の面積比率によっても，牛の放牧可能頭数が大きく変化することを示唆している。当然，非浸水地と一時的浸水地の面積比率は，農場の立地条件によりさまざまであり，それがパンタナールにおける農場の価値を規定する主要因にもなっているが，それでも5,000ha程度の農場規模がなけ

れば，一般に本地域での安定的な牧畜経営は困難だといわれている(Seidl et al. 2001)。この数値は，パンタナールにおける農場(放牧地)の低い牧養力(grazing capacity)を示唆している。

　パンタナールでは，湿地という特有の土地条件下で，2世紀以上も粗放的な牧畜経営が続けられてきたが，近年その経営はさまざまな困難に直面して厳しさを増しており，急速な変貌を余儀なくされている。伝統的な牧畜経営が困難に直面する背景には，遺産相続にともなう農場規模の縮小や，住民生活の近代化が指摘されている(Proença 1997)。

　すなわち，時間とともに繰り返される遺産相続により，大農場が次々と分割されて小規模化することで，牧養力の低いパンタナールでは粗放的牧畜経営が困難となり，経営状況が急速に悪化して牧童などが解雇される。その結果，労働力が不足して草地や牛の管理が行き届かなくなるため，生産性はより一層低下する。さらに，餌不足と不適切な管理でやせ細った牛たちは，出荷されても市場で買い叩かれ儲けはますます減る一方である。

　このような経営の悪循環の中で，伝統的な牧畜経営に見切りを付けて農場を手放し，都市へと生活拠点を移す在郷の農場主たちが増えている。その一方で，パンタナールとは縁もゆかりもないサンパウロ州(SP)やリオデジャネイロ州(RJ)などの大都市に住む企業家，政治家，裁判官，NGO組織などが，遺産相続により細分化されて買い易くなった農場を積極的に買収して，本地域で近代的な牧畜経営や観光業(エコツーリズム)を展開するようになった(Maruyama et al. 2005)。

　彼らは自家用の小型飛行機で農場に通う不在地主の資本家たちで，パンタナールの伝統的な社会組織や牧畜経営とは一線を画した農場経営を実践している[1]。すなわち，天然草地を掘り起こして人工牧野を造成し，高価で質の高い種牡牛や牝牛を導入し，牧区管理を厳密に実施して組織的な繁殖・肥育・出荷体

---

1) パンタナールの内陸部には公道がないため，勝手に牧柵の木戸を開閉して個人の農場内を通過・移動することが慣習である。しかし，不在地主が所有する近代的な農場の中には，入口に監視人を配置して，単なる通過であっても農場内への侵入を厳しく拒む所もあり，都会の管理システムがそのままパンタナールに持ち込まれていることを痛感する。在来の地主が経営する伝統的な農場間には，牛集めなどに際しての相互扶助システムが現在も維持されているが，大都会に生活する不在地主が経営する近代的な農場は孤立的で，近隣農場との相互扶助機能は貧弱である。

制を確立している。このような，パンタナールの伝統的な人間・社会関係や地域文化を等閑視した，外部資本による積極的な農場買収や急速な近代化が，パンタナールの脆弱な湿地生態系や伝統的な地域社会に多大な脅威と不安を及ぼしていることも事実である。

近代化の波は，牧童などの住民生活にも着実に浸透しており，旧来の自給自足的な生活様式は急速に姿を消している。彼らは近隣の都市で食料，衣服，薬，建築資材，家電品，燃料などの生活物資を現金で購入し，都市生活の情報とともに農場へ持ち帰るようになった。さらに，1990年代以降の観光化の進展は，パンタナールに居ながらにして，それまで知らなかった外部世界の豊かで華やかな生活・文化を住民たちに知らしめる結果となった。

こうしたパンタナールの急速な社会変化の中で，より良い生活や子弟への教育機会を求めて，多くの住民たちが近隣都市へ移住するようになった。[2] その結果，パンタナールの農場では深刻な労働力不足に加え，伝統的な牧畜・生活文化の喪失といった問題にも直面する事態となっている。そこで，ここではパンタナールの伝統的な農場経営の特徴を，自然・社会環境との関わりから詳細に分析することにより，基幹産業である粗放的牧畜業が直面する課題とその対策を具体的に立案し提示することを目的とする。

研究事例には，南パンタナールのニェコランディア(Nhecolândia)地区に位置するバイアボニータ農場(Fazenda Baia Bonita)を選定した。この農場は面積が約1,750 haで，パンタナールでは小規模であるが，粗放的牧畜業を支える一時的草地と通年草地の双方が一つの農場内にバランスよく配置されている理想的な牧場である。祖父からの遺産相続の結果この地に開設された，南パンタナールでは歴史の古い仔取り繁殖経営を生業とする中核的農場である。また，近代化の波にいち早く順応し，増収をめざしてニェコランディア地区で最初にエコツーリズムを導入した先駆的な農場としても知られている。

2. 研究対象地域

図8-1は，バイアボニータ農場の位置を示したもので，その緯度と経度は

---

[2] 雨季に浸水するパンタナールには学校がほとんどないため，子どもに教育を受けさせるためには近隣の都市に出るしかない。そのため，子どもと母親が都市に居住し，父親が単身で奥地の農場で働くケースも増えている。

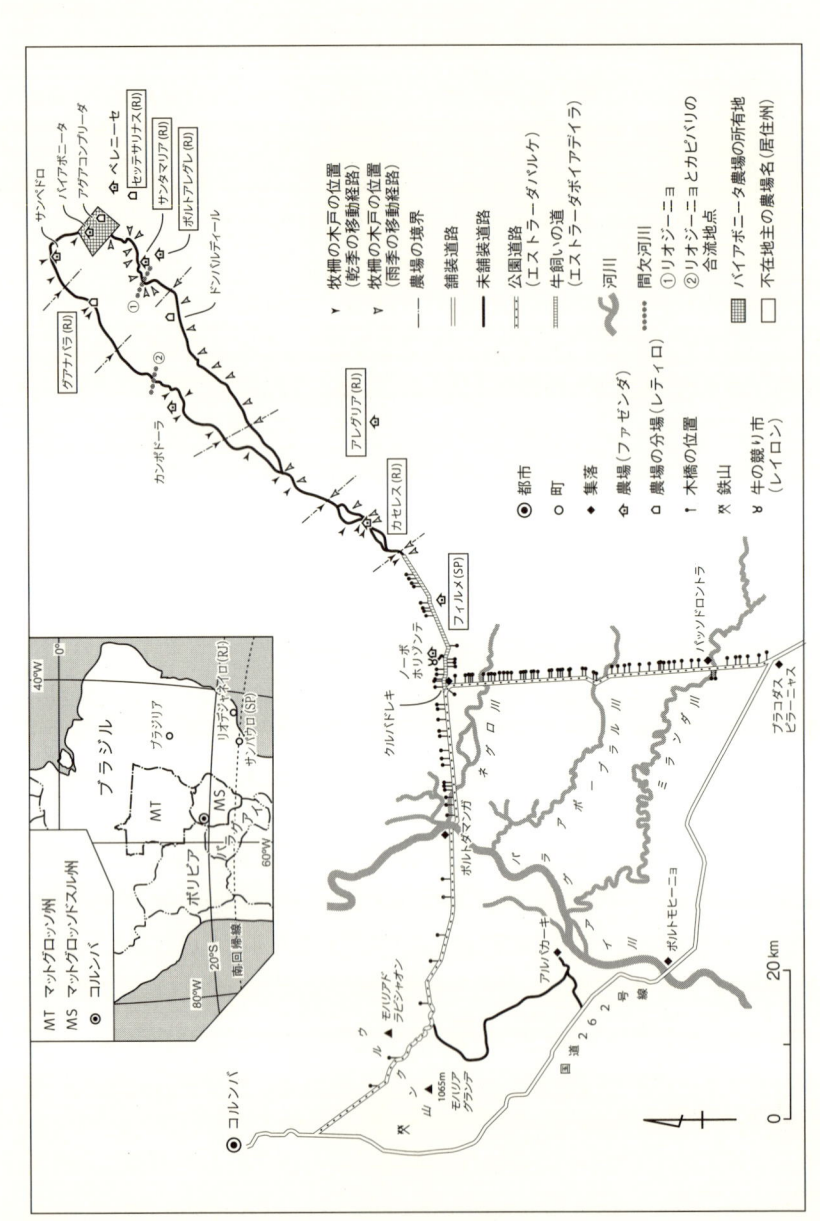

190　第Ⅲ部　南パンタナールの農場経営と環境問題

図8-1　研究対象地域
(2001～2005年の現地調査により作成)

南緯18°48′，西経56°29′である。農場から最寄りの都市はボリビアとの国境に位置するコルンバで，その直線距離は東に約130kmであるが，陸路では約190kmある。農場に至る道路は大部分が未舗装なため，水のない乾季でも車で5〜8時間はかかる。運賃は運転手付きの自動車をチャーターした場合，往復で500〜600レアルである。一方，コルンバから小型飛行機を利用した場合，農場までは約35分で，運賃は3〜4人乗りの小型飛行機で片道約700レアル（1レアルは約50円）である。

コルンバからバイアボニータ農場まで自動車で移動する場合，公園道路（estrada parque），牛飼いの道（estrada boiadeira），個人農場内の道の順に通過する（図8-1）。公園道路は，コルンバからクルバドレキを経て，国道262号線沿いのブラコダスピラーニャスに至る。この区間には74の木橋と4つの展望台が設置されている。公園道路は，かつて州都のカンポグランデとコルンバを結ぶ幹線道路として建設されたもので，沿線には複数の農場民宿や釣り宿が立地していた（第6章pp.120-121参照）。そのため，州政府により1998年に公園道路に指定され，南パンタナールの観光開発拠点となった。

道路が直角に折れ曲がるクルバドレキから，さらに東へと延びる道路が牛飼いの道である。この道路は，ニェコランディア地区で生産された牛を外部の市場へ搬出するために，1970年代中頃に整備されたもので，両側の路肩には牧柵（cerca）が連なり農場と区切られている。一度に数百〜数千頭の牛が移動できるように，道路の幅員は約50mと広い。また，LV・レイロンイス・ルライス（LV Leilões Rurais）と呼ばれるノーボホリゾンテ農場（Fazenda Novo Horizonte）が経営する牛の競り市も，この牛飼いの道沿いに開設されている。

カセレス農場（Fazenda Caceres）から東は，個人が所有する農場内の私道となる。レティロ（retiro，分場）を含めて面積が43,200haのカセレス農場は，ニェコランディア地区の奥地へと延びる道路の分岐点にあたる。カセレス農場からバイアボニータ農場へ向かう道は，アレグリア農場（Fazenda Alegria）の敷地内で二手に分岐する。一般に，バイアボニータ農場の南の木戸に通じる右側の道は雨季，北の木戸に通じる左側の道は乾季に利用されるルートである（図8-1）。右側のルートは移動距離が短いものの，開閉しなければならない牧柵の木戸が多いため，多くの運転手は左側の道を選ぶ。しかし，左側のルート

写真 8-1 雨季に氾濫するカピバリ川と農場景観(2003年4月)
蛇行する網状流と浸水しない微高地のカンポアルトが認められる。写真内の多数の白点は,粗放牧されている牛である。

上には間欠河川のリオジーニョとカピバリ川の合流点があるため,とくに増水する雨季を中心に通行が困難となる(写真8-1)。

　バイアボニータ農場に至るまでに通過する大農場のほとんどは,すでにリオデジャネイロ州やサンパウロ州に居住する不在地主の所有地となっており,コルンバやカンポグランデなど地元出身の地主が経営する伝統的な農場は,バイアボニータ農場のほかにカンポドーラ農場,サンペドロ農場,ベレニーセ農場の3つだけである(図8-1)。

II 自然環境の特徴

1. ビオトープの分布

　第2章で定義されたパンタナールの多様なビオトープが,実際にバイアボニータ農場でどのように分布しているのかを調査してその地図化を試みた。現

地調査は，浸水域が縮小して自動車での移動が容易となる乾季を選び，2001年8月26日～9月7日にかけて実施した。本地域にはベースマップとなる大縮尺図が存在しないため，地図化に際しては自動車や調査者にハンディGPSを取り付け，農場界やビオトープ間のエッジを虱潰しに移動しながら，その軌跡（track）と重要なランドマーク（waypoint）を測位データとしてGPSに記録・保存する方法を採用した。[3]

　自動車の運転は，ニェコランディア地区で生まれ育ち，当地の自然景観や地名を熟知している地元住民のエコツアーガイドに依頼した。そして，助手席と荷台には調査者が乗り込み，ビオトープ間のエッジを常に運転手と相互確認しながら慎重に自動車を移動させた。こうしてGPSに記録・保存された測位データは，調査後にパソコンにダウンロードし，GISソフト（Arc View）とグラフィックソフト（Illustrator）を使って，ビオトープ分布の地図化や面積の計測を行った。

　図8-2（口絵⑮）は，こうして作製されたバイアボニータ農場のビオトープマップである。これによると，ニェコランディアで検出された16のビオトープの内（表2-1，図2-2参照），恒常的浸水地とその周辺に発現する4つのビオトープを除く，合計12の多様なビオトープがモザイク状に分布していることがわかる。農場内で水が一年中存在するのは，エコロッジ前のバイアボニータと，アロス川バザンテの狭窄部に形成された深い河道掘削部のアグアコンプリーダ（Água comprida）だけである（図8-2，口絵⑮）。

　一時的浸水地のバザンテは3カ所に認められる。最も広大なアロス川のバザンテは，東から西へと緩やかに傾斜する農場の最下部を，ほぼ東西に横断する形で網状に流下している。そして，農場の西端で北から流入するカピバリ川のバザンテと合流する。また，農場の南端には，ブラガ川のバザンテがわずかに広がっている（図8-2，口絵⑮）。バザンテは，農場全体（1,743 ha）の17.2％にあたる300 haを占めている。

　これらバザンテの内部やその周辺には，カンポアルトやカポンが分布してい

---

[3] 2000年5月にGPS衛星の測位規制が解除され，ハンディGPSの測位誤差も約10 m以下と大きく精度が上がった。地図の整備が遅れている開発途上国の調査では，ハンディGPSを利用した地図作製の有効性が，横山（2001）などにより実証されている。

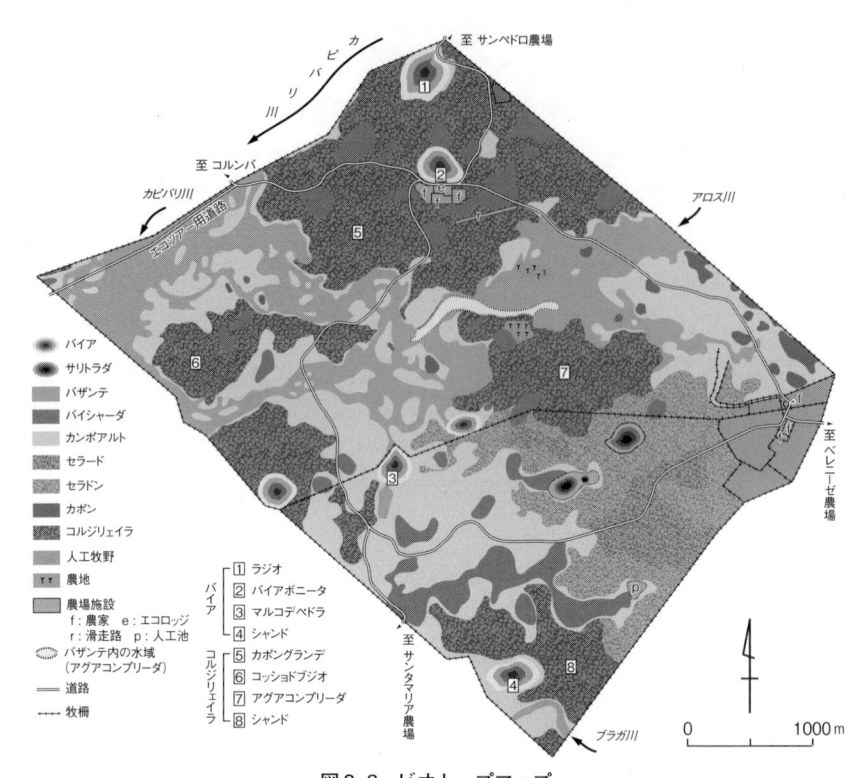

図8-2 ビオトープマップ
（2001年8月26日〜9月7日の現地調査により作製：丸山・仁平 2005）

る。カンポアルトは，農場全体の26.0％にあたる454 haを占め，とくに農場の東部と南部で卓越している。東部のカンポアルト内には多数のカポン，南部のカンポアルト内には広大なバイシャーダが分布している。また，南部のカンポアルトに隣接してその東には，木本サバンナのセラードが広がっている[4]（図8-2，口絵⑮）。

　森林植生のセラドンやコルジリェイラは，バザンテやカンポアルト，セラードに分断されつつ農場全域に認められるが，その主要な分布域は農場の北部と東部である。コルジリェイラは531 ha，セラドンは162 haで，それぞれ農場全体の30.5％と9.3％を占有している。コルジリェイラやセラドンの内部には，

---
[4]　農場内に占める面積と割合は，カポンが18 ha（1.0％），セラードが50 ha（2.9％）である。

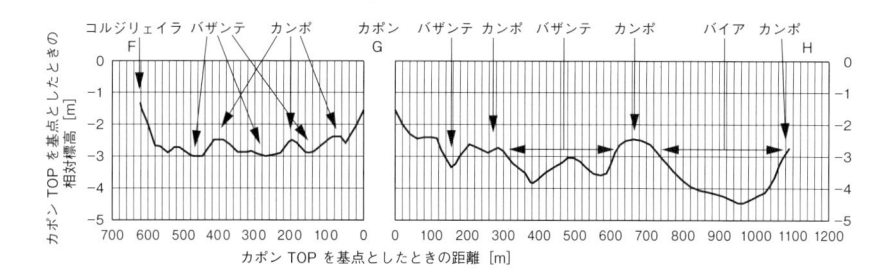

第8章　伝統的な農場経営とその課題　　　　　　　　　　　　　　　195

図8-3　地形測量をもとに作成した地形断面図
（測線は図8-4中のF-G，G-H；現地調査により作成）

バイアやバイシャーダ，サリトラダが数多く分散立地している[5]（図8-2，口絵⑮）。

　非浸水地を志向する農場施設（10 ha, 0.6％）や農地（6 ha, 0.3％）は，そのほとんどがセラドンやコルジリェイラの内部に分布している。北部のコルジリェイラ内には，農場主や雇用者の住居，納屋，観光客用のエコロッジ，飛行機の滑走路が立地する。また，農場内で標高が最も高い東端には，森林を伐採して造成された人工牧野（48 ha, 2.8％）が広がり，アフリカから移入された牧草のブラッキャリア（*Brachiaria*）が栽培されている。人工牧野の中央には，農場管理人（capataz）の住居やマンゲイラ（家畜囲い）など，農場の中枢施設が設置されている（図8-2，口絵⑮）。

2. 地形断面からみた地下水面の賦存状態とビオトープ分布

　前項で検出された多様なビオトープの分布を規制する場の条件として，地形の起伏を把握することはきわめて重要である。そこで，地形起伏とビオトープ分布との対応関係を明らかにするために，図8-2（口絵⑮）のビオトープマップとIBGE発行の1/100,000地形図に示された地点標高をもとに，図8-4中のX地点を基点に複数のビオトープを横断するように6本の測線を設定して地形測量を実施した。

　図8-3は，このうち2つの測線（F-G，G-H）沿いの地形断面図を示したもの

---

[5] 農場内に占める面積と割合は，バイアが45 ha（2.6％），サリトラダが11 ha（0.6％），バイシャーダが108 ha（6.2％）である。

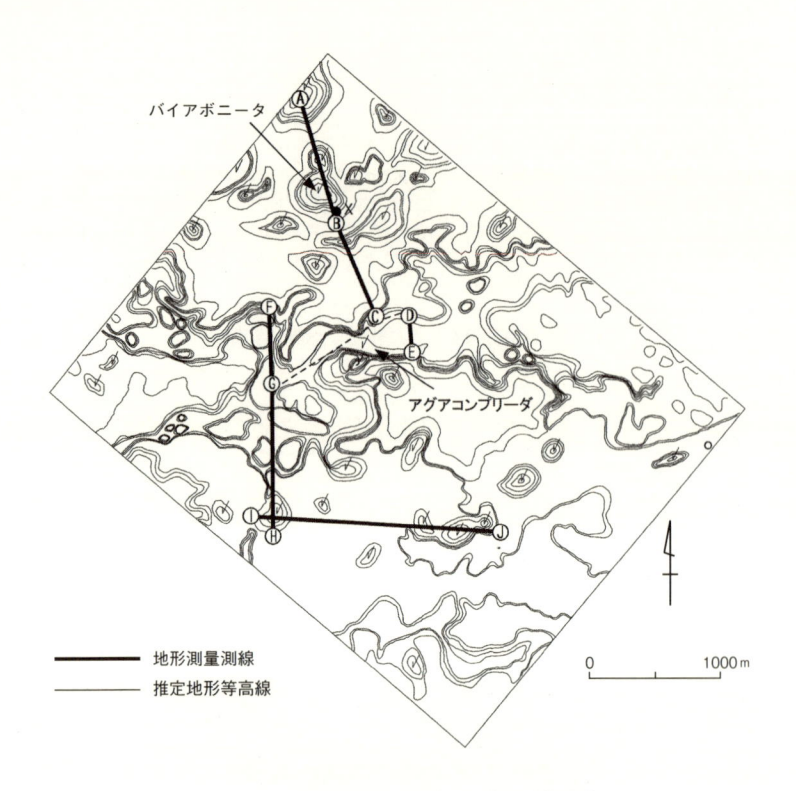

図8-4　地形測量の測線と推定地形等高線
(現地調査および図8-2により作成)

である。これによると，各ビオトープが発現する高度帯やビオトープ間の境界(エッジ)の高さはほぼ同じであり，各ビオトープの分布域は，侵食が激しく傾斜が急な斜面では狭く時には消滅する一方で，傾斜が緩やかな斜面では相対的に広くなっている。

そこで，図8-3の地形断面図から得られた各ビオトープ間の境界の高さを，図8-2(口絵⑮)のビオトープマップに当てはめて，約0.4m間隔で等高線の分布を推定して描くと，図8-4のような地形等高線図が作成できる。[6] これに，雨

---

[6]　バイアやサリナなどの水域については，ビオトープごとに境界が判別できるところまでこの方法で等高線を描いたが，水面下に関しては地形測量の実測結果に基づき得られたバイアとサリナの最深部の平均標高，実測したものに関してはその値，その他のものは平均値をもとに，0.4m間隔の等高線を描いた。

第 8 章　伝統的な農場経営とその課題　　197

乾季（2001 年 8 月）

雨季（2002 年 5 月）

地下水面等高線(m)
推定地形等高線

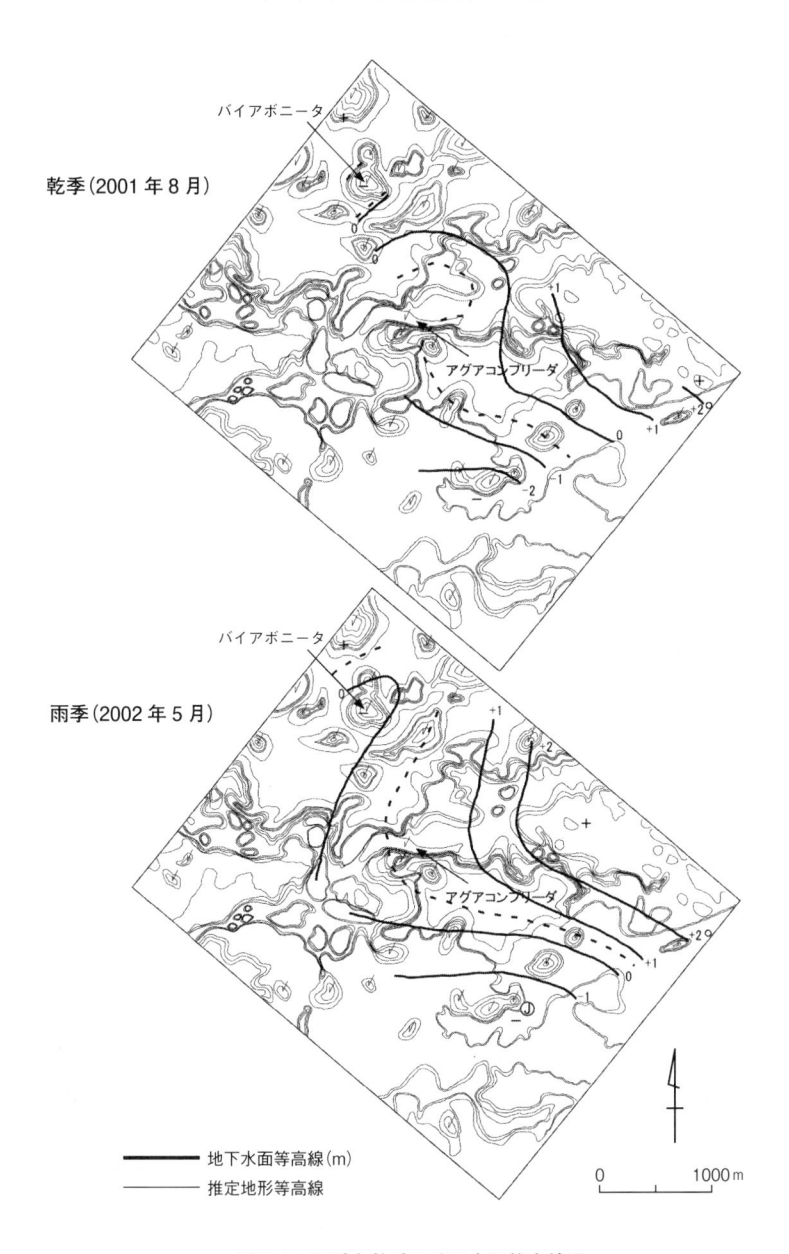

図 8-5　雨季と乾季の地下水面等高線図

季(4月)と乾季(8月)の地下水面等高線を重ね合わせたものが図8-5である。
　地下水面の形状は雨季と乾季で大きく異なっており，乾季には相対的に標高が高いセラドンやコルジリェイラからバザンテに向かう流れが見られるのに対して，雨季にはバザンテからセラドンやコルジリェイラに向かう逆の流れに変わる。このことは，草本サバンナ(バザンテやカンポアルト)では地下水位の季節変化が相対的に大きく，雨季にはバザンテからの浸透によって地下水が涵養されていることを示している。これに対し，半落葉樹林(セラドンやコルジリェイラ)における地下水位の季節変化は相対的に小さく安定している。
　バザンテからセラドンやコルジリェイラへ移行する斜面では，地形の形状に沿った形で地形起伏よりも緩勾配で地下水面が形成されており，地下水位が浅いバザンテ付近では湿性，地下水位が深いセラドンやコルジリェイラ付近では乾性の植物が卓越する。このような微地形に規制された地下水位の地域的差異は，各ビオトープの表層における土壌水分量の季節変化にも顕著に反映されている(図8-6)。すなわち，乾季にはバザンテを除くすべてのビオトープで土壌水分量は5〜6％とほぼ同じなのに対して，雨季には半落葉樹林を除いて15〜20％の高い値を示している。
　このように，本農場では河川水位の上昇により季節的に水没するか否かにより草本サバンナのカンポリンポ(バザンテ・バイシャーダ)とカンポスージョ(カンポアルト)が，また地下水位の深さや表層の土壌水分量の違いによりカンポスージョと木本サバンナ(セラード)が，それぞれ比較的明瞭に区分できる。しかし，木本サバンナと半落葉樹林の境界は他の植生景観の境界に比べて曖昧であり，境界域の樹高や立木密度に代表される植生構造の変化は非常に緩やかである(図8-7)。
　樹高が異なる理由の一つとして，場所により樹木の生長が抑制されていることが考えられるが，その場合には樹幹の太さと樹高との関係がアンバランスになる。そこで，木本サバンナと半落葉樹林において，その主要な構成樹であるリシェイラとカンバラの胸高直径と樹高との関係を調べた結果，両者の関係には木本サバンナと半落葉樹林とでは顕著な差異が認められなかった(図8-8)。
　さらに，半年間(2005年3〜8月)の幹の肥大生長量にも統計的に有意な差異が認められなかったことから，木本サバンナにおいては樹木の生長は抑制され

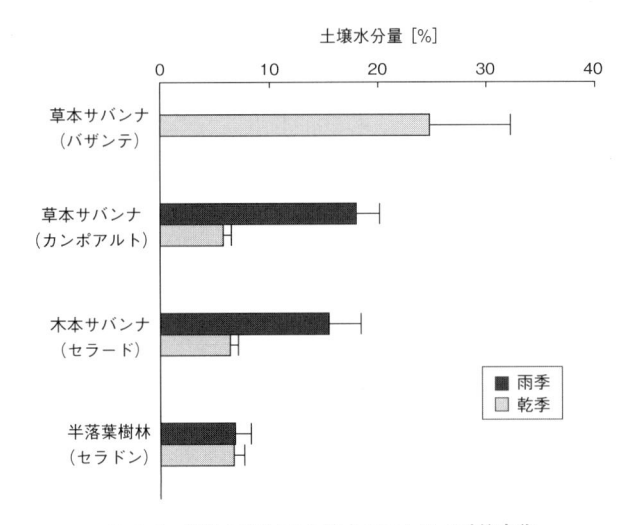

第 8 章　伝統的な農場経営とその課題　　　　　　　　　　　199

図8-6　植生景観毎の土壌水分量とその季節変化
エラーバーは標準偏差を示す。バザンテは雨季に水没するため欠測。
（現地調査により作成）

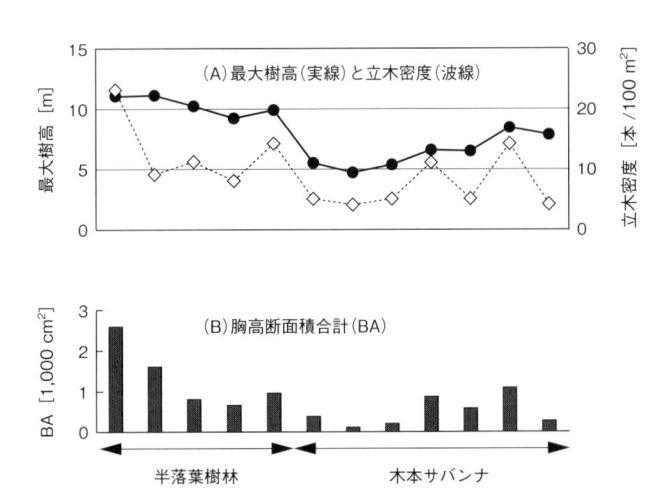

図8-7　木本サバンナと半落葉樹林の境界における植生構造
（現地調査により作成）

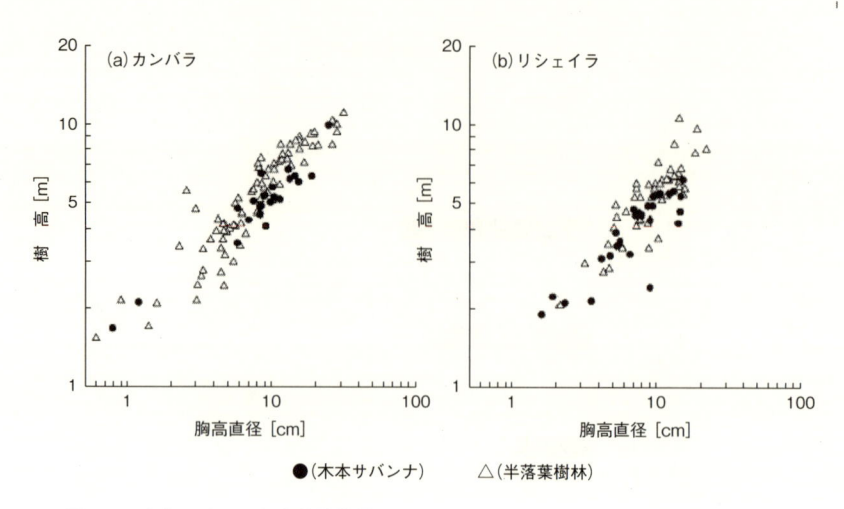

図8-8 木本サバンナと半落葉樹林におけるカンバラとリシェイラの胸高直径と樹高
（現地調査により作成）

ておらず，時間の経過とともに半落葉樹林へと遷移する途上にあると考えられる[7]。換言すれば，木本サバンナは草本サバンナと半落葉樹林の間の移行帯（エコトーン）として維持されていると考えられる。

3. ビオトープ毎の種組成

表8-1は，本農場のビオトープ毎にみた草本層の種組成である[8]。ここには全体で33種類の草本種が認められる。バザンテやバイシャーダは雨季に浸水するが，乾季には水位が低下して，草本層の被度が約80％の草本サバンナが出現する。バザンテとバイシャーダの種組成は類似しており，牧草として利用されるミモゾが高い出現頻度と被度で優占し，これに加えてサボネチーニャ（sabonetinha, *Bacopa myriophylloides*）やヴァッソリーニャ（vassourinha,

---

[7] バイアボニータ農場では，草本サバンナ（カンポリンポやカンポスージョ）から木本サバンナ（セラード）を経ずに直接半落葉樹林へ移行する景観が認められ，現在の木本サバンナが半落葉樹林へ遷移する途中相であることを示唆している。また，ブラジル高原では，樹木がまばらに生育しているセラードが，遷移とともに高さ10m以上で林冠が連続した森林に発達することが知られている。

[8] 農場内に設置した方形調査区（400 m^2，18カ所）に，8カ所の1m×1mのサブ調査区を設置し，その中に出現した種とその被度（％）を記載した。

Borreria quadrifaria），マルバ（malva, *Sida santaremensis*）などの草本種が見られる。

　草本の出現種数は5～6種で，水分条件の良い場所に出現するセボリーニャ（cebolinha, *Eleocharis acutangula*）などの一年生草本を含んでおり，乾季でも湿潤な土壌水分条件を反映した種組成となっている。ただし，バザンテよりもやや乾燥するバイシャーダでは，一年生草本の出現頻度は相対的に低い。

　非浸水域のカンポアルトとセラードでは，草本層にミモゾが優占し，オルテランドカンポ（hortelã-do-campo, *Hyptis crenata*）やマルバブランカ（malva branca, *Waltheria communis*）などの多年生草本も認められる。ここはカンポリンポに比べて乾季には地表面の土壌水分量が低下して乾燥するため，バザンテやバイシャーダにおいて高頻度で出現する湿性の草本種はほとんど見られない。カンポアルトとセラードを比較すると，草本層の種組成はほぼ類似しているが，草本層全体の被度はカンポアルトの68.2％に対してセラードは35.6％と大きく減少する。これはセラードでは，カンジケイラやリシェイラなどの樹木の立木密度が高くなって木本サバンナとなり，樹木により被陰されるためである。

　表8-2は，カンポアルト，セラード，セラドンの3つのビオトープにおける樹木の種組成とその優占度（胸高断面積合計BA％）である[9]。カンポアルトにはカンジケイラ，リシェイラ，カンバラが出現するが，樹高が1.5m以上の立木密度は平均1.3個体/100m^2と少なく，樹高も1.0～2.0mと低いのが特徴である。しかし，セラードでは樹高2.0～4.0mの低木が多数侵入して独特な相観を呈するようになる。平均出現種数も8.0種，立木密度も8.2個体/100m^2とともに急激に高くなる。とくにカンジケイラ，リシェイラ，コロア（coroa, *Mouriri elliptica*）の相対優占度が高く，それぞれ33.0％，26.2％，22.8％を占めて，この3樹種で全体の8割以上を占有している。

　セラドンは，平均出現種数（12.8種），立木密度（14.0個体/100m^2）で，ともに3つのビオトープの中で最も値が高い。林冠層にはカンバラが優占するが，リシェイラ，コロア，タルマン（tarumão, *Vitex cymosa*）の相対優占度も高く，樹高8～12mで連続した林冠を構成している。一方で，セラドンにおける草本

9）方形調査区に含まれる樹高1.5m以上の樹木を対象に毎木調査を実施した。

表 8-1 ビオトープ毎の草本層の種構成

種　名	ビオトープタイプ									
	バザンテ		バイシャーダ		カンポアルト		セラード		セラドン	
	Freq.(%)	Cov.(%)	Freq.(%)	Cov.(%)	Freq.(%)	Cov.(%)	Freq.(%)	Cov.(%)	Freq.(%)	Cov.(%)
Number of plots	16		32		40		24		32	
Plot size (m^2)	1		1		1		1		1	
Mean number of species	5.8		6.2		3.3		2.9		1.3	
Mean cover	88.4		76.1		68.2		35.6		26.7	
Herbaceous										
Axonopus purpusii	100	(46.9)	78	(23.0)	98	(44.3)	92	(28.8)	22	(3.0)
Diodia kuntzei	94	(1.6)	91	(8.9)	40	(0.3)	58	(0.4)	9	(+)
Bacopa myriophylloides	100	(25.9)	34	(1.9)	–		4	(+)	–	
Eleocharis minima	81	(5.9)	66	(5.9)	20	(1.6)	8	(+)	9	(+)
Eleocharis barrosoi	50	(5.6)	9	(+)	3	(+)	–		6	(+)
Eleocharis acutangula	38	(0.3)	66	(2.5)	5	(+)	13	(+)	6	(+)
Sida santaremensis	44	(1.9)	66	(0.6)	–		–		–	
Eichhornia azurea	25	(+)	–	(+)	–		–		–	
Reimarochloa acuta	13	(0.3)	78	(29.7)	3	(+)	–		–	
Echinodorus tenellus	6	(+)	25	(+)	–		–		–	
Pontederia cordata	–		38	(1.7)	–		–		–	
Cuphea sp.	–		19	(1.3)	–		–		–	
Portulaca sp.	6	(+)	19	(0.3)	–		–		–	
Euphorbia thymifolia	–		9	(0.3)	–		–		–	
Sida cerradoensis	–		3	(+)	–		–		–	
Piriqueta sp.	–		9	(+)	8	(+)	8	(+)	3	(+)
Hyptis crenata	–		–		85	(16.9)	25	(1.9)	–	
Waltheria albicans	13	(+)	–		55	(1.1)	46	(0.2)	3	(+)
Elyonurus muticus	–		–		8	(+)	–		–	
Andropogon bicornis	–		–		8	(0.4)	8	(+)	3	(+)
Paspalidium paludivagum	–		–		–		13	(+)	–	
Vernonia scabra	–		–		–		4	(+)	–	
Verbena aristigera	–		–		–		4	(+)	–	
Bromelia blansae	–		–		–		–		47	(23.0)
Smilax fluminensis	–		–		3	(+)	–		13	(+)
Digitaria insularis	–		–		–		–		3	(+)
non-identify species A	–		–		–		–		3	(+)
non-identify species B	–		–		–		4	(+)	–	
non-identify species C	–		–		–		4	(+)	–	
non-identify species D	–		–		–		–		3	(+)
non-identify species E	–		6	(+)	–		–		–	
non-identify species F	–		3	(+)	–		–		–	
Tree Species										
Pisidium guineense	–		–		3	(0.8)	38	(4.4)	31	(0.3)
Curatella americana	–		–		5	(2.0)	–		–	
Byrsonima orbignyana	–		–		5	(0.9)	–		–	
Annona dioica	–		–		5	(+)	–		19	(0.5)
Annona cornifolia	–		–		3	(+)	–		–	
Senna occidentalis	–		–		–		8	(+)	–	
Vochysia divergens	–		–		–		–		3	(0.2)
Mouriri elliptica	–		–		–		–		3	(0.2)
Tabebuia roseo-alba	–		–		–		–		3	(+)
Scheelea phalerata	–		–		–		–		6	(+)
Aporosella chacoensis	–		–		–		–		3	(+)

同定できなかったものは"non-identify species"として記載した。
被度が5％未満だったものは"+"として示し、被度の平均値はこれを除いて算出した。　　　　　（現地調査により作成）

表8-2 ビオトープ毎の木本種の立木密度と胸高断面積合計(BA%)

種　名	ビオトープタイプ					
	カンポアルト		セラード		セラドン	
	Density (No./0.04ha)	BA(%) (cm²/0.04ha)	Density (No./0.04ha)	BA(%) (cm²/0.04ha)	Density (No./0.04ha)	BA(%) (cm²/0.04ha)
Number of plots	3		3		4	
Plot size (m²)	400		400		400	
Mean number of species	4.2		5.9		10.4	
Mean tree density (No./0.04 ha)	2.3		8.0		12.8	
Mean Total Basal Area (cm²)	5.3		32.7		56.0	
Mean of max. tree height (m)	217.8		1920.6		5793.3	
Tree Species						
Alchoronea discolor	–	–	0.7	5.75 (0.3)	0.3	2.07 (0.0)
Annona dioica	–	–	0.7	0.73 (0.0)	1.3	2.64 (0.0)
Aporosella chacoensis	–	–	0.3	0.17 (0.0)	–	–
Bowdichia virgilioides	–	–	–	–	0.5	39.81 (0.7)
Brosimum gaudichaudii	–	–	–	–	0.3	0.28 (0.0)
Byrsonima oribignyana	3.0	114.58 (52.6)	13.0	633.36 (33.0)	3.8	140.83 (2.4)
Casearia sylvestris	–	–	–	–	1.0	61.83 (1.1)
Cereus peruvianus	–	–	–	–	0.5	100.94 (1.7)
Curatella americana	1.3	55.02 (25.3)	4.0	503.04 (26.2)	10.8	1264.24 (21.8)
Eugenia tapacumensis	–	–	–	–	0.8	17.62 (0.3)
Fagara hassleriana	–	–	0.3	0.26 (0.0)	1.0	195.22 (3.4)
Ficus insipida	–	–	–	–	0.5	241.62 (4.2)
Ficus luschnathiana	–	–	–	–	0.5	23.65 (0.4)
Foresteronia pubescens	–	–	0.3	3.39 (0.2)	0.3	0.13 (0.0)
Lafoensia pacari	–	–	–	–	0.8	1.67 (0.0)
Mouriri elliptica	–	–	3.3	437.58 (22.8)	6.5	494.11 (8.5)
Myrica palustris	–	–	0.7	0.75 (0.0)	2.0	129.07 (2.2)
Pouteria glomerata	–	–	0.7	17.80 (0.9)	0.3	39.40 (0.7)
Pouteria ramiflora	–	–	–	–	0.3	299.77 (5.2)
Psidium guineense	–	–	0.7	23.27 (1.2)	1.0	7.92 (0.1)
Sapium haematospermum	–	–	2.3	71.15 (3.7)	–	–
Scheelea phalerata	–	–	–	–	1.5	108.78 (1.9)
Simarouba versicolor	–	–	–	–	0.8	7.50 (0.1)
Stryphnodendron obovatum	–	–	–	–	1.0	105.33 (1.8)
Tabebuia roseo-alba	–	–	–	–	0.3	6.88 (0.1)
Tocoyena formosa	–	–	–	–	0.3	0.28 (0.0)
Vernonia scabra	–	–	2.7	51.42 (2.7)	–	–
Vitex cymosa	–	–	–	–	1.3	362.74 (6.3)
Vochysia divergens	1.0	48.24 (22.1)	3.0	171.96 (9.0)	18.8	2137.65 (36.9)

(現地調査により作成)

層は被度が26.7％とセラードよりもさらに低くなり，出現種数も1.3種と貧弱である。セラドンの草本層は，落葉が厚く堆積して被度が20％以下の貧弱な相観か，他のビオトープではあまり見られないパイナップル科のグラバテイロが優占している。また，草本層には木本種の低木種であるアリティクンやアラサ(araça, *Psidium guineense*)が出現する。

表8-3 放牧地の分類とビオトープとの対応関係(2001年)

放牧地の分類	ビオトープ	ビオトープの概要	浸水の状況	植生	面積(ha)	浸水面積(ha)[3]
一時的草地	バザンテ(vazante)	間欠河川の低平な河床	雨季に浸水	草本サバンナ	300	268.3
	バイシャーダ(baixada)	低平な浅い窪地状の浸水草原	雨季に浸水	草本サバンナ	108	7
通年草地	カンポ・アルト(campo alto)	高位草原	非浸水地	草本サバンナ	454	0.7
灌木林・森林	セラード(cerrado)	幹や枝が大きく屈曲した多種類の灌木が生育する熱帯草原	非浸水地	木本サバンナ	50	0
	セラドン(cerradão)	セラードよりも大きな灌木や樹木が生育する樹林地	非浸水地	半落葉樹林	162	0
	コルジリェイラ(cordilheira)	半落葉性の森林	非浸水地	半落葉樹林	531	0
	カポン(caapão)	バザンテやカンポアルトの内部に形成された中洲状の円形島	非浸水地	半落葉樹林	18	0
	バイア(baia)	円形・楕円形状の湖沼	通年で浸水[1]	草本サバンナ[2]	45	31.5
	サリトラダ(salitrada)	アルカリ性が強い円形・楕円形状の塩性湖沼	通年で浸水[1]	木本サバンナ[2]	11	0
湖・人工牧野など	人工牧野	外来種の牧草を人工的に栽培する放牧地	非浸水地	—	48	0
	農場施設	農場主や雇用者の住居や倉庫,家畜囲いなどの農業施設	非浸水地	—	10	0
	農地	非浸水地に造成された果樹園や普通作物畑	非浸水地	—	6	0
				合計	1,743	307.5

1) ただし,浸水の状況により乾季には干上がって非浸水地となる湖沼も多い。
2) 水が干上がった時の植生。
3) 2003年4月26～29日の現地調査による。

(現地調査により作成;丸山・仁平 2005)

Ⅲ 土地利用と農場経営

1. 自然環境と土地利用

1) 放牧地の分類

表8-3は,バイアボニータ農場で検出された合計12のビオトープを,牧畜経営に直結する草や樹木の存在形態に着目して,①一時的草地,②通年草地,

③灌木林・森林,④湖・人工牧野など,の4つにまとめて分類したものである。

雨季の最盛期(2～3月)にはほとんど浸水する一時的草地[10]は,農場全体の23％にあたる408 haを占める。一時的草地に対応するビオトープは,バザンテとバイシャーダである。その植生はイネ科のミモゾやグラマ・セダ(grama seda, *Cynodon dactylon*)などを優占種とする草本サバンナで,木本種の侵入がほとんど見られないカンポリンポが展開している。

一方,より標高が高く浸水しない通年草地の面積は454 haであり,農場全体の26％を占めている。通年草地に対応するビオトープは,高位草原のカンポアルト(campo alto)である。その植生は,イネ科の柔らかい草本を主体とする一時的草地とは異なり,ハボデブーロやカピンカロナなど,丈の長い多様な多年生草本に灌木類を交えたカンポスージョが広がっている。

灌木林・森林の面積は761 haであり,農場全体の44％を占める。灌木林に対応するビオトープは木本サバンナのセラードである。その植生は,草原内にリシェイラやカンジケイラなど,幹や枝が大きくねじ曲がった樹高約2～5 mの多様な低木が生育する独特な相観を示す。また,森林に対応するビオトープはセラドン,コルジリェイラ,カポンで,その植生は半落葉樹林である。

その他の放牧地に関する土地利用は,湖・人工牧野などにまとめることができる。総面積は120 haであり,農場全体の6％を占める。この分類に対応するビオトープは,バイアとサリトラダで[11],そのほかに人工牧野,農場施設,農地といった人為的に大きく改変された土地が含まれる。

2) 放牧地と牧区

図8-9は,バイアボニータ農場の土地利用と農場施設(上図),および放牧地

---

10) 一時的草地の中でも標高が最も低いバザンテでは,雨季に水位が約2m上昇する。すなわち,浸水は10～11月頃から徐々に始まり,1月には水深が30～40cm,3月には最高水位(水深2m)となる。水が引き始めるのは5月下旬～6月初めである。7月にはまだかなり水が残っているが,乾季の最盛期となる8～9月にはほとんど水は消失して草原となる。

11) バイアは河川水を主な水源とする。周囲は森林などの非浸水地に囲まれているが,その一部は切断されており,河川水の流入・流出口となっている。一方,サリトラダは閉鎖水域で,バイアよりも塩分濃度が高い。水は強いアルカリ性で強烈な異臭を放つ。2002年8月に測定した結果では,サリトラダの水質は水温が31.6℃,電気伝導度が680 μs/cm,pHが8.9であった。塩分濃度が高いサリトラダやサリナは,家畜や野生動物の貴重な塩分供給地となる。この農場内のサリトラダには,牛たちが塩を舐めに頻繁にやって来るため,その周囲は糞だらけである。

の分類と牧区(下図)を示したものである。この農場の放牧地は，①北東部のアグアコンプリーダ(Água Comprida)，②北西部のブジオ(Bugio)，③南部のマルコデペドラ(Marco de Pedra)，と呼ばれる3つの牧区(invernada)に区分されている。農場内に一時的浸水地と非浸水地が共存して多様なビオトープが内在するこの農場では，農場間の移牧を行わなくても，農場内の放牧地を複数の牧区に分けることで雨季と乾季の放牧調整が可能である。

　農場内に設置された主要な牧柵は，最も標高が高い農場東端に位置するアグアコンプリーダ分場から，隣接するサンタマリア農場(Fazenda Santa Maria)に向かってほぼ東西に直線状に延びる1本のみである(図8-9 b)。この牧柵により，北部の2牧区(①と②)と南部のマルコデペドラ牧区(③)が明確に分離されている。アロス川が形成する広大なバザンテ(一時的草地)が連続的に展開して卓越する北部の2牧区に対して，南部のマルコデペドラ牧区は，灌木林や森林といった通年草地が卓越する放牧地としての特徴が色濃く，両者を分割するこの牧柵の意味合いは明瞭である(図8-9 b)。

　しかし，実際にはこの牧柵の西側に設けられた木戸が開放されたままのことが多い。また，マルコデペドラ牧区とアグアコンプリーダ牧区を仕切る牧柵の一部は，壊れて撤去されたままである。さらに，北部のブジオとアグアコンプリーダの両牧区を仕切る人工的な牧柵は設置されておらず，農場のほぼ中央に立地して一年中水をたたえるアグアコンプリーダとその両岸に張り出した森林により，農場管理者の意識の中で区分されているだけである(図8-9 b)。こうした事実は，この農場では牛群が牧区ごとに厳格に隔離され飼育・管理が行われているわけではなく，牛が放牧地の状況に応じてかなり自由に牧区間を移動できる緩やかな牧区規制下で粗放牧されている実態を示唆している[12]。

　次に，形態別にみた放牧地の分布を牧区との対応から考察する。通年草地は，マルコデペドラ牧区の西部とアグアコンプリーダ牧区の東部に集中する。これらの通年草地は，農場内でも相対的に標高が高い場所にあり，雨季の主要な放牧地となっている。ここでは，優占種のハボデブーロやカピンカロナの草

---

12) 一般に，牧区(牧柵)管理は牧場経営の要である。しかし，この農場のように放牧地が十分に広くなく，草地の状況も季節的・場所的にめまぐるしく変化するような所では，労働力が限られていることもあり，より牛の適応力に依存した緩やかな牧区管理が選択されているものと考えられる。牧区管理の厳格化には，牧畜経営全体の見直しが不可欠である。

第 8 章　伝統的な農場経営とその課題

a. 土地利用と農場施設

凡例:
- 灌木林・森林
- 浸水域（2003 年 4 月下旬）
- 草地（一時的草地・通年草地）
- 人工牧野（家畜囲い）
  - p ピケテ
  - z サルガデイラ
- 湖沼など
  - b バイアボニータ
  - x バイアドシャンド
  - s サリトラダ

至 サンペドロ農場
カピバリ川
アロス川
至 コリッショデリオカピバリ（12 km）
至 ベレニセ農場
至 サンタマリア農場

- ―― 農場界
- ……… 農場内の牧柵
- ══ 道路
- ＋ 滑走路
- ● 家畜囲い（マンゲイラ）
- ★ カレファン（牛の誘導通路）
- ♠ 住み込み農民の家
- □ 牧柵の木戸
- 農地

■ 農場施設
- B バイアボニータ（本場）
- A アグアコンプリーダ（分場）

▲ 塩置場（コッショ）と牛寄せ場（ロデイオ）
- ① アグアコンプリーダ牧区
- ② ブジオ牧区
- ③ マルコデペドラ牧区

b. 放牧地の分類と牧区

- 一時的草地
- 通年草地
- 灌木林・森林
- 湖沼・人工牧野など

0　　1000 m

- ╌╌ 牧区の境界
  - ① アグアコンプリーダ牧区
  - ② ブジオ牧区
  - ③ マルコデペドラ牧区

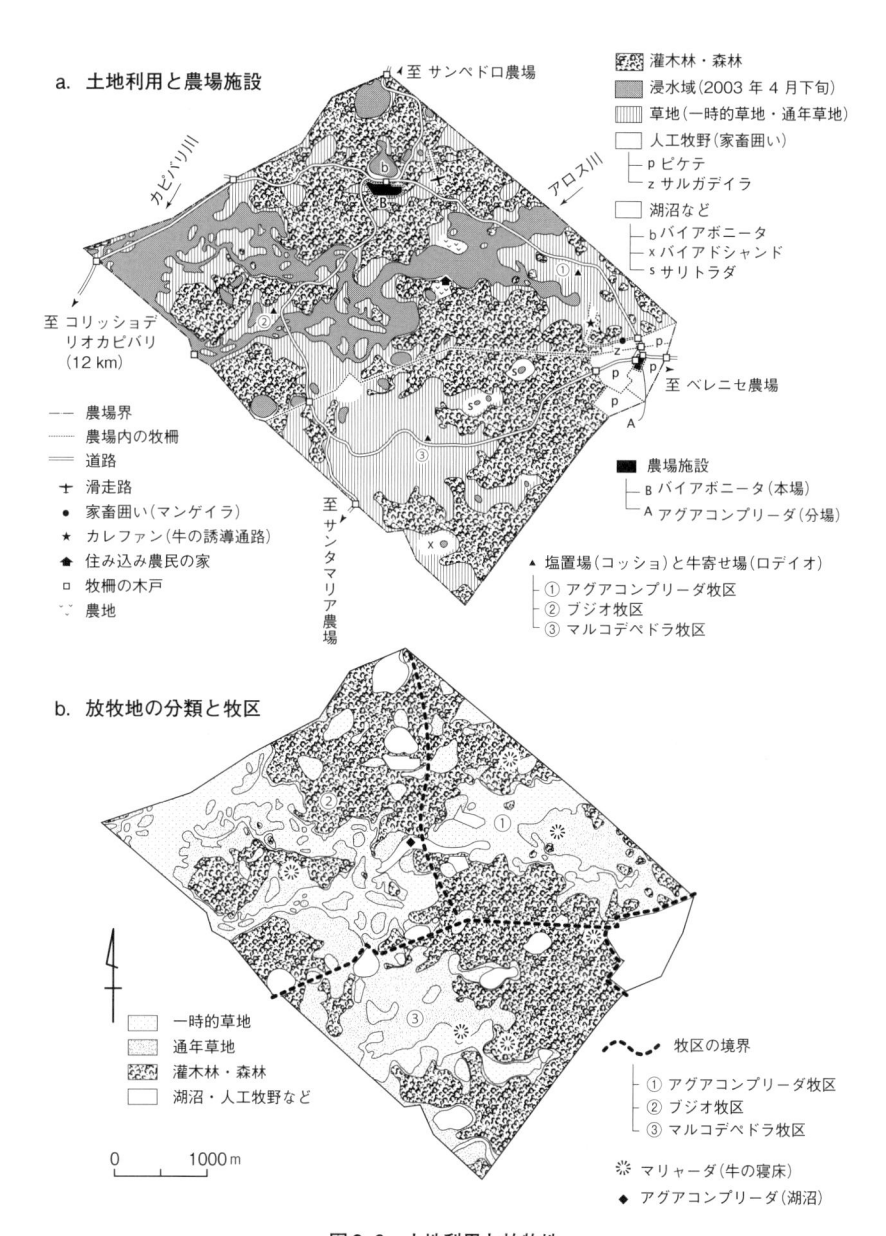

※ マリャーダ（牛の寝床）
◆ アグアコンプリーダ（湖沼）

図 8-9　土地利用と放牧地
（2001 年 8 月と 2002 年 5 月の現地調査により作成；丸山ほか 2009）

原に火を放ち，野焼き後に出てくる柔らかな草の新芽を牛に食べさせる慣習も継承されている。また，塩分を必要とする牛などの家畜にとって，マルコデペドラ牧区の通年草地や森林内に分布する2つのサリトラダは，天然の塩分供給地として重要である（図8-9 a）。

一時的草地は，ブジオ牧区の中央部から西部にかけて広く分布するほか，アグアコンプリーダ牧区の中央部にも分布する。2003年4月下旬に実施した雨季の調査では，これらの一時的草地はカピバリ川とアロス川の河道となりほとんどが浸水していた（図8-9 a，表8-3）。しかし，乾季には乾燥により良質な放牧地が縮小してしまう通年草地に対して，一時的草地には乾季でも緑豊かな草原が展開している。

灌木林・森林は，北部の2つの牧区の境界付近，およびマルコデペドラ牧区の東部で広い面積を占める。農場本部は，北部森林内のほぼ中央に位置する湖，バイアボニータの南に建設されている。ここの森林内部には，複数のバイシャーダが分布するほか，おびただしい牛糞が散乱する牛の寝床（malhada）がある。一方，農場東端に建設されたアグアコンプリーダ分場の西側には，広大なセラードやセラドンが広がっている。

人工牧野は，アグアコンプリーダ分場の周囲に分布する（図8-9 a）。ここはアフリカ原産の牧草であるブラッキャリアを播種した改良牧野である。大きなマンゲイラ（家畜囲い）に隣接して設けられた小規模な家畜囲いは，ピケテ（piquete）と呼ばれる。ここでは，日々の作業や健康管理が必要な馬や乳牛，すぐには売却しない乳離れが必要な牝の仔牛（bezeera），購入して間もない種牡牛などが，牧草の生育段階に合わせてローテーションさせながら注意深く飼育されている。ちなみに，牝の仔牛は1カ月ほどここで飼育された後，もとの放牧地に戻される。

3) 牧畜施設の分布

農場内に分布する主要な牧畜施設は，家畜囲い，塩置場と牛寄せ場（rodeio），牧柵である。マンゲイラやピケテなどの家畜囲いは，農場内で標高が最も高いアグアコンプリーダ分場の周囲にまとめて設置されている（図8-9 a）。

塩置場は3つの牧区にそれぞれ1カ所ずつ設けられており，カンバラやピウーバの丸太をくり抜いて作った給塩台（cocho）に，ミネラル塩（sal mineral）

やビタミン・カルシウムを配合した加工塩(sal concentrado)を入れて牛に与える。牧童は塩が切れないように日々注意深く見回りを行い、通常10〜15日おきに塩を補給する。

牛が集まる給塩台の周辺が牛寄せ場になっている。この場所で牧童が「オウ、オウ」と叫んだり口笛を吹いたりすると、放牧中の牛たちが集まってくる。牛寄せ場は、病気やケガなどの家畜の健康状態をもれなくチェックするための重要な場所である。牛寄せ場からは、草の枯れた牛道が牧場内に放射状に延びている。なお、牧柵は先に述べた農場を南北に区分する牧区界のほか、農場の周囲(所有界)、本場と分場の周囲、家畜囲いや人工牧野の周囲、滑走路の周囲などに設置されている。

2. 農場の系譜と経営内容
1) 農場の系譜

バイアボニータ農場の現農場主はM氏である。この農場は、M氏の祖父でコルンバ農村組合の初代組合長も歴任したO氏が開設した、かつての大農場の一部である。ミナスジェライス州出身のO氏はそこで医者をやっていたが、イタリア人と結婚してまもなくコルンバへと移住した。当時、パラグアイ川の舟運基地として栄えていたコルンバでは、貿易商として成功を収め、儲けたお金でパンタナールのニェコランディア地区に面積33,000 haの大農場を購入した。そして、そこで約20,000頭の牛を飼う大農場主となった。[13]

O氏が亡くなると、農場は3人の子どもたちに11,000 haずつ均分相続され、長男がベレニーセ農場(Fazenda Berenice)、長女がサンビセンテ農場(Fazenda São Vicente)、次女がサンパウロ農場(Fazenda São Paulo)[14]を新たに開設した。その後、ベレニーセ農場は、1985年にM氏の父親の死去にともな

---

13) 牧養力は、ブラジルの中でも地域により大きく異なる。熱帯半乾燥地域のノルデステでは、1頭あたり5 ha以上の放牧地を必要とする所もあるが(Saito and Maruyama 1988)、湿潤熱帯のパンタナールでは平均3〜4 haである(Silva et al. 2000)。また、同じ地域内でも、農場の立地条件や草地の状況、牛の年齢構成などにより牧養力は変化するため、実際には放牧地の面積だけで単純に飼育頭数を議論できない難しさがある。
14) M氏の叔母が経営するこの農場は、バイアボニータ農場の北約20 kmに位置する。ここでは叔母夫婦とその子どもの一人が大規模な牧畜経営を維持している。彼らはリオデジャネイロに住む不在地主であり、乾季になると自家用の小型飛行機でここにやって来る。

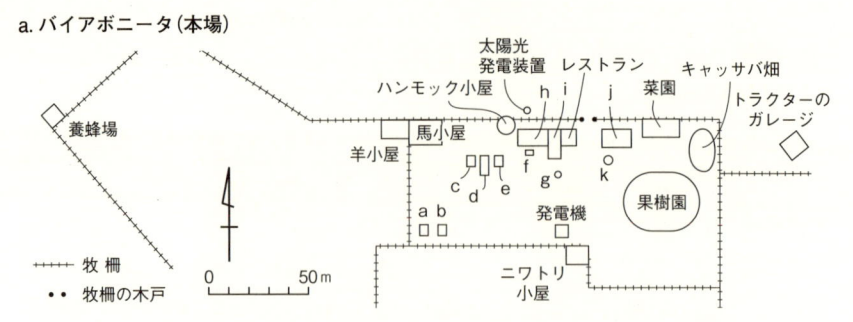

210　第Ⅲ部　南パンタナールの農場経営と環境問題

a. バイアボニータ(本場)

a 空きカン捨て場　b 空きビン捨て場　c 馬具置場　d 牧童と観光ガイドの家　e 物置　f 従業員のシャワー室
g 井戸　h 客室と賄い婦の部屋　i 事務所・調理場・食料庫　j 客室と農場主の部屋　k パラボラアンテナ

b. アグアコンプリーダ(分場)

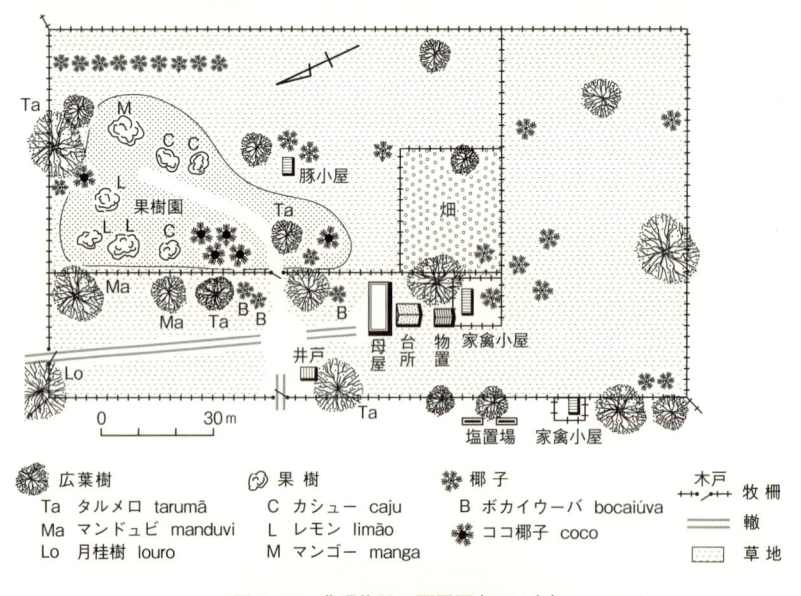

広葉樹
Ta タルメロ tarumã
Ma マンドュビ manduvi
Lo 月桂樹 louro

果樹
C カシュー caju
L レモン limão
M マンゴー manga

椰子
B ボカイウーバ bocaiúva
ココ椰子 coco

木戸　牧柵　　轍　　草地

図8-10　農場施設の配置図(2001年)
(現地調査により作成; 丸山ほか 2009)

い, 農場を引き継いだ妻(M氏の母親)に2,550 ha, M氏を加えた5人の子ども
たちにそれぞれ1,760 haずつ均分に財産分与が行われ, 大農場はさらに細分割
された.

長女のM氏はバイアボニータ農場, 次女はガドブランコ農場(Fazenda Gado

Branco)を開設した。また，長男・次男・三男は，それぞれタペラ農場Ⅰ～Ⅲ(Fazenda Tapera I, II, III)を開いた。しかし，ベレニーセ農場を継いだ母親と長女のM氏のほかは，すぐに農場を売却してコルンバに移り住んだ。

農場主のM氏は，かつてマットグロッソドスル連邦大学の教授を務めていたが，現在は退職してこの農場の経営に専従する。夫のA氏はブラジル北東部(Nordeste, ノルデステ)の出身で，長く観光業に携わってきた。結婚後はM氏とともにこの農場を経営している。夫婦には2人の娘がいるが，今のところ農場経営には直接関わっていない。

2) 農場経営

バイアボニータ農場の経営は，大きく二部門からなる。一つはパンタナールの伝統的な生業形態である粗放的牧畜経営である。もう一つは，観光地としての発展を見込み1989年に導入した農場民宿(hotel fazenda, eco-lodge)の経営であり，牧畜業とは対照的な南パンタナールの新しい生業部門である。バイアボニータ農場では，各部門に専属の従業員が雇用されている。

a. 粗放的牧畜経営

粗放的牧畜経営の実態については次に詳述するため，ここでは牧畜経営に携わる人々についてのみ述べる。牧畜経営のスタッフは，農場管理人(capataz)1家族，牧童2名，住み込み農民(moradorまたはroceiro)1家族である。農場管理人は，牧畜経営の中核となる家畜囲いがあるアグアコンプリーダ分場に，住居と畑を貸与されている(図8-10 b)。一方，牧童には農場民宿の背後にある小さな家があてがわれている(図8-10 a)。牧童が農場本部に住むのは，彼らが牧畜経営だけではなく，必要に応じて乗馬や農場内の散策，動植物の観察，魚釣り，食材加工といったエコツアーの補助者として，観光客への対応もしなければならないためである。牧童の中には，より良い雇用条件を求めて牧場を渡り歩く者も多い。この農場の牧童2人も，まだ雇用されてわずか数カ月の新参者であった。[15)]

住み込み農民は，恒常的に水があるバザンテ内のアグアコンプリーダ河畔に

---

15) 2005年3月には3名の牧童が雇われていたが，そのうち1名は筆者らの滞在中に解雇された。残った牧童の年齢は45才と41才であった。前者は宿泊施設の管理も担当する。彼らの月給は334レアルで，ブラジルの最低賃金とほぼ同額であった。

家を貸与されている(図8-9 a)。彼らは家の周囲に開かれた畑地で，キャッサバや野菜類，ココヤシやマンゴーなどの果樹類を栽培している。しかし，牧童と同様，住み込み農民も簡単に農場主に解雇されるため，一般に農場定着率は低く，ここでも調査時には住み込み農民が不在であった。牧童や住み込み農民の不安定な雇用は，パンタナールだけではなく，ブラジル全体の深刻な社会問題となっている。

このような労働力不足を一時的に補完するのが，臨時の仕事請負人(empreiteiro)たちである。彼らは必要に応じて農場主に雇用される日雇い労働者で，牧柵や家屋の修繕補修など，農場内で生じるさまざまな雑務をこなす。彼らは農場内に小屋掛けして生活しており，仕事が終わるとまたどこかの農場へと移動する流れ者である。

b. エコツーリズム

パンタナールの観光農場は，そのほとんどが豊かな自然を満喫できるエコツアーや，大型の魚を求めるスポーツフィッシングの魅力を売りものにして，世界中から観光客を集めている(Maruyama *et al.* 2005)。1990年代に入り，パンタナールが急速に観光地化した背景には，ここがブラジルで圧倒的な人気を誇る連続テレビドラマの舞台となり，その雄大な自然環境や牧童らの素朴な生活ぶりが国中に知れ渡ったことがある。また，その後1993年には，パンタナールがラムサール条約の登録湿地となり，さらに2000年にはユネスコの世界自然遺産に登録されるなど，その知名度が世界的に高まったこともある。

こうした社会的背景の変化の中で，それまで粗放的牧畜経営に全面的に依存してきた農場主の中には，不安定な牧畜経営の収入を補完し，同時に農場の自然環境や牧童の生活文化をそのまま有効活用できるエコツーリズムの導入に踏み切る者が現れた。バイアボニータ農場は，パンタナール奥地で最初にエコツーリズムの導入に挑戦した先駆的な農場である。ここでは農場内の昼・夜間散策，乗馬，バードウォッチング，写真撮影ツアーなど，さまざまなサービスが提供されている。

この農場で農場民宿とエコツーリズムの運営に携わる雇用者は，マネージャー1名，エコツアーガイド2名，民宿の賄い婦1名である。マネージャーはコルンバに事務所を置き，農場民宿の宣伝や宿泊客の獲得，移動交通手段の

手配などを担当する。また、エコツアーガイドはコルンバから農場までの観光客の運搬と、現地でのさまざまなエコツアーの案内を兼務する。ただし、ガイドは観光客がいる時だけの仕事で、それ以外はコルンバの町で自動車修理工などをして生活しているという。2001年8月の調査時には、2人のガイドの内1人はまだ見習いであったが、もう1人はパンタナールで生まれ育ち、その自然環境や動植物、住民の生活などを熟知した熟練者であった。彼は、この農場が観光業を導入してまもない1992年よりずっと雇用されてきた。[16)]

賄い婦は、宿泊客の食事作りや客室掃除などのサービス全般を受け持つ専従の女性である。彼女は宿泊施設の1室を住居に与えられた住み込みの雇用者である。観光業の導入以来、長年働いてきた賄い婦が2003年に病気で退職すると、その後は農場を頻繁に渡り歩く牧童の妻などが短期的に賄い婦を担当するようになり、民宿で出される料理や味にも変化が大きくなった。

2000年にこの農場に宿泊した客の数は、ヨーロッパ人が66人、日本人が36人、ブラジル人が95人で、合計197人であった。また、2001年(ただし滞在時の9月まで)の宿泊者数は、ヨーロッパ人が50人、日本人が11人、ブラジル人が136人であった。宿泊者は乾季の7～10月に集中する。[17)] 7月の宿泊者は、全体の約7割がブラジル国内からの観光客である。そのほとんどはサンパウロ州からの観光客であるが、リオデジャネイロ州やサンタカタリーナ州から訪れる人もいる。これに対し、8～10月には外国人宿泊者が全体の約9割を占める。なかでもドイツ人がその7割と大多数を占め、次いでイタリア人、スイス人、オランダ人と続く。ヨーロッパ人以外では、日本人、アメリカ人、韓国人が宿泊したが、その数は少ない。

---

16) ガイドの給与は最低賃金の2倍である。大勢の観光客に対応した場合には、基本給に手当が上乗せされるが、観光客が来ない時は無給になる。そのため、このガイドは観光客が少ない雨季には、町の自動車修理工場などで臨時雇いとして働いていた。なお、賄い婦の給与も最低賃金の2倍程度であり、最低賃金程度しか受給できない夫の牧童よりは稼ぎが良い。しかし、牧童や住み込み農民同様に入れ替わりが激しく、不安定雇用であることに違いはない。
17) 乾季は水が引いて陸上移動が容易となり、エコツアーのベストシーズンとなる。気温や湿度も下がり、蚊の発生も少ないために雨季よりは過ごしやすい。また、イペなどのさまざまな植物の開花期にあたり、カラフルな花が咲き乱れた平原の景色はまるで別天地のようである。さらに、縮小したバイアなどの水域には、魚や鳥、カピバラ、シカ、ワニなどのさまざまな生き物が集まるため、バードウォッチングや魚釣りの最適なシーズンとなる。

ほとんどの観光客は，パンタナールの観光用に改造された四輪駆動のトラックの荷台に乗りコルンバからやって来るが，なかには近隣都市のコルンバ，カンポグランデ，アキダウアナ，クイアバ，ポコネなどから，小型飛行機（aerotax）を使って空路で訪れるドイツ人バードウォッチャーなどのグループもある。そのため，この農場では本部の東に広がる広大なバイシャーダに専用の滑走路を建設した。[18]

しかし，高温で雨が多く，あちこち浸水して観光はもとより移動すら困難となる雨季は，エコツーリズムの完全なオフシーズンとなる。1〜6月には宿泊者がほぼ皆無となるため，この時期の観光経営をいかに成り立たせるかが深刻な課題となっている。

IV 粗放的牧畜経営の実態

1. 牛群と牧区

群棲動物の牛は，リーダーの牛を中心に，自然に複数の群れ（牛群）を構成して生活している。表8-4は，2005年3月下旬（雨季）と8月上旬（乾季）に調査した3つの牧区ごとの牛の頭数を示したものである。

雨季の調査では，牧区ごとに牧童に牛を集めてもらい，その数を数えて集計した。その結果，牛の総数は906頭であった。牧区別の割合は，ブジオが44%，マルコデペドラが30%，アグアコンプリーダが26%であった。当初の予想とは異なり，通年草地が卓越するマルコデペドラよりも，雨季で広大な面積が浸水する一時的草地の卓越するブジオの方がより頭数が多かった。浸水した放牧地でも，水深が浅い所では，牛は水中から伸びてくる草を水に浸かりながら食べており，一時的草地も場所によっては雨季の牧草地となりうることがわかる（写真8-2）。

---

18) 一般にパンタナール奥地の農場には，小型飛行機が離着陸できる滑走路が設置されている。バイアボニータ農場では，当初滑走路は東西方向に延びていたが，南北方向の風が吹く日が多く，小型飛行機の離着陸に支障を来すことがあった。そこで，2002年より南北方向に延びる新しい滑走路を建設した。なお，ニェコランディア地区では，固く締まった白砂地が水辺を縁取るように広がっているサリナの水縁部を，雨季に小型飛行機の天然滑走路として利用することもある。

表8-4 季節・牧区別にみた牛の頭数(2005年)

(頭)

季節	牧区	牛群	ベゼーロ bezerro (1才未満の牡仔牛)	ベゼーラ bezerra (1才未満の牝仔牛)	ガロッテ garrote (牡若牛)	ノヴィーリャ novilha (牝若牛・未経産牛)	ヴァカ vaca (牝牛・経産牛)	トウロ touro (種牡牛)	合計
雨季	アグアコンプリーダ		n.d.						232
	ブジオ		n.d.						402
	マルコデペドラ		n.d.						272
	雨季の合計								906
乾季	ブジオ	A-1				n.d.			42
		A-2				n.d.			62
		A-3				n.d.			40
		A-4	6	7	2	10	39	0	64
		A-5	0	1	4	2	50	0	57
		A-6	1	1	0	2	8	1	13
		A-7	2	0	0	0	3	0	5
		A-8	1	2	1	0	17	0	21
		小計							304
	アグアコンプリーダ	B-1	0	4	0	4	0	0	8
		B-2	1	7	1	10	42	2	63
		B-3	0	2	0	8	2	1	13
		B-4	0	2	0	0	6	0	8
		B-5	0	23	7	10	68	0	108
		B-6	0	1	0	1	10	2	14
		B-7	0	0	0	0	1	11	12
		小計	1	39	8	33	129	16	226
	マルコデペドラ	C-1	9	12	1	1	21	0	44
		C-2	1	1	0	0	3	0	5
		C-3	24	21	0	10	213	2	270
		小計	34	34	1	11	237	2	319
	人工牧野	D-1	0	6	0	12	13	1	32
		D-2	0	0	0	0	0	2	2
		小計	0	6	0	12	13	3	34
	乾季の合計								883

n.d.=内訳不明

(2005年3月と8月の現地調査により作成:丸山ほか2009)

写真8-2 雨季に浸水した一時的草地と種牡牛(2003年4月)
手前は水没したアロス川のバザンテである。背後には，バザンテ内部に形成されたカポンの半落葉季節林が広がっている。

　牛の仔取り繁殖が目的の農場では，種牡牛と牝牛(とくに経産牛)の比率が重要である。雨季の調査では，経産牛の正確な頭数を把握できなかったが，牛群の中に約10頭の種牡牛を確認できた。農場主の話では，全部で27頭の種牡牛がいるとのことなので，約3分の2の種牡牛は，通常9月頃から始まる繁殖期に備えて群れから離れ，草を食んで太っていると考えられる。
　一方，乾季の調査では牛の総数は883頭であった。牧区別の割合は，マルコデペドラが36％，ブジオが34％，アグアコンプリーダが26％，人工牧野4％であった。乾季の結果も当初の予想とは異なり，相対的に乾燥した通年草地の卓越するマルコデペドラの牛頭数が最も多かった。これは前述したように，この農場では牧区規制が弱く，牛が比較的自由に牧区間を移動できることに一因があると考えられる。実際，マルコデペドラとブジオの牧区間で牛の移動が確認できる。
　通常，強いリーダー牛を中心にまとまる牛群は，それぞれの牧区内に複数存在するが，昼間は牛が餌を求めて動き回るため，一般に牛群の特定は困難である。しかし，乾季に何度かパンタナールを急襲するフリアージェン(friagem)と呼ばれる寒波の到来が，時に牛の食餌活動を抑止することがある。2005年

8月の調査では，たまたまフリアージェンがパンタナールを通過して気温が10℃を下回り，牛たちが寒風を避けて牛群ごとに木陰にまとまり全く動かない日があった。そのため，各牧区内の牛群数やその構成を詳しく調査することができた。

表8-4中の乾季の欄には，3つの牧区と人工牧野における牛群別にみた，牛の属性(1才未満の牡の仔牛bezerroと牝の仔牛bezerra，牡の若牛garrote，繁殖を始める前の未経産牛novilha，経産牛vaca，種牡牛touro)別頭数を示した。種牡牛と牝牛(未経産牛と経産牛の合計)の頭数比は，牧区による顕著な差が認められるものの，農場全体ではおよそ1：26であった。

2. 牛の飼育管理と出荷
1) 粗放牧と繁殖経営

飼料を天然草地に依存するパンタナールでは，仔取り繁殖を目的とする粗放牧(criação extensivo)が中心で，肥育牛(gado de corte)の生産には適さない。牛の品種は，コブ牛(zebu)の短角グループに属するインド系のネロール(nellore)種や，ネロール種とトゥクラ(tucura，パンタナールに最初に導入されたヨーロッパ系の血統牛で，コブ牛との交配はない)種やジャージー種といったヨーロッパ系品種との交配種がほとんどである。これらの品種はいずれも粗食に耐え，ダニなどに対する抵抗性が強い特徴がある。近年では，ヨーロッパ系品種とアメリカのビザン(bizão)種との交配種である大型のビッフェロ(biffero)も導入されている。

一般にパンタナールでは，経産牛の体重は350kg程度と痩せている。これは天然草地の生産力の低さに関係がある。体重約350kgの経産牛1頭を飼育するのに，改良牧野なら約0.5haあれば可能であるが，パンタナールの天然草地の場合には，その約7倍に相当する3.8haの草原が必要だといわれる(Mazza et al. 1994)[19]。

牧童は毎日馬で農場内を見回り，生まれた仔牛を見つけると，生後2〜7日

---
19) 天然草地の生産性の低さは，農場で消費される牛乳を生産する乳牛の搾乳量にも反映されている。パンタナールの場合，1日あたりの搾乳量は約10ℓ/頭であり，ホルスタインの1/2〜1/3程度である(Mazza et al. 1994)。

の間に最寄りの牛寄せ場で所有者となる農場主を示す耳印をナイフで刻む。所有者を示す焼印は，まだ高熱の痛みに耐えられない生後間もない仔牛には押さない。出産直後の親牛や仔牛，妊娠中の牝牛などの世話は，細心の注意を要する牧童の重要な仕事である。しかし，農場内には森林や灌木林が分布して見通しが悪い場所もあるため，時に仔牛の出産や病気・ケガの牛を見落として死なせてしまうこともある。とくに生まれたばかりの仔牛は，病気や毒蛇，ジャガーなど野生動物の攻撃に遭遇して死に至る確率も高い。

2) 牛集めと家畜囲いでの作業

日常的な牧童の作業は放牧牛の見回りであるが，予防接種や焼印，出荷する牛の選別，病気やケガをした家畜の治療，馬の去勢などの諸作業を行うために，通常年1回，乾季が始まる6月中旬〜7月上旬頃に牛集めを行う。放牧牛を一斉に追い集める時には，近隣の農場からも数人の牧童が応援に駆けつけ，全部で5〜6人の牧童が作業にあたる。牧童が手伝いに来る近隣の農場は，ベレニーセ，サンペドロ，サンタマリアの3つである。これは日本の結いにあたる相互扶助システムであり，手伝いの牧童に賃金を支払うことはないが，作業後に酒と食事でもてなすのが通例である。

牧童たちは馬上で大きな叫び声をあげながら，牛群をカレファンへと一斉に追い込み，マンゲイラへ誘導する。一度に約400頭の牛を収容できるマンゲイラは，直径39mの大きな円形で（図8-11 a），外周には高さ約2mの支柱が数多く埋設されて，その間を8本の鉄線や丸太が横に渡されている（図8-11 b）。マンゲイラの内部は放射状に7つの部屋に仕切られており，牛は①の部屋から順次②・③の部屋へと送られてブレッテでの作業を待つ（図8-11 a）。

ブレッテは長さ6m，高さ1.5mであり，幅は牛が身動きできないように下部が狭い台形（上底1m，下底35cm）の形をしている。ここでは，獣医などの作業員がブレッテの側面に陣取って，順次押し込まれて来る牛に狂犬病やマンケイラ（peste de manqueira），アフタ熱などの予防注射や，所有者を示す焼印を押す作業が行われる。ブレッテでの作業が終わると，牛はオーボへと押し出される。作業員はその牛の性別や年齢，健康状態などを上から観察しながら，即座に選別（aparte）して④〜⑦の部屋へ仕分けて送り出す（図8-11 a）。

近隣の農場から紛れ込んだ迷い牛（recruta）を焼印で判別するのも，牛集め

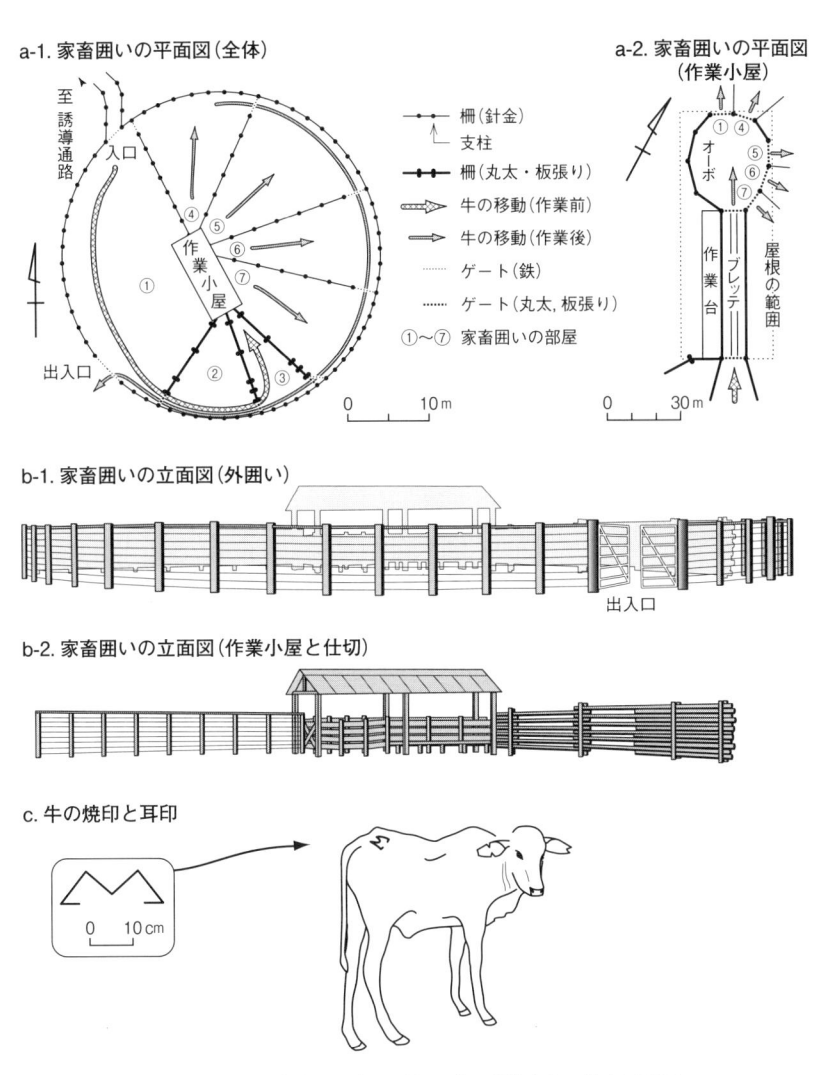

第 8 章　伝統的な農場経営とその課題　　219

a-1. 家畜囲いの平面図（全体）

- 柵（針金）
- 支柱
- 柵（丸太・板張り）
- 牛の移動（作業前）
- 牛の移動（作業後）
- ゲート（鉄）
- ゲート（丸太，板張り）
- ①〜⑦　家畜囲いの部屋

至誘導通路／入口／出入口／作業小屋／①②③④⑤⑥⑦
0　10 m

a-2. 家畜囲いの平面図（作業小屋）

オーボ／プレッテ／作業台／屋根の範囲　④⑤⑥⑦
0　30 m

b-1. 家畜囲いの立面図（外囲い）

出入口

b-2. 家畜囲いの立面図（作業小屋と仕切）

c. 牛の焼印と耳印

0　10 cm

図 8-11　家畜囲い（マンゲイラ）の構造と牛の焼印・耳印
（2001 年の現地調査により作成；丸山ほか 2009）

の一つの作業である．迷い牛は一カ所に集められ，手伝いに来た牧童にそれぞれ連れ帰ってもらう．この農場の焼印は，農場主のイニシャルであるMとEを図案化したもので，通常，牛の右側後ろの臀部（costeira）に押される（図

8-11c)。この焼印は，他人が同じものを使えないようにコルンバの役所に登記されており，木版に記録された焼印は，農場，役所，農村組合（sindicato rural）の3カ所に保存されている。牛の競り市などで購入した何度も所有者が変わった牛には，臀部に複数の焼印が認められる。

　通常，焼印は生後1年以上を経過して，その熱さに耐えられるようになった若牛に押す。まだ小さな仔牛には，焼印の代わりに耳印が刻まれる。この農場の耳印は，右側がパルマトリア，左側がフルキリャとよばれる刻み印である（図8-11c）。

3) 牛の出荷と販売

　この農場では，生後1年を経過して離乳した牡の仔牛（desterneiroとも呼ばれる）や若い牡牛が主な売却対象となる。販売が決まったこれらの牡牛は，家畜囲いの隣にあるサルガデイラ（salgadeira）と呼ばれる小さな家畜囲いに入れられ（図8-9a），塩などを与えられ15日ほど飼育されてから，コミティーバにより牛の競り市へ出荷される。この農場では経産牛を販売することはあまりないが，高齢で仔を産まなくなった牝牛や乳量が減った乳牛などは，牡牛とともに出荷される。

　通常，雨季も終盤の4月頃に牛をコミティーバでLV・レイロンイス・ルライスの競り市へ出荷する。出荷されるのは，おもに50～60頭のベゼーロ（1才未満の牡牛）が中心で，ベゼーラ（1才未満の牝牛）は繁殖用に農場に残して成牛に育てる。この農場のコミティーバは，時に近隣農場の牛も合わせて合計1,000頭ほどの規模になる。牛飼いの道沿いに開設された牛の競り市までの所要日程は通常5泊6日であり，途中サンタマリア，イニュミリン，シェテイロ，カセレス，ノーボホリゾンテの5つの農場内で野営する[20]。ちなみに，この農場から牛の競り市までの距離は約90kmで，4輪駆動車では4～5時間の行程である。

---

20) 2002年8月の調査では，グアナバラ農場より7人の牧童が，約400頭の牛を移送するコミティーバに出会った。ニェコランディア地区は砂地が多く，牛を運搬する専用のトラックが入り込めない。そこで，彼らは2泊3日の行程でトラックが入れる場所まで牛群を連れて行く。牛群の中の成牛は食肉用，仔牛は肥育用の出荷である。グアナバラ農場を発ってからの宿泊地は，カンポドーラ農場とカセレス農場で各1泊して，3日目にジャポラ農場（Sitio Japora）で牛をトラックに積み込みカンポグランデへ輸送するという。

3. 牛の採食行動と農場の牧養力
1) 観測方法

農場で放牧されている牛の採食行動と土地利用との関連を把握し，この農場の牧養力(grazing capacity)を算定するために，2005年の3月(雨季)と8月(乾季)に牛の移動経路(GPSで計測)と採食量(バイトカウンターで計測)を同時に観測した(Maruyama and Nihei 2007; 丸山ほか2008)。ここでは雨季と乾季の観測結果を比較検討することで，牛の採食行動にみられる季節的差異を考察し，さらに雨季と乾季の放牧地面積の変化を加味した本農場の季節別牧養力を算定する[21](丸山ほか2009)。

まず，農場全体での牛の採食行動を解明するために，3つの牧区に放牧されている牛群の中からそれぞれ1～2頭ずつ，品種や年齢などの属性に差が出るように牝牛を選抜して，ハンディGPSとバイトカウンター首輪を牛の首に装着した(写真8-3)。表8-5は，選抜した牛の属性(牧区，品種，年齢，体重)と観測期間をまとめたものである。電池交換やデータ捕捉のための装置の着脱作業は，農場主と牧童の協力を得て，牛群を朝と夕に各牧区の牛寄せ場に集めてもらい，馬に乗った牧童が装置を付けた牛を探し出して投げ縄で捕まえ実施した。

牛の移動経路の測定には，Garmin社のハンディGPSとスウェーデン製のGPS首輪(GPS collar)を使用した[22]。また，牛の採食量の計測には，北海道農業研究センターの放牧利用研究室で開発されたバイトカウンター首輪システム

---

21) Maruyama and Nihei(2007)は，雨季における牛の採食量分布を地図化することで，農場内における放牧ストレスの強弱を実証的に解明した。しかし，この時点ではバイトカウンターの顎運動回数を採食量に変換できなかったため，具体的な牧養力の算定には至らなかった。丸山ほか(2008)では，Umemura *et al.*(2008)の成果を援用して，乾季の牛の採食量分布の地図化や具体的な牧養力の算定を行った。

22) Garmin社のハンディGPSは，雨季の調査ではeTrex LegendとMap76を使用した。しかし，eTrex Legendを取り付けた牛CがGPSを落としてしまったため，急遽牛BにeTrexを取り付けることになった。したがって，電池を交換した17日7時20分以降の牛Cの移動軌跡データは欠損している。また，雨季の調査時にはスウェーデン製のGPS首輪(ティンバーテック社Tellus 5H2D GPS collar)を準備したが，フィールドでの動作が不安定になったために観測を中止した。このGPS首輪は，帰国後に修理のうえ，乾季の調査で使用した。このほかに乾季の調査で使用したハンディGPSは，2台のeTrex Legend-Cである。これはその年の6月に発売された新型機種で，電池寿命が36時間に延びた。それまでのハンディGPSの電池寿命は16～22時間だったため，牛の移動経路を連続的に測定するためには，1日に2回の電池交換が必要であったが，電池寿命の増大により1日1回の交換で済むようになった。

写真8-3　GPS・バイトカウンター首輪の取り外し作業（2005年8月）

を使用した。バイトカウンター首輪システムは，牛の首に取り付ける長さ約120cmの布製の首輪と，その下部に取り付ける計測ユニット，およびパソコンに接続するデータ受信ユニットと専用ソフトから構成される。バイトカウンター首輪の計測ユニットは，牛の採食時の顎運動回数を記録し，反芻時の顎運動は記録しない仕組みである。また，1回の顎運動で約2回の値を記録し，そのデータを10分ごとに内蔵された揮発メモリーに記録する。観測に際しては，この布製のバイトカウンター首輪に，保護ケースに入れたハンディGPSを糸と針金で取り付けて固定した。

2) 移動経路

図8-12は，観測したすべての牛の雨季と乾季の移動経路まとめたものである。雨季に観測した3頭の牛の総移動距離は107kmであった。その放牧地別の内訳は，森林が35％，一時的草地が32％，通年草地が30％であった。このほかに，塩置場や灌木林でもわずかな移動が確認できた。森林の中で雨季に移動経路が集中する地点は，①バイアボニータ農場の西部（ブジオ牧区），②滑走路の東部（アグアコンプリーダ牧区），③アグアコンプリーダ牧区からマルコデペドラ牧区へと続く農場中央部である。

森林での移動距離が雨季に長くなるのは，森林の内部に雨季でも完全に浸水しない一時的草地が点在し，それらを結ぶように牛が移動することが挙げられ

表8-5 移動経路と採食量を観測した牛の属性(2005年)

季節	牛の名前	牧区	品種	年齢[1] (才)	体重[1] (kg)	観測期間
乾季	牛A	アグアコンプリーダ	トゥクラとジャージーの混血	15	330	3月16日8時10分〜 3月21日11時50分
	牛B	ブジオ	ネロール系の混血	5	380	3月18日16時30分〜 3月21日9時30分
	牛C	マルコデペドラ	トゥクラ	5	370	3月16日7時50分〜 3月18日8時15分[2]
雨季	牛A	アグアコンプリーダ	トゥクラとジャージーの混血	15	330	8月4日8時40分〜 8月8日16時40分
	牛D	ブジオ	ネロールとトゥクラの混血	7	330	8月4日11時00分〜 8月7日11時10分
	牛E	マルコデペドラ	ネロール	15	300	8月7日11時40分〜 8月8日15時50分
	牛F	マルコデペドラ	ネロール	3	360	8月4日12時00分〜 8月8日17時10分[3]

1) 年齢と体重は専門の獣医師による推定値である。
2) ただし,3月17日にGPSを紛失したため,移動経路の計測は3月16日7時50分〜3月17日7時20分まで実施した。
3) GPS首輪による計測のため,移動経路のみ記録した。

(現地調査により作成;丸山ほか 2009)

る。また,森林内に牛の寝床があることも一因である(図8-9 b)。

一方,乾季に観測した4頭の牛の総移動距離は130 kmであった。その放牧地別の内訳は,一時的草地が44%,通年草地が33%,森林が20%であった。このほかに,人工牧野,バイア,塩置場でもわずかな移動が確認できた。一時的草地の中で乾季に移動経路が集中する地点は,①農場最西端のカピバリ川とアロス川の合流点(ブジオ牧区),②ブジオ牧区のアロス川バザンテ,③アグアコンプリーダ牧区のアロス川バザンテである。いずれも,雨季にはそのほとんどが浸水していた地域である。

3) 採食地点

図8-13は,GPSとバイトカウンターの両方を装着したすべての牛の採食地点と採食量を,雨季と乾季についてそれぞれまとめたものである。雨季に観測したすべての牛について,バイトカウンター計測値を合計すると30.0万回であった。これを牛の顎運動回数に換算すると,約15.8万回となる(Umemura

a) 雨 季(3月)

b) 乾 季(8月)

～ 牛の移動経路

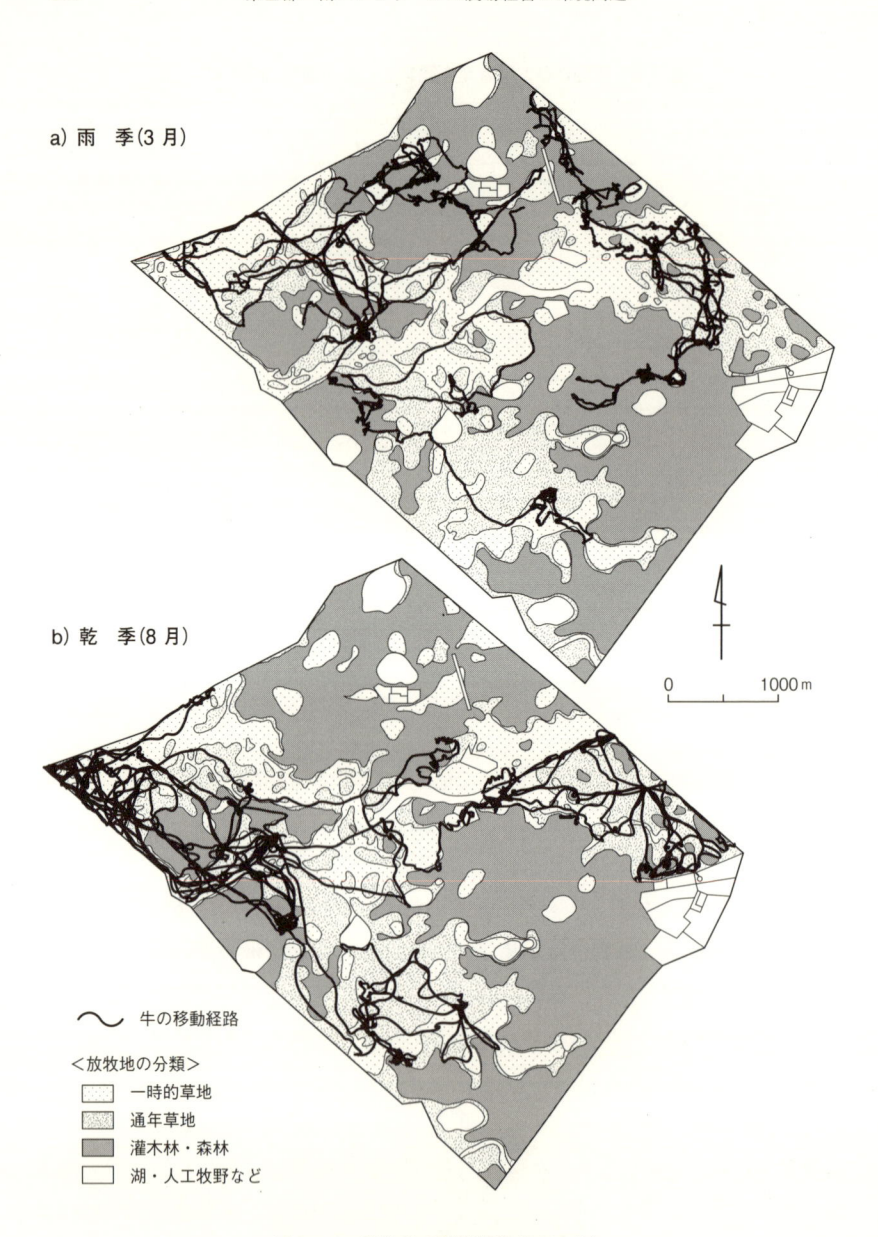

<放牧地の分類>
- 一時的草地
- 通年草地
- 灌木林・森林
- 湖・人工牧野など

図8-12　放牧牛の移動経路(2005年)
(現地調査により作成; 丸山ほか 2009)

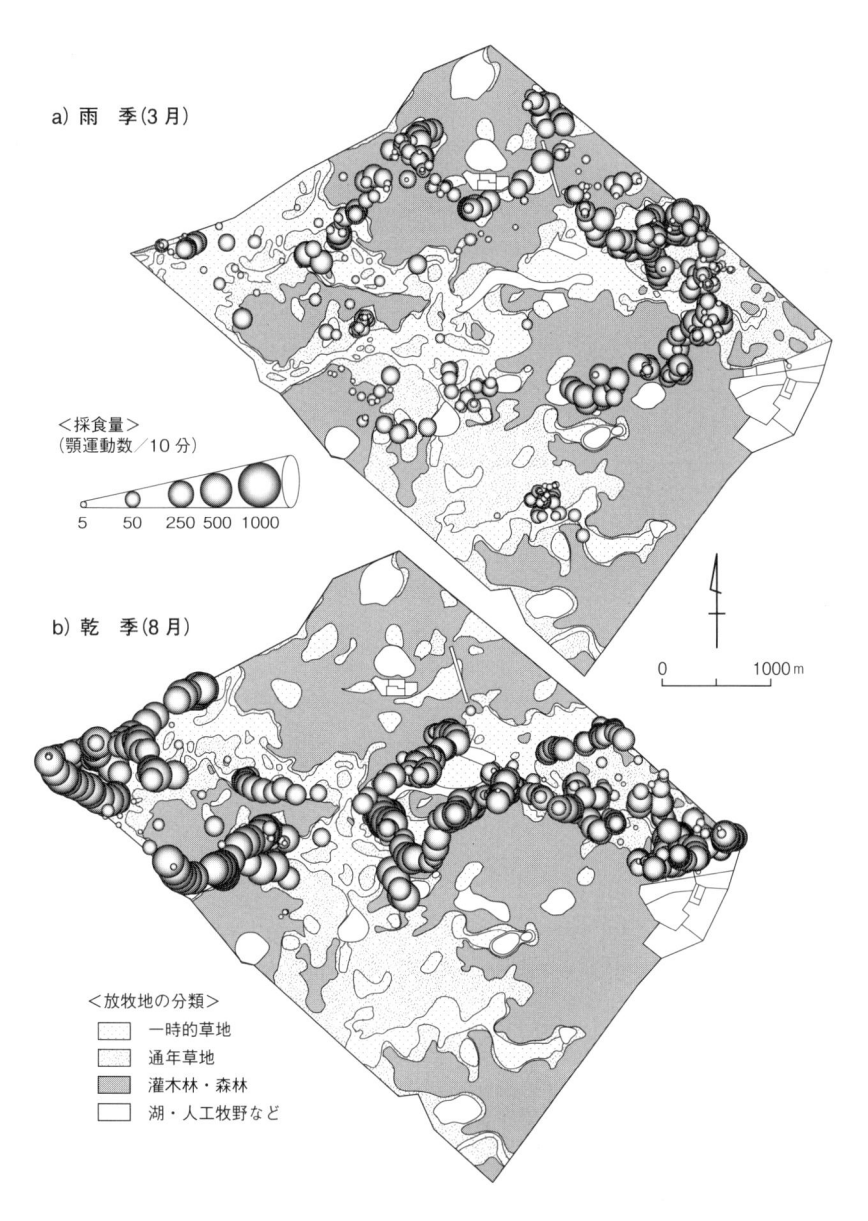

第 8 章　伝統的な農場経営とその課題

a) 雨　季(3月)

＜採食量＞
(顎運動数／10分)

5　50　250　500　1000

b) 乾　季(8月)

0　　　　1000 m

＜放牧地の分類＞
一時的草地
通年草地
灌木林・森林
湖・人工牧野など

図8-13　放牧牛の採食地点と採食量
(現地調査により作成；丸山ほか 2009)

et al. 2008)。その内訳を放牧地の分類別に示すと，一時的草地が45.7％，通年草地が32.5％，森林が18.7％であった。このほかに採食行動が確認できた土地利用は，塩置場と灌木林であった。

雨季の一時的草地において採食量が集中する地点は，①農場の北東部でアロス川が本農場に流入する地点(アグアコンプリーダ牧区)，②滑走路や本部の周辺(アグアコンプリーダ牧区)，③カピバリ川とアロス川の合流点の東(ブジオ牧区)である。①や③がバザンテなのに対して，②は森林内に分散するバイシャーダからなる一時的草地である。また，通年草地では農場東部のアグアコンプリーダ牧区に設置された塩置場付近で採食量が集中した。さらに，森林では牛の寝床でもあるマルコデペドラ牧区のサリトラダ北部で採食量が集中して現れた(図8-13 a)。

一方，乾季に観測したすべての牛について，バイトカウンターの計測値を合計すると30.9万回であった。これを牛の顎運動回数に換算すると，約16.3万回である(Umemura *et al.* 2008)。その内訳を放牧地の分類別に示すと，一時的草地が71.1％，通年草地が13.9％，森林が12.3％であった。このほかに採食行動が確認できた土地利用は，塩置場やバイア，人工牧野であった。

乾季の一時的草地において採食量が集中する地点は，①農場最西端のカピバリ川とアロス川の合流点(ブジオ牧区)，②ブジオ牧区の塩置場の北に広がるアロス川バザンテ，③湖沼のアグアコンプリーダ周辺(ブジオ牧区とアグアコンプリーダ牧区)であった。いずれも乾季には移動経路が集中する一方で，雨季には浸水していた地点である。

以上の分析結果から，季節別にみた牛の移動経路や採食量の空間的特性を，放牧地の種類別にまとめると次のようになる。まず，牛の移動経路は，雨季には森林で多く，乾季には一時的草地で多かった。また採食量は，雨季には一時的草地と通年草地で多く，乾季には一時的草地で圧倒的に多かった。これら結果は，おおむね当初の予想を裏付ける結果であったが，雨季でも通年草地における牛の採食量や移動量がさほど増加しなかったことや，森林を通過する牛の移動量が予想以上に多かったことなどは，今回の観測で新たに明らかになった知見といえる。

このような牛の移動や採食行動が，パンタナールにおいてどの程度一般的な

特徴なのかを判断するためには，さらなる事例研究の蓄積が不可欠である。しかし，ミモゾなどの良質なイネ科の草本が繁茂する一時的草地に比較して，ハボデブーロやカピンカロナなどの多年生草本が卓越する通年草地は，人為的に適切な管理が行われない限り，牛にとってさほど良好な放牧地ではないことが伺える。

4) 農場の牧養力

天然草地に依存する伝統的な牧畜地帯では，牧養力，すなわち草地の生産性を維持しつつ飼養できる最適な放牧家畜数を算定し，それを経営に反映させることが重要である。牧養力を超えて過放牧(overgrazing)になれば，放牧圧の強化とともに草地は裸地化し，さらに牧養力が低下して過放牧を助長する結果となる。逆に，家畜の放牧圧が弱まれば，草地の植物組成が変わり，灌木林や森林への植物遷移(plant succession)を通じて牧養力の低下を招くことが危惧されるからである(Maruyama and Nihei 2007)。

農場の牧養力を算定する方法はさまざまであるが，ここではバイトカウンターによる牛の顎運動回数から推定した採食量と，土地分類ごとの牧草の生産量データを利用して，本農場の牧養力を推定する。吉田(1976)によると，放牧地の牧養力は以下の式によって算定できる。

$$C = (P \times A)/(F \times D) \tag{1}$$

ただし，Cは放牧地の牧養力(頭)，Pは放牧日数における単位面積あたり牧草の生産量(kg)，Aは放牧地の面積(ha)，Fは牛1頭の1日あたりの採食量(kg)，Dは放牧日数(日)である。

まず，牛1頭の1日あたりの採食量を推定する[23]。Umemura et al. (2008)により，観測した牛のバイトカウンター計測値を1日あたりの顎運動回数に変換すると，牛Aが22,198回(雨季)と14,724回(乾季)，牛Bが13,670回，牛Cが

---

23) 牛の採食量を算定する方法にはさまざまある。たとえば，EMBRAPA研究員のSantos et al.(2002, 2003)は，ニェコランディア地区の試験農場において，牛の採食量を新陳代謝から推定した。彼らの算定結果によると，体重が300kgの牛の場合，1日あたりの採食量は12.5〜25.0kgである。また，牛の新陳代謝を，体重を0.75乗した値に70〜77の定数を乗じることで算定する方法もある(田先ほか 1973; Maynard et al. 1979)。この場合，体重が300kgの牛の1日あたりの新陳代謝は，5,046〜5,550kcalとなる。本研究では，バイトカウンターの計測値を使用することによって，牛の採食量を直接的かつ簡便に把握することができた。

3,488回,牛Dが38,488回,牛Eが19,757回となる。ここで他の牛に比べて計測値が極端に少ない牛Cの結果については,牧養力の算定から除外することにした。

次に,牛の顎運動回数と採食量との関係は,以下の式で近似することが可能である(Umemura *et al.* 2008)。

$$y = 6.82x + 2.45 \qquad (2)$$
$$y = -0.57x^2 + 5.38x + 2.55 \qquad (3)$$

ただし,yは牛の採食量(kg DM[乾物重量]/頭),xは牛の顎運動回数(10^4回/頭)である。また,放牧地における牧草の乾物重量について,式(2)は190 g DM/m^2(草高28 cm程度)での放牧を,式(3)は120 g DM/m^2(草高21 cm程度)での放牧を想定したものである。このように,バイトカウンターを使用する場合,牛の顎運回数から採食量を直接的に推定できる利点がある。

本農場での算定に際しては,単位面積あたりの牧草の生産量が雨季には多くなり,乾季には少なくなることを考慮する。したがって,雨季の観測値には式(2)を適用し,乾季の観測には式(3)を適用することにした。その結果,観測した牛の採食量は,牛Aが17.6 kg/日(雨季)と9.2 kg/日(乾季),牛Bが11.8 kg/日(雨季),牛Dが14.8 kg/日(乾季),牛Eが11.0 kg/日(乾季)となった。これらの値から牛の採食量の範囲を,雨季においては11.8〜17.6 kg/日/頭,乾季においては9.2〜14.8 kg/日/頭と推定する。

次に,単位面積あたり牧草の生産量を推定する。本研究ではSantos *et al.*(2002)による観測データを援用する。彼らはバイアボニータ農場に近いニェコランディア地区の事例農場にコドラートを設置して,いくつかの土地分類ごとに牧草の生産量を計測した。その結果,バイシャーダとカンポリンポは3,000 kg DM/ha/年,カロナル(caronal,カピンカロナの群落)は4,500 kg DM/ha/年,カンポセラードは2,200 kg DM/ha/年という値を得た。

そこで,ここではSantos *et al.*(2002)の土地分類と,ビオトープに基づき本研究で区分した牧草地の分類とを次のように対応させる。①バイシャーダは低平な浸水草原であるため,一時的草地に対応させる。②カンポリンポは,イネ科の草本類が卓越し季節的に浸水する低位草原であるため,一時的草地に対応させる。③カロナルは,カンポアルトの代表的な植生景観であるため,通年草

地に対応させる。④カンポセラードは灌木林に対応させる。⑤森林は，先述のように樹木密度が灌木林の約2倍であるため，カンポセラードの2分の1の値をあてはめる。なお，人工牧野に対しては，Mazza et al. (1994)の結果を参考にすると，カンポリンポの7倍の値を適用できると考えられるが，天然草地に放牧される牛は基本的に人工牧野に入らないことを考慮して，算定から除外することにした。さらに，本研究では表8-3に示した雨季(浸水時)と乾季における草地面積の違いを考慮することにする。その結果，本農場における牧草の生産量は，雨季においては1,665 t DM/季節(6 カ月)，乾季においては2,080 t DM/季節と算定できた。

こうして，牛の採食量と放牧地の牧草生産量が季節ごとに判明したことで，本農場の牧養力が計算できた。それによると，この農場では雨季の牧養力が518～773頭，乾季の牧養力が770～1,239頭と試算される。したがって，本農場で放牧されている906頭(雨季)と883頭(乾季)という値は，乾季においては牧養力の範囲内にあるものの，雨季においては過放牧になっていると判断できる。[24]

4. 通年草地の維持・管理
1) 通年草地の植物遷移

天然草地に依存する粗放的牧畜業が卓越するパンタナールでは，農場の牧養力は草地の広さや草本の種類・質・量などに規定されている。一般に，雨季の水位上昇により定期的に浸水する一時的草地のバザンテやバイシャーダでは，地表水や地下水の影響により，ミモゾなどイネ科の草本種が占有するカンポリンポが生態的に維持されている。しかし，定期的な浸水が見られない通年草地のカンポアルトは，そのまま放置するとフェデゴーゾ(fedegoso, *Senna occidentalis*)[25]，マルバ，オルテランドカンポなどの草本種や，パイナップル科

---

[24] Silva et al. (2000)によると，パンタナールの農場における牛の放牧密度は平均3～4 ha/頭である。この値と比較すると，放牧密度が1.9 ha/頭である本農場は過放牧ともいえる。なお，本研究で推定した牧養力は，牛の顎運動数に基づいた簡便法であり，その値が示す範囲には幅がある。より正確に牧養力を算定するためには，牛の年齢構成や季節ごとの牧草の生産量など，より詳細な観測データを算定式に取り込む必要がある。

[25] たとえば，落下したフェデゴーゾの種は牧草と一緒に牛の体内に入り，牛が集まる塩置場の周辺などに糞と一緒に落ちて生育し・密生するようになる。パンタナールの住民は，フェデゴーゾのマメを炒って粉に挽き，コーヒーの代わりに利用することもあるという。

写真 8-4　通年草地への火入れ（2004 年 8 月）

の棘植物グラバテイロ，木本種のカンジケイラ，リシェイラ，アリティクン，カンバラなどの植物が次々と侵入して，灌木類が卓越するセラードや，さらには半落葉季節林のセラドンやコルジリェイラへと植物遷移してしまう。

　牛が過放牧ぎみの小規模農場や，草地管理が行き届かない農場では，これらの植物の通年草地への侵入が顕著に認められる。また同じ農場内でも，牛が頻繁に集まる給塩台周辺の牛寄せ場や寝床では，牛が好んで食べるミモゾなどのイネ科草本が過食や踏みつけによりまばらになり，牛が食べないマメ科のマルバブランカやフェデゴーゾなどが繁茂する牛糞だらけの砂地が広がっている。

　こうした牛が食べない植物（non-edible plants）の増加は，良質な天然草地を劣化・減少させ，土壌の乾燥化や土地の砂地化を通じて牧養力を低下させ，粗放的牧畜経営を衰退させてしまう。そこで，農場主は草地の状況にあわせて出荷調整を行い牛の飼育頭数を変えたり，次に述べる火入れや伐採・巻き枯らしといった人為的ストレスを定期的に通年草地に加えることで，牛が食べない草本・木本種の侵入を抑制したりして，良質な天然草地の維持・管理に努めている。

2）火入れ

　火入れは植生の森林化を抑制して天然草地の維持に役立つだけではなく，その焼け跡から牛の餌となる柔らかな草を急速に発芽・生育させる効果がある。そのため，パンタナールの農場では伝統的な慣習として広く一般的に実施さ

れてきた(写真8-4)。しかし，現在では，鎮火せずに何日も延焼を続けて広大な地域を焼き尽くす野火(fogo)の頻発を防止するために，火入れに際しては事前にIBAMA(Instituto Brasileiro do Meio Ambiente e dos Recursos Naturais Renováveis, 環境・再生天然資源院)に許可申請を行い，周囲の農場にもその実施を連絡することが義務づけられている。このような正規のルールに従った火入れは，ケイマーダ・コントロラーダ(queimada controlada)と呼ばれ，それ以外の火入れは原則的に禁止されている。しかし，許可申請には多額の費用がかかるため，実際には申請を行わず違法に火を入れる農場主が多いのが実情である。

　一般に，火入れは比較的湿度が高い時期に場所を限定して実施されてきた。具体的には雨季の初め(11月)頃か，雨季の終わり(4～5月)から乾季の初め(6月)頃にかけて，ハボデブーロやカピンカロナが生育している通年草地のカンポアルトを中心に火入れが行われてきた。水位の上昇により低位の良質な天然草地であるバザンテやバイシャーダが浸水する雨季は，牛の餌となる草が一年で最も不足する時期である。そのため，この時期に高位の非浸水地であるカンポアルトに火を入れることで，人為的に餌となる草の発芽を促す必要があった。湿度が低い乾季や，逆に雨が多すぎて野焼きができない雨季の盛りを避けて，雨季の初めや終わり頃に火入れを行うことで，数日間燃えた後に高い湿度や降雨により自然に鎮火して，不必要な延焼による大規模火災を予防できる利点もあった。

　牛は火入れの前に移動させる。火入れ後25日程経つと，真っ黒な焼け跡からハボデブーロやカピンカロナの柔らかい新芽が10cm程度に伸び，良質な天然草地が出現する。餌が少ないこの時期，焼け跡地に芽吹いた草は牛の大好物であり，再びそこに牛を戻して放牧を続ける。一度火入れを行った草地は，次

---

26) 2004年8月の聞き取り調査によると，4～5年前には1haあたり3～4レアルを支払ったという。また，火入れ地に生育するアロエイラやピウーバなどの有用樹を伐採する場合には，さらに別にお金とともにIBAMAへの許可申請が必要となる。
27) 大規模な農場の火入れでは，1,000～2,000haの通年草地を1週間ほどかけて焼くという。通常，火入れは通年草地で行うが，土壌水分が多く良質なイネ科草本が占有する一時的草地でも，乾燥していれば火を入れることがある。
28) 空気が乾燥していて野火の危険がある時は，トラクターで火入れ地の周囲に溝を掘り防火帯を作ることもあるが，通常は行われない。

の火入れまでに1年以上の間隔をあけ，連続して焼かないのが原則である．また，火入れの時期を間違えると，土壌が乾燥しすぎて新芽の生長が悪くなったり，草が枯れて黒っぽい草原に変質したりしてしまう．そのため，火入れには細心の注意が必要である．しかし，近年ではパンタナールの住民でさえ火入れの方法を知らない者が増え，乾季の盛り（8～9月）には火を入れないという慣習すら守られずにあちこちの農場で勝手に火が放たれ，結果的に大規模な野火の多発につながっているといわれる．

3) 樹木の伐採と巻き枯らし

火入れとともに，通年草地の森林化を人為的に抑制して草本サバンナの維持・拡大を促す作業が，樹木の伐採と巻き枯らし(tree girdling)である．一般に背丈が高い樹木の除去は，トラクターを用いたなぎ倒しと巻き枯らしにより行われている．すなわち，前者は馬力が同じ2台のトラクター間に鉄の鎖を渡して並行に移動し，その間に生えている樹木をなぎ倒す方法である．樹木が再生しないように，同じコースを2～3回往復して根こそぎ除去する．とくに大きな樹木が生育する森林では，トラクターに代わりブルドーザーが利用されるが，こうした大がかりな樹木除去に際しては，事前にIBAMAに伐採面積を申請し，その広さに見合った税金を支払わなければならない[29]．また，後者の巻き枯らしは，樹幹の樹皮を一周完全に剥ぎ取ることで，導管による水の吸い上げを阻害して枯死させる方法である．巻き枯らしは，根から水を大量に吸い上げるカンバラなどの樹木に対して有効である（写真8-5）．

一方，背丈が低い樹木の除去は，斧などを用いた人力やプロペラカッターを装着したトラクターにより行われている．人力による伐採には，専門の作業員に依頼するものと，牧童や農場主が自ら行う日常的な作業がある．前者の場合は，仲介業者を通じて専門の作業員を雇い入れて樹木を伐採する．作業員の日当は，1人1日8～12レアルである[30]．この農場の場合，専門の作業員8人で5カ月ほどの伐採作業が必要だという．その賃金は牛30～40頭分ほどにもなるため[31]，現在の経営状況では専門の作業員を雇用することは困難である．そのた

---

29) 違反者に対する罰金は1,000レアル/haにもなるという．
30) 伐採を行う作業員の日当は，コシンなどの都市部では25レアル/日/人となる．
31) 牛1頭の価格は，2005年3月時点で360レアル/頭であった．

め，ここでは牧童や農場主自らが斧を振るって伐採作業にあたっている。

カンジケイラやリシェイラなどの樹木は，非浸水地を好む乾燥に強い植物である。そのため，乾季に伐採すると再び芽吹いて再生してしまうが，11月から翌年1月頃の雨季に伐採すると根腐れして木が立ち枯れるという。カンジケイラは，樹木の中でもとりわけ活発に草地に侵入し，急速に生長して灌木林化する。そのため，牧畜を営む農場主にとっては最も厄介な植物である。彼らは小さな木でも斧などで片端から伐採し，立ち

写真8-5　樹木の巻き枯らし（2004年8月）

枯れたカンジケイラは薪などに利用されている。また，鋭い棘で草地や森林への人々の侵入を妨害するグラバテイロも厄介な植物の一つで，常に牧童が持ち歩く大刀（faca）で切り払われる。

草原内に散在する背丈の低い樹木の除去とは異なり，広範囲に一面に繁茂した牛の餌にならない植物を除去する場合には，ホッサデイラと呼ばれるプロペラカッターをトラクターの後部に取り付けて移動しながら伐採する。本農場の南東端にあるバイアドシャンド（Baia do xando）は，1990年代の中頃から雨季にもあまり水が侵入しなくなり，バイアといってもすでに広範囲で非浸水地化している。そのため，現在では干上がった低地や湖沼を好むマタパスト（matapasto, *Senna alata*）と呼ばれる植物が一面を覆い尽くし，農場主はホッサデイラによる伐採作業に追われる事態となっている。バイアのような良質の天然草地も，雨季の増水による定期的な水の侵入が途絶えるとすぐに灌木林化してしまう好例であり，天然草地の維持に季節的な浸水や人為的ストレスの果たす役割が大きいことを物語っている。

V 粗放的牧畜経営の課題と対策

1. 直面する諸課題

　雨季の浸水にともない天然草地の面積が季節的に変動するパンタナールでは，牛の肥育ではなく仔取り繁殖と素牛育成が主要な牧畜経営である。そのため，わずかな牧童でいかに効率的に牛の食餌・繁殖行動をコントロールできるかが重要な経営課題である。しかし，現実には昔ながらの慣習や経験に大きく依拠した経営方法から脱却することができず，外部社会の急速な経済変化や近代化の波に翻弄されて経営危機に陥ってしまう伝統的な農場が多いのが実情である。そこで，ここではバイアボニータ農場を事例に，パンタナールの粗放的牧畜経営が直面する課題を具体的に検証する。

　まず，牛の繁殖行動に直結する種牡牛と牝牛の比率に関してである。カンポグランデ周辺に立地する近代的なフィードロットでは，種牡牛と牝牛の比率が1：35でも経営が可能である。しかし，餌が少ないうえに，広大な放牧地での粗放牧を基本とするパンタナールの牧畜では，繁殖率を上げるためには種牡牛の頭数を大幅に増やす必要があり，その比率は1：10程度が経営上の限界であるともいわれている。ところが，すでに考察したように，2005年8月現在の本農場における種牡牛：牝牛（経産牛＋未経産牛）の比率は1：26であるから，種牡牛が牝牛に比べてかなり少ない現状が見て取れる。

　問題は種牡牛の頭数だけではなく，その管理方法にも認められる。すなわち，本農場は大きく3牧区に分けられているものの，牛群をきちんと分ける牧区規制はほとんど実施されておらず，牧柵は農場の境界や農場施設を囲む程度の機能しか実質的に果たしていない。実際，牧柵にはあちこちに破損があったり，木戸が開け放たれたままだったりする。そのため，牛が餌の状況にあわせて自由に牧区間を移動し，時に牛群を入れ替わることすらある。種牡牛の移動も頻繁にみられ，弱い牡牛は群れから追い出されて繁殖の役目を果たさぬまま草ばかり食べる結果となる。

　一般に，繁殖能力が低下した高齢の強い種牡牛が牛群を支配しており，若い牡牛が種付け牛としての役割を十分に果たせていない[32]。また，牝牛の中にも歳

第 8 章　伝統的な農場経営とその課題　　　　　　　　　　　　　　　　　　235

をとりすぎていたり，餌不足で痩せすぎていて妊娠できない個体が数多く見受けられる。さらに，広大な放牧地に牝牛が粗放牧されているため，数少ない種牡牛が繁殖に対応できる牝牛を探しにくいといった問題もある。こうした現状は，購入された高価な塩や薬剤，大量の牧草を無駄に消費するだけで，ほとんど繁殖に貢献しない種牡牛が数多く存在することを示唆している。[33]

　餌不足の影響は，健康で質の高い牝牛にまでおよび，受胎率の低下と経営の悪化に拍車をかける。すなわち，餌が少ないために，一度離乳した仔牛が再び親牛に付くようになる。そうすると，親牛のエネルギーがミルク生産に使われ，卵巣が活発に機能せずに繁殖が難しくなる。また，仔牛の出産時期がまちまちであるため，牧童が離乳時期を見逃してしまうことがよくある。この場合も，仔牛が親牛の乳を吸い続け，親牛は太れずに繁殖ができない。成長段階でいうと，1才未満のベゼーロやベゼーラの段階で親牛から離すことが好ましいが，実際にはやせ細った親牛の乳を，同じくらいの体格の仔牛が吸っている光景をよく目にする。ちなみに，この農場では2004年に合計16頭の牛が餌不足で死亡したという。

　このように，本農場では綿密な繁殖計画のもとに牛群が管理されていないため，種牡牛と牝牛が年中一緒のまま無計画に繁殖が繰り返されており，結果的に仔牛の出産が時期的に分散して一年中見られることになる。このことは，出産にともなう母子双方へのさまざまな処置や注意を，わずかな牧童が放牧地全体で一年中継続する必要性を生み出している。とりわけ，雨季に生まれた仔牛は，臍の緒などの傷口に産み付けられた卵から蛆がわくラセンウジバエ(vareja)の虫害(bicheira)や，肺炎，下痢などの病気にも罹りやすいため，その管理には細心の注意が必要となる。また，ジャガーなどの野生動物による被害に対しても，一年中注意を払わねばならない。[34] このような，すべての牛に対するきめ細やかな観察と対応が周年的に要求される現在の管理方法は，仔取繁殖経営の効率化を阻害する一因となっている。

　農場主の話では，ここの牝牛の受胎率は約60％とのことであるが，実際に

---
32) 種牡を入れ替えないと，近親交配が続いて生産性が低下するという。
33) リン酸やコバルトが少ないと受胎率が下がるため，高価なミネラル塩や加工塩を与えている。しかし，すでにやせ細り繁殖能力が低下した牛に高い塩を与えても経済的に見合わない。

は受胎率が50％を下回ると推察される。表8-4に示した2005年8月の牛の頭数調査で，仮に種牡牛と経産牛を除く残りの221頭がすべて産まれたばかりの仔牛だと仮定しても，受胎率はわずか45％である。実際に仔牛である1才未満のベゼーロとベゼーラだけを対象に計算すれば，牝牛の受胎率は約27％にまで低下してしまう。パンタナールでは平均受胎率が35％ともいわれるが (Zimmer e Euclides 1997)，この農場は経営規模が小さいだけに60％を下回ると推察される受胎率では安定した牧畜経営は困難である。

　さらに，資金不足を埋め合わせるために仔牛を販売するため，市場価格が低い時に出荷して買い叩かれる悪循環に陥る。また，周年出産で仔牛の年齢や大きさが不揃いなため，競り市では買い手の評価が低く抑えられて販売価格が思うように上がらないことも多い。パンタナールの牧畜経営は，すでに生産・販売過程の細部に渡って外部市場経済の影響下に置かれている。しかし，それにも関わらず未だに多くの農場が伝統的な牧畜経営から脱却することができず，複雑で激しく変動する外部の経済システムにうまく順応できないままに赤字経営を余儀なくされている。

2. 内発的発展に向けた対策

　自給自足的な生活スタイルが姿を消し，さまざまな生活・生産物資の現金による売買が日常的となった現在，牧畜経営においても外部の経済システムに対応できる生産・管理体制の導入・確立が急務となっている。具体的には，先に指摘した多様な経営課題を踏まえつつ，牝牛の受胎率の向上や，生産費・労働力の削減につながる効率的な牛の繁殖・出荷計画が不可欠である。そのためには，パンタナールという地域固有の土地条件に適応して創造・継承されてきたワイズユース(wise use)を積極的に活用しつつ，同時に近代的な牧畜経営のノウハウをパンタナールにも選択的に導入する努力が必要である。

---

34) 2004年7月には，プーマ(onça parda)に仔羊3頭，親羊1頭，仔牛1頭が殺された。住民は，プーマが仔どもに狩りの訓練をしているという。また，隣の農場でもジャガーが出没して牛が殺されたという。牛は殺されなくても，森の中を逃げ回るため体中が傷だらけになってしまう。そのため，ジャガーの殺戮は禁じられているものの，実際には銃で撃ち殺されている。環境保護団体は，農場主からの申告に基づき殺された牛の補償金を支払うことで，ジャガーの保護に取り組んでいるが，手続きの煩雑さや根本的な解決につながらないなどの理由から効果はあまり上がっていないようだ。

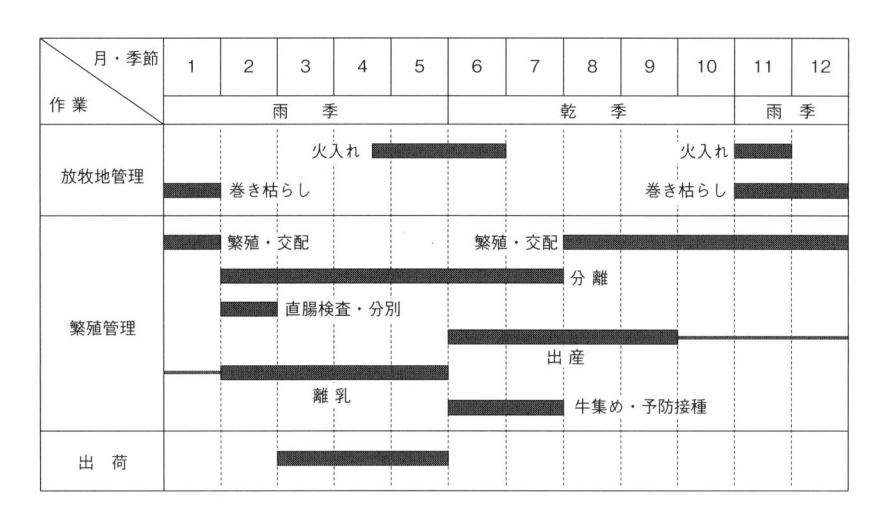

第8章　伝統的な農場経営とその課題

図8-14　牛の繁殖・出荷カレンダーの試案
（丸山ほか 2009）

　経営・管理体制の改善ポイントは，①繁殖・出荷カレンダーを作成して牛の繁殖時期を特定化し管理作業の効率化を図ること，②牧草地や牛の頭数管理を効果的に実施すること，③質の高い種牡牛や牝牛の導入などにより効果的な繁殖を実現すること，の3点である。

　まず，①の対策に関しては，現在のようなはっきりとした分娩のピークを持たず，仔牛が周年的に生まれる粗放的かつ伝統的な繁殖方法からの脱却が不可欠である。そのためには，限られた労働力を集約的に投下し，草地管理や繁殖活動を効率的に実施するための繁殖・出荷カレンダーを作成することが有効である。これにより，牛の繁殖や出産時期に合わせて草地を事前に整備したり，労働力を繁殖・出産作業に集約的に投下したりできる利点がある。さらに，出産時期が特定化されることで，体格の揃った仔牛をまとめて計画的に出荷できるようになる。

　図8-14は，筆者が好ましいと考える牛の繁殖・出荷カレンダーの一試案である。そこでは，仔牛の出産時期を分散させずに乾季の6～9月にできるだけ集中させている。乾季にはラセンウジバエなどの害虫が少ないために牛が病気に罹りにくい。また，水が引いて広大な一時的草原が出現するこの時期は，餌

も豊富で牧童の管理作業も行いやすい。さらに出産時期の集中は，多くの仔牛がほぼ同時期に離乳期(生後約8カ月位)を迎えることを意味する。このことは，仔牛の大勢が離乳する翌年の6～7月頃に，牛を一斉に家畜囲いに追い集めて，健康チェックや口蹄疫・ブルセラ病などのワクチン接種をまとめて実施できる利点も兼ね備えている。

　出産時期を集中させるためには，牛の繁殖・交配期間を特定化する必要がある。牛は出産後2～3カ月で再び繁殖が可能となるので，6月に出産した牛は8月以降が交配シーズンとなる。そこで，8月～翌年1月の半年間を種牡牛と牝牛を一緒に放牧する繁殖・交配期間とする。また，妊娠した牛が出産してふたたび繁殖を始めるまでの2～7月の半年間は，種牡牛と牝牛を完全に引き離して繁殖させない分離期間とする。

　繁殖・交配期間を設定することで，放牧されている牝牛の妊娠判別が容易となる。そこで，2月頃に直腸検査を行って妊娠の有無を確認し，妊娠していない牝牛はその原因を判断したうえで，繁殖が望めない個体は雨季でまだ太っているうちに計画的に出荷・売却する。この時期に頭数を削減することで，雨季の間に草の伸びを促進して，乾季の餌不足を予防することができる。売却するのは生後1～2年の牡の若牛を中心とし，牝の若牛は繁殖牛として残す必要がある。このように個々の牛を適切に管理するためには，牛の個体に識別番号を入れることが有効である。

　②の対策に関しては，農場内の3牧区をきちんと分離して，季節的に変化する草地の状況に合わせながら，牛群規模やその構成を適正に保つことが不可欠である。繁殖を正常に機能させるためには，良質な草を十分に確保することが重要である。先述のように，パンタナールでは牛1頭に対して約3.8haの放牧地が必要といわれているが，実際には草地の状況(ビオトープの種類)によって異なる。たとえば，バザンテやバイシャーダのような良質な一時的草地の面積が広い場合，乾季には放牧頭数を増やせるが，雨季になると餌不足に陥る可能性がある。したがって，季節に応じて牛の飼育頭数を意識的に調整する必要がある。また，牡牛や高齢の牝牛を長く牧場に置くと，飼育経費だけがかさみ，飼料不足の原因にもなる。したがって，これらの牛は2才位までに肥育牛として計画的に売却し，仔取り繁殖経営を徹底させることが重要である。[35]

③の対策に関しては，繁殖能力が落ちた種牡牛や10才以上の年老いた牝牛を積極的に入れ替えつつ，放牧地での自然繁殖の場合には，種牡牛と牝牛の比率を1：10程度にまで下げる必要がある。さらに，より近代的かつ効率的な繁殖経営を実現するためには，これまでの伝統的な自然繁殖から脱却し，繁殖用の小さな牧区を設置して，そこに種牡牛と牝牛を1：25ほどの比率で入れて計画的に交配を促し，分娩中は牝牛を1カ所に集めて集中管理するなどの抜本的改革が不可欠である。その際，人工授精を積極的に導入することで，妊娠期間を調整して出産時期を乾季に集中させ，作業効率や受胎率を向上させることが可能になる。

また，未経産牛でも成長が悪い個体は長く農場に残さずに早めに売却し，優良な牝牛を購入して置き換えることが重要である。一般に，牝牛は3才半～4才位で生殖機能が働いて初めて仔牛を産む[36]。したがって，10才で売られるまでに産む仔牛の数は6～7頭である。しかし，受胎率が50％を下回るとみられるパンタナールの伝統的な仔取り繁殖経営では，実際には3～4頭位しか産んでいないと考えられ，その改善には優良な個体の導入と維持が不可欠である。

③の対策を実現するためには，ある程度の資本投資が必要であるが，上記①～③で指摘した技術や管理方法を総合的に導入・実践することで，本農場でも牝牛の受胎率を60％程度まで上げることは十分に可能だと考えられる。すでに外部の市場経済に組み込まれている現在，あまり手を加えずに産まれ育ったものだけを必要に応じて売却するという旧来の仔取り繁殖経営では，赤字に転落して農場が維持できなくなってしまう。パンタナールで培われてきた伝統的な牧畜経営のワイズユースと，近代的な牧畜経営のノウハウを選択的に組みあわせて，新しい牛の放牧・管理システムを早急に構築することが求められている。

Ⅵ　おわりに

本章では，南パンタナールのニェコランディア地区に立地するバイアボニー

---

35) しかし，近年では経営不振から繁殖可能な牝牛まで売却する農場が増えて，仔取り繁殖地帯の存立基盤そのものが崩れかけている。
36) パンタナールでは，牝牛の初産は6才ともいわれる (Zimmer e Euclides 1997)。

タ農場を事例に取り上げ，その伝統的な農場経営の特徴を自然・社会環境との関わりから詳細に分析することにより，基幹部門である粗放的牧畜経営が現在直面する課題と，その内発的発展に向けた具体的な対策を検討した。その結果，ニェコランディア地区でも歴史が古いこの農場では，古くからの伝統や慣習に従い，現在でも天然草地の放牧地に依存した粗放的な仔取り繁殖経営が中心に営まれていることがわかった。

そこでは，季節的な浸水の有無や地下水位の高さなどに起因して発現する多様な放牧地（天然草地）の草の状況に合わせて牧区を設定して，緩やかな牧区規制のもとで牛群を管理するとか，火入れや樹木の伐採・巻き枯らしなどの作業を通じて通年草地の灌木林・森林化を抑制するなど，パンタナールで伝統的に培われてきたワイズユースが継承されていた。また，通常年1回，乾季の初めに実施される牛集めや家畜囲いでの作業には，近隣の農場から牧童らが手伝いに駆けつけるなど，相互扶助的な社会組織や慣習も残存していた。さらに，牛の出荷に際してはコミティーバによる伝統的な移送方法が現在も継承されていた。

このようなパンタナールの伝統的な牧畜経営を維持していくためには，数千～数万ヘクタールという大規模かつ多様な放牧地の存在が必要である。しかし，本農場がその好例であるように，時代とともに繰り返されてきた遺産相続により，農場規模が縮小して放牧地の多様性も喪失される事態が急速に進んでおり，牧養力が低いパンタナールではすぐに経営悪化に直結する。その結果，雇用者の解雇にともなう労働力不足が顕在化し，放牧地や牛群の管理がおろそかになるため，仔牛の生産性や品質がさらに低下して経営破綻への悪循環に取り込まれてしまう危険性をはらんでいる。

さらに，こうした状況に追い打ちをかけるかのように，パンタナールとは縁もゆかりもない大都市に居住する企業家や政治家，裁判官，NGO組織などの不在地主が，経営に行き詰まった伝統的農場などを積極的に買収して，近代的な牧畜経営やエコツーリズムなどの観光業をパンタナールで営むようになった。その結果，さまざまな生活物資や情報・文化が都市からパンタナールへと流入し，牧童などの日常生活からも自給自足的な生活様式が急速に姿を消している。そして，新たな職業や子弟教育の機会を求めて都市へと移住する地元住

民が増加する一方で，パンタナールの伝統的な牧畜・生活文化は喪失の危機に直面している。

このような現状を打開し，再び牧畜経営をこの地に復活させるためには，パンタナールという地域固有の土地条件に適応して創造・継承されてきた，天然草地や牛群の管理，相互扶助システムなどのワイズユースを積極的に見直して活用すると同時に，現在パンタナールの仔取り繁殖経営が直面する受胎率の低さや繁殖期の周年化といった諸課題に対して，近代的な牧畜経営のノウハウを積極的に援用する努力も必要である。その具体的な経営・管理体制の改善ポイントは，①繁殖・出荷カレンダーを作成して牛の繁殖時期を特定化し管理作業の効率化を図ること，②牧草地や牛の頭数管理を効果的に実施すること，③質の高い種牡牛や牝牛の導入などにより効果的な繁殖を実現すること，の3点に要約できる。

(丸山浩明・仁平尊明・宮岡邦任・吉田圭一郎・コジマ=アナ)

<文　献>

田先威和夫・大谷　勲・吉原一郎・松本達郎 1973.『家畜飼養学』朝倉書店.

丸山浩明・仁平尊明 2005. ブラジル・南パンタナールのビオトープマップ—ファゼンダ・バイア・ボニータの事例—. 地学雑誌 114: 68-77.

丸山浩明・仁平尊明・コジマ=アナ 2008. GPSとバイトカウンター首輪を用いた牛の採食行動調査—ブラジル・南パンタナール，バイア・ボニータ農場における乾季の事例—. 人文地理学研究 32: 17-35.

丸山浩明・仁平尊明・コジマ A. Y. 2009. ブラジル南パンタナールの伝統的な農場経営とその課題—バイアボニータ農場の事例—. 地理空間 2: 99-132.

横山　智 2001. ラオス農村におけるGPSとGISを用いた地図作製. GIS—理論と応用 9 (2): 1-8.

吉田重治 1976.『草地の生態と生産技術』養賢堂.

Fernandes, D. D. e Assad, M. L. L. 2002. A pecuária bovina de corte da região pantaneira. In *Paisagens pantaneiras e sustentabilidade ambiental*, eds. Rossetto, O. C. and Rossetto, A. C. P. Brasil Junior, 99-125. Brasilia: Universidade de Brasília.

Maruyama, H., Nihei, T. and Nishiwaki, Y. 2005. Ecotourism in the north Pantanal, Brazil: Regional bases and subjects for sustainable development. *Geographical Review of Japan* 78: 289-310.

Maruyama, H. and Nihei, T. 2007. Grazing behavior of cows measured by handheld GPS and bite counter collar: A case of Fazenda Baía Bonita in South Pantanal, Brazil. *Japanese Journal of Human Geography* 59: 30-43.

Maynard, L. A., Loosli, J. K, Hints, H. F. and Warner, R. G. 1979. Units of reference in fasting metablolismm. In *Animal nutrition*, eds. Maynard, L. A., Loosli, J. K., Hints, H. F. and Warner, R. G., 394-397. New York: McGraw-Hill.

Mazza, M. C. M., Mazza, C. A. da S, Sereno, J. R. B., Santos, S. A. e Pellegrin, A. O. 1994. *Etnobiologia e conservação do bovino pantaneiro*. Brasília: EMBRAPA.

Proença, A. C. 1997. *Pantanal: Gente, tradição e história*. Campo Grande: Editora UFMS.

Saito, I. and Maruyama, H. 1988. Some types of livestock ranching in São João do Cariri on the upper Paraíba Valley, Northeast Brazil. *Latin American Studies* 10: 101-120.

Santos, S. A., Costa, C., Crispim, S. M. A., Pellegrin, E. R. e Ravaglia, E. 2002. *Boletim de pesquisa e desenvolvimento 27: Estimativa da capacidade de suporte das pastagens nativas do Pantanal, sub-região da Nhecolândia*. Corumbá: EMBRAPA Pantanal.

Santos, S. A., Abreu, U. G. P. de, Crispim, S. M. A., Padovani, C. R., Soriano, B. M. A., Cardoso, E. L. e Noraes, A. S. 2003. *Boletim de pesquisa e desenvolvimento 52: Simulações de estimativa da capacidade de suporte das áreas de campo limpo da sub-região da Nhecolândia*. Corumbá: EMBRAPA Pantanal.

Seidl, A. F., Silva, J. S. V. and Moraes, A. S. 2001. Cattle ranching and deforestation in the Brazilian Pantanal. *Ecological Economics* 36: 413-425.

Silva, M. P., Mauro, M., Mourão, G. e Couttinho, M. 2000. Distribuição e quantificação de classes de vegetação do Pantanal através de levantamento aéreo. *Revista Brasileira de Botanica* 23: 143-152.

Umemura, K. Wanaka, T. and Ueno, T. 2008. Estimation of feed intake while grazing using a wireless system requiring no halter. *Journal of Dairy Science* 92: 996-1,000.

Zimmer, A. H. e Euclides Filho, K. 1997. As pastagens e a pecuária de corte brasileira. In *Simpósio internacional sobre produção animal em pastejo*, ed. Universidade Federal de Viçosa, 349-378. Viçosa: Universidade Federal de Viçosa.

第9章
アロンバードをめぐるポリティカル・エコロジー
──伝統的な生態学的知識と科学的な生態学的知識の相剋──

I　はじめに

　パンタナールは，アンデス山脈とブラジル高原との間に形成された巨大な堆積盆地である。周囲を取り囲む標高約400〜800mのブラジル高原からは，クイアバ川，サンローレンソ川，ピクイリ川，タクアリ川などの大河川が湿地内へと流れ込み，最終的にそのすべてが最下部を流下するパラグアイ川に流入する。これら大河川の水源域にあたるブラジル高原のセラード地帯では，ダイズ生産を中心とする大規模農業開発がナショナルプロジェクトにより強力に推進された結果，大量の土砂が河川へと流出して，その下流域にあたるパンタナールでは，顕著な土砂堆積(assoreamento)による河床高の増大や河道の変化が，とりわけ1980年代頃より顕著となった。そして，アロンバード(arrombado，突き破りの意味)とかボッカ・ド・リオ(boca do rio，川の口の意味)と呼ばれる，自然堤防の破堤により形成される河川水の流出口があちこちに出現した。さらに，パンタナールの自然環境や生物資源保護の観点から，アロンバードの伝統的な管理方法を根本的に否定する法規制をともなう環境政策が実施された結果，大量の水が本流から外部へ恒常的に流出して広大な浸水域を生み出し，アロンバードより下流域の自然環境や地域の経済・社会に深刻かつ多様な問題を引き起こすようになった(口絵①・②衛星画像参照)。

　ここでは，住民がパンタナールの河川環境をどのように認知・利用して生業である牧畜経営を維持してきたかを論じたうえで，近年のパンタナールを取り巻く外部社会(州や国家)の経済・環境政策により，地域の自然環境や住民の生活がどのような影響を受けているのかを，アロンバードの管理をめぐるさまざまな対立や湿地景観の変化などに着目しながら，ポリティカル・エコロジー(Political Ecology)の視覚から実証的に解明することを目的とする(島田 1995;

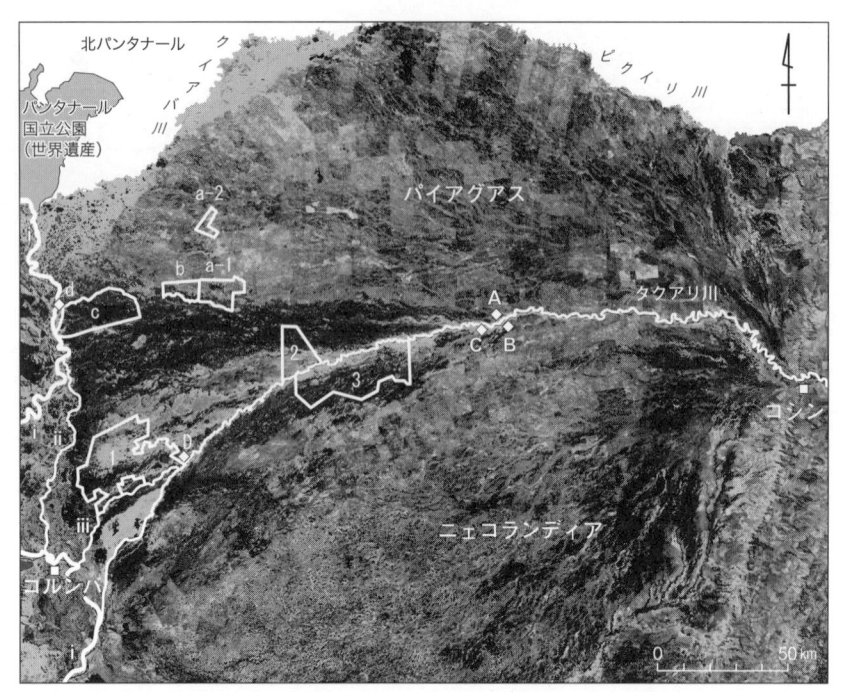

<アロンバード>　A：カロナル　B：フェーロ　C：サンタ・アナタリア　D：ゼダコスタ
<ファゼンダ>　a-1：ベラビスタ　a-2：レティロ・デ・ベラビスタ　b：サンルイズ
　　　　　　　c：サクラメント　d：ポルト・サンペドロ
<コロニア>　1：サン・ドミンゴスほか　2：バグアリほか　3：ボン・ジェズス・ド・タクアリほか
<河川>　i：パラグアイ　ii：パラグアイ-ミリン　iii：タクアリベーリャ

図 9-1　研究対象地域とアロンバードの分布
（現地調査により作成，衛星画像は 2001 年）

金沢 1999; 池谷編 2003; Zimmerer and Bassett 2003）。研究対象地域には，アロンバードの出現に端を発し，パンタナールの中でも地域の自然・経済・社会的環境変化がもっとも深刻かつ広範囲に及んでいる，南パンタナールのタクアリ川右岸に位置するパイアグアス（Paiaguás）地区を選定した（図 9-1）。本地域のポリティカル・エコロジーに関する詳細な実証研究は，脆弱な湿地生態系を改変する人為的営力（政治・経済力）の大きさを実証する一方で，その湿地生態系の激変に自ら翻弄されて苦悩する人間社会の実態を描出することに繋がる。

　研究対象地域のパイアグアス地区は，南パンタナールのほぼ中央を西から南東へと流下してパラグアイ川に合流するタクアリ川の右岸に広がる，面積

31,764 km² の広大な地域である。その範囲は，マットグロッソ州との州界をなすクイアバ川とピクイリ川を北端，タクアリ川を南端，ブラジル高原の西の端を東端，パラグアイ川とその分流のパラグアイミリン川を西端とする（図9-1）。パイアグアス地区の面積は，パンタナール全体の 18.3％に相当する。19 世紀以降，天然草地を利用した仔取り繁殖を目的とする粗放的牧畜地域として発展を遂げた本地域には，約 578,000 頭の牛が飼育される大牧畜地帯が形成されている（Almeida *et al*. 1996）。

II アロンバードの形成とその伝統的な管理方法

明確な雨季と乾季の交替に特徴づけられる本地域では，1 年を通じて河川水位が大きく変動する。タクアリ川の水位変動は，年間約 6～7 m にも達する。雨季には豪雨などで水位が急激に上昇し，あちこちで自然堤防が破堤して外水洪水が起きる。こうした雨季の増水にともない自然の営力により形成された破堤部（河川水の流出口）を，本地域ではアロンバードとかボッカ・ド・リオ（または単にボッカ）と呼んでいる。アロンバードの形成は，一般に増水による破堤という自然現象の帰結として捉えられるが，その背後にはパンタナールの住民らによる人為的所作が深く関わっていることが多い。その意味で，アロンバードは自然の営力を利用して人為的に形成されたものと見ることも可能である。

すなわち，天然草地に依存した粗放的な牧畜経営を主要な生業とするパンタナールでは，バザンテ（vazante, 間欠河川の低平な河床に広がる草原）やバイシャーダ（baixada, 雨季を中心に季節的に浸水する浅い窪地状の低位草原）といった良質な天然草地をできるだけ広範に確保することが，経営規模の拡大や生産性の向上にとって必要不可欠である（丸山・仁平 2005; Maruyama and Nihei 2007; 丸山ほか 2008, 2009）。

そのため，牧場主たちは増水する雨季にはアロンバードから水を内陸部へと引き込み，水位が下がる乾季にはアロンバードを閉じて排水・乾燥化させることで，草地への木本種の侵入による森林化の植物遷移を抑制して良質な天然草地の維持・形成を促してきた。2008 年 8 月に訪問したタクアリ川左岸の農場では，雨季には本流の水がアロンバードから約 8 km も牧場内部へ侵入して，水

深2～3mの広大な浸水地が形成されるというが，乾季になると水が引いて緑豊かな天然草地のバザンテが展開していた。こうした雨季の定期的な浸水が植物遷移による草地の灌木林化・森林化を抑制し，さらに乾季の乾陸化にともなう土地の適度な乾燥が柔らかい良質な草地形成を促す。パンタナールの伝統的な牧畜経営は，住民による河川水と草地の巧みな管理下で発展してきたといえる。

また，ある牧場主の話では，かつてワニ狩りを主目的とする野生動物の密猟者たちが，多数の獲物を容易に捕獲するために，アロンバードの形成に関与してきたという。ブラジルでは，すでに1967年の「狩猟法および漁業法」により営利目的での野生動物の捕獲が禁じられていたが，生物が多様で豊富なパンタナールには，ワニやカワウソ，ジャガーなどの皮や，希少なスミレコンゴウインコなどを狙う密猟者が数多く侵入して住民らを困らせたという。とくに，コウレイロ(coureiro)と呼ばれるワニの密猟者は，アロンバードを意図的に作って本流の水を外部へと流出させ，夜陰に乗じて小型の舟で奥地に侵入して，ライトで川辺に赤く光るワニの目を手掛かりに，手当たり次第殺戮して皮を剥ぎ取ったのである。こうしたワニの密猟行為は，貧しい住民の子弟まで巻き込んで1970年代後半にもっとも活発化したという。パンタナールでの密猟は，その後1980年代後半に野生動物の狩猟を禁じる法律や警察による取り締まりが強化されるまで広範に続けられていた。

アロンバードは，水位の低い乾季に自然堤防を60cmほど掘り下げておくだけで，雨季の増水により簡単に形成された。また，本流の水位が低下する乾季の8～9月頃に実施されたアロンバードの閉鎖作業も比較的簡単なものであった。小規模なアロンバードの伝統的な閉鎖方法は，破堤部に木杭を打ち込み，そこに10～15cm間隔でバラ線を細かく張り，その間にヤシなどの葉をぎっしりと挟み込んで塞ぐだけの簡単なものであったが，すぐに流水中の浮遊土砂などが植物に引っかかって堆積し開放口が閉じた。また，土嚢をアロンバードに積み上げて水の流出を止める方法も一般的である（写真9-1）。一方，大規模なアロンバードは，浚渫船をチャーターして河床から土砂を汲み上げ流出口を塞いだという。

ところが，1980年代頃よりパンタナールを流れる河川に大規模な土砂堆積

第9章　アロンバードをめぐるポリティカル・エコロジー　　*247*

写真9-1　土嚢で閉鎖されたアロンバード(2008年)

という異変が観察されるようになり，アロンバードの形成に大きな影響を与えるようになった。さらに1990年代に入ると，それまでの伝統的なアロンバードの管理方法に強い法的規制が加わり，結果的にさまざまな問題が噴出して住民間や政府との対立が表面化した。そこで，次章では南パンタナールのタクアリ川を事例に，環境異変の背景や争点などを検証する。

Ⅲ　タクアリ川の異変とアロンバードの管理規制

1．タクアリ川の異変

　図9-2は，1970～2003年の34年間のパラグアイ川の水位変動，ならびにタクアリ川上流のブラジル高原と下流のパンタナール湿地で生じた土地開発・環境変化の歴史をまとめたものである。ブラジルでは1964～1967年のカステロ・ブランコ軍政下での経済安定化政策と輸入代替工業化政策が功を奏し，その後1968～1973年まで「ブラジルの奇跡」と呼ばれる高度経済成長期が到来した。投資環境が好転したこともあり，1960年代後半以降，外国企業による投資が拡大して経済が活性化したが，1973年のオイルショックや対外債務問題がその後大きな問題として顕在化するようになった。

　こうした中，ブラジル高原では1970年代後半より国家プロジェクトとして

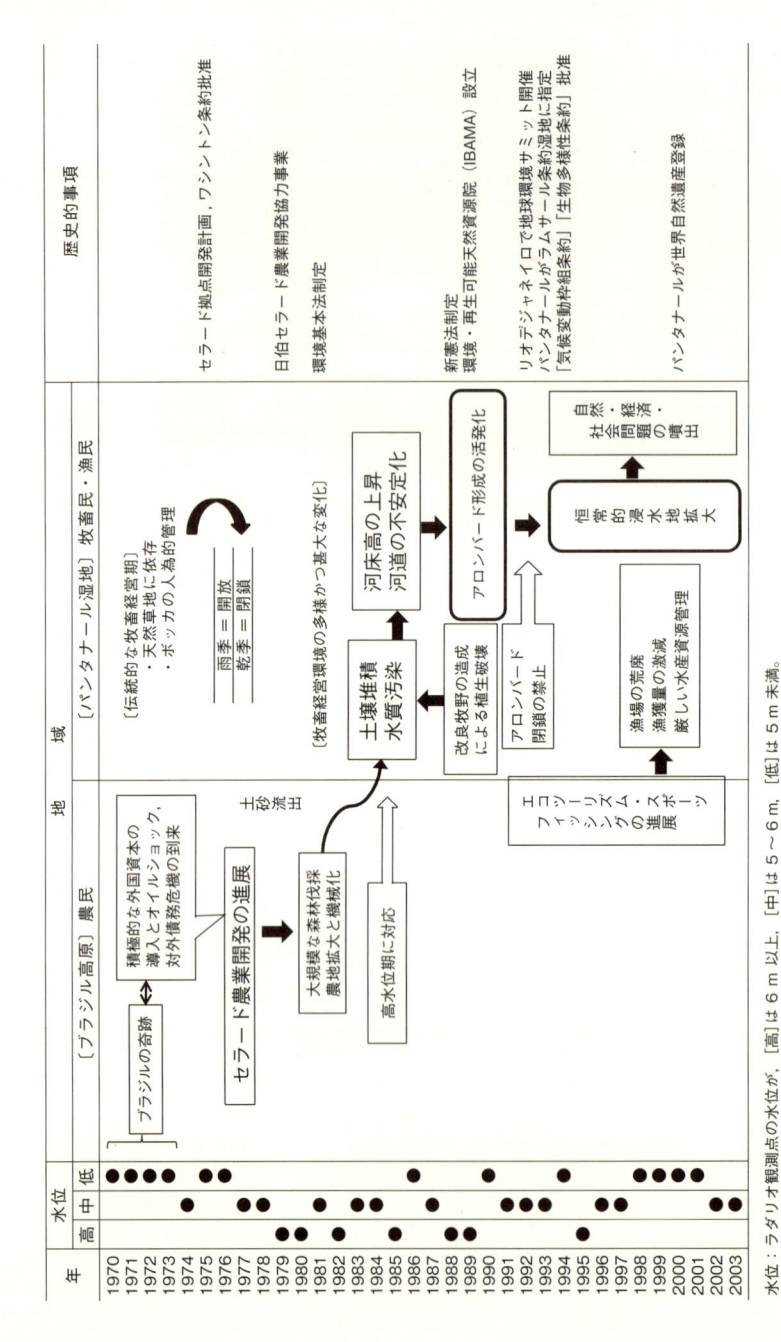

248　第Ⅲ部　南パンタナールの農場経営と環境問題

年	水位 高/中/低	地域		歴史的事項
		[ブラジル高原] 農民	[パンタナール湿地] 牧畜民・漁民	
1970	●低		[伝統的な牧畜経営期] ・天然草地に依存 ・ボカの人為的管理 雨季＝開放 乾季＝閉鎖	セラード拠点開発計画、ワシントン条約批准
1972	●低			
1973	●低	ブラジルの奇跡		
1975	●低	↕ 積極的な外国資本の導入とオイルショック、対外債務危機の到来		
1976	●低			日伯セラード農業開発協力事業
1977	●低			
1978	●低	セラード農業開発の進展		
1979	●低	⇩		
1980	●中		[牧畜経営環境の多様かつ重大な変化]	
1981	●中	大規模な森林伐採 農地拡大と機械化	土壌堆積 水質汚染	環境基本法制定
1982	●中		↑	
1983	●中			
1984	●中			
1985	●中		改良牧野の造成による植生破壊	
1986	●中	土砂流出		
1987	●中		河床高の上昇 河道の不安定化	
1988	●中高		↓	
1989	●中高	高水位期に対応	アロンバード形成の活発化	
1990	●中		↑	新憲法制定 環境・再生可能天然資源院（IBAMA）設立
1991	●中		アロンバード閉鎖の禁止	
1992	●中		エコツーリズム・スポーツフィッシングの進展	リオデジャネイロで地球環境サミット開催 パンタナールがラムサール条約湿地に指定 [気候変動枠組条約] [生物多様性条約] 批准
1993	●中			
1994	●中		漁場の荒廃 漁獲量の激減 厳しい水産資源管理	
1995	●低		↑	
1996	●低		恒常的漫水地拡大	
1997	●中		↓	
1998	●低		自然・経済・社会問題の噴出	
1999	●低			
2000	●低			パンタナールが世界自然遺産登録
2001	●低			
2002	●中			
2003	●中			

水位：ラダリオ観測点の水位が、[高]は6m以上、[中]は5～6m、[低]は5m未満。

図9-2　パラグアイ川の水位変動とタクアリ川流域の開発・環境変化の歴史

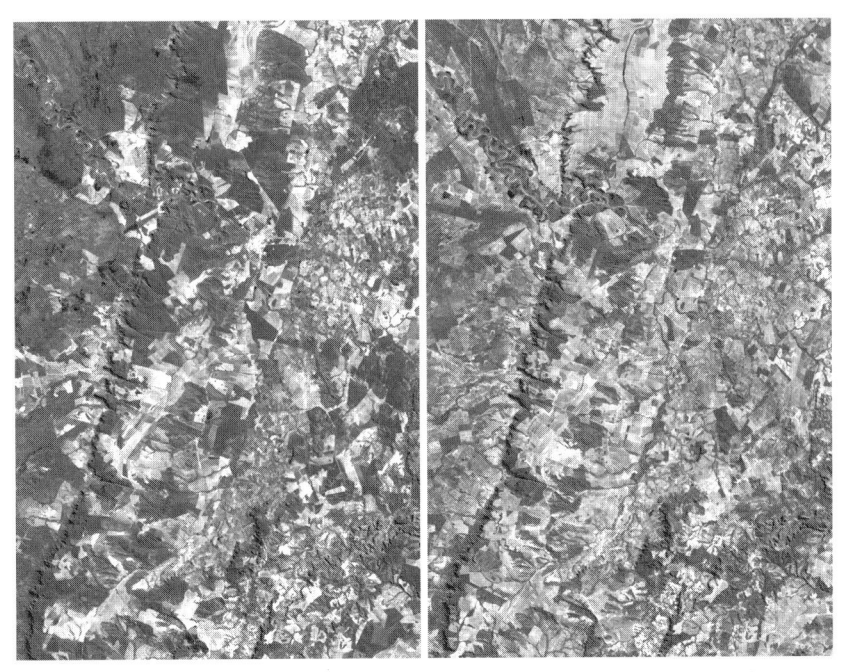

第9章 アロンバードをめぐるポリティカル・エコロジー　　*249*

1985年8月（ランドサット5号）　　　　　　2001年8月（ランドサット7号）

図 9-3　タクアリ川上流域の森林開発と農地造成（1985・2001年）

　セラード農業開発が始まり，1980年代には日本などからの外国資本を積極的に導入して大規模かつ急速な農地開発が進められた。[1] その結果，204万km^2とも言われるそれまで未開墾だった広大なセラード地帯は，その後わずか四半世紀のうちに世界第2位の大豆生産地へと変貌を遂げた（青木 1995・2002; 西澤ほか 2005; 丸山 2007）。図9-3は，タクアリ川上流の1985年と2001年のフォールスカラーの衛星画像である。両者を比較すると，1985年にはまだ森林（黒っぽい所）だった場所が，2001年には広大な農地（白っぽい所）に大きく変化したことが見て取れる。

　このような上流域での大規模な森林伐採による農地開発や，センターピボッ

---

1) セラード農業開発は，1979年より2001年までの22年間にわたり，日本が継続的に技術・資金協力を実施したODA事業であり，3期にわたる事業に投入された資金総額は684億円にも達する。この事業は両国の合弁会社として設立されたカンポ社が事業の企画・調整や実施・監督にあたった。

トなどの灌漑設備を備えた近代的な農業の進展により，その下流に位置するパンタナールでは深刻な土砂堆積(河床高の上昇)と河道の不安定化，農地に大量投与される農薬や化学肥料などの降雨流出による水質汚染などが問題視されるようになった[2](写真9-2)。この時期，土砂流出はパンタナール内部でも顕在化したと見られる。すなわち，天然草地に依存した伝統的な牧畜経営から，植被をすべて剥ぎ取ってアフリカ原産のブラッキャリアと呼ばれる牧草を播種した改良牧野への草地転換が，この時期に急速に推進されたのである(写真9-3)。天然草地が1970年代に激減し，1980年代以降は漸減傾向にある一方で，改良牧野は1985年以降1990年代にかけて急激に増加した事実は，Silva *et al*. (2006)でも明らかにされている。

折しも，セラード開発が進展した1980年代は雨の多い年が続き(多雨期)，パラグアイ川の河川水位を見ても，高水位年が5年間ともっとも多く，次いで中水位年が4年，そして低水位年は1986年のわずか1年だけであった(図9-2)。このような降雨特性も相俟って，急速な農地開発が進むブラジル高原やパンタナール内部の牧野からは大量の土砂流出が発生し，タクアリ川の急速な河床高の上昇やそれにともなう河道の変化を通じて，各地にアロンバードが形成されたと考えられる(写真9-4)。

2. アロンバードの管理規制とその社会的背景

パンタナールでは，雨季に開いたアロンバードを乾季には閉鎖するのが伝統的な管理方法であった。ところが，1992年頃からその管理方法に法規制が掛かり，アロンバードの閉鎖は禁止されてその周年開放が義務づけられた。そのため，タクアリ川の水は恒常的に本流から外部へと流出を続け，その周囲に広大な浸水域を出現させる結果となった。法的な管理規制が実施された背景には，アロンバードの閉鎖がピラセマ(piracema)と呼ばれる魚の繁殖のための遡上行動を妨害して水産資源の減少につながるだけではなく，内陸部浸水地の乾陸化を促して，わずかな水溜まり(閉鎖水域)に取り残された魚の大量死を誘

---

[2] 土砂流出を防止するための等高線耕作や農地内の森林保全が進まず，中には河川の際にまで大豆畑が違法に造成されている。また，広大な農地では小型飛行機を利用した薬剤(除草剤，枯葉剤，殺虫剤，殺菌剤)の空中散布なども実施されている。

第9章 アロンバードをめぐるポリティカル・エコロジー   251

写真9-2 パンタナールに流入する河川の上流域に広がる広大な綿花畑（2001年）

写真9-3 天然草地から改良牧野への転換にともなう植生破壊（2002年）

発することが好ましくない，などの判断があった。換言すれば，水産資源を保護して貧しい漁師たちの生活を守るためには，川に人間が手を加えるべきではないとの立場から，政府機関のEMBRAPA（Empresa Brasileira de Pesquisa Agropecuária, ブラジル農牧業研究公社）やIBAMA（Instituto Brasileiro do Meio Ambiente e dos Recursos Naturais Renováveis, 環境・再生天然資源院），あるいは環境NGOなどが政治的圧力をかけて，アロンバードの法的な管理規

写真9-4　土壌堆積による中州の形成と河床高の上昇(左：2008年)。エンジンを止めジンガと呼ばれる櫂を使った浅瀬の移動(右：2008年)

制を実施させたという。

　管理規制が始まった1992年に，タクアリ川でアロンバード・ド・カロナル(図9-1参照)の閉鎖作業に携わった2人の作業員は，当時の様子を次のように語っている[3]。

　「アロンバードの幅はすでに300mほど開いていた。そこで，農村組合(sindicato rural)に閉鎖作業の申請を行い，許可を得て作業を開始した。通常なら夜通しで約1ヵ月もあれば閉鎖できるが，この時は作業を始めるとIBAMAの役人やNGOのメンバーらがやって来て閉鎖作業を中止させられ，閉じた所もすぐに川の水で流されてしまった。作業を再開してもすぐにクレームが付いて中断となる繰り返しで，結局その閉鎖に9ヵ月も掛かってしまった。作業には15名の浚渫工夫(draguista)と近隣のファゼンダから約30名の人夫が手伝いに来ていた。60kg詰めの土嚢約2万袋をアロンバードに並べ，農村組合から借りた浚渫船(draga)で川底の土砂を掬い上げて土嚢の背後に流し込み閉鎖した[4]。しかし，その直後，すぐ下流に新しいアロンバードが開いてしまった。1992年以前にはアロンバードの閉鎖作業に何ら支障はなかったが，それ以降は許可がなかなか下りなくなり，今では完全に閉鎖作業が行えない」

---

3) 2004年8月9日の聞き取り調査による。
4) 通常，エスクラペと呼ばれる掘削機でまず川底に穴を掘り，その後浚渫船で川の底砂を水ごと外へ掬いあげる。

折しもアロンバードの閉鎖が実施された1992年は，リオデジャネイロで国連環境開発会議(地球環境サミット)が開催され，ブラジルが議長国を務めて環境政策の基本原則「環境と開発のためのリオ宣言」と行動計画「アジェンダ21」を採択した年にあたる。また，同年開催された第8回「ワシントン条約」締約国会議(ブラジルは1975年に同条約批准)では，動物の生皮や塩漬け皮の輸出禁止が決議され，パンタナールの密猟にも法的歯止めがかかった。さらに同年，ブラジルは水鳥の生息地として重要な湿地の保全を目指す「ラムサール条約」を批准して，パンタナールは1993年に登録湿地となった。翌1994年には，「気候変動枠組条約」「生物多様性条約」が相次いで批准されるなど，1990年代前半のブラジルは，とくに都市住民を中心に環境保護に対する意識が国を挙げて高まった時期に対応する。そんな時世の中で，人の手が加わらない原初的な自然を盲信的に追い求める外部の人々の目には，奥地の住民(おもに牧場主)が河川水を管理するアロンバードの閉鎖作業が，禁ずべき反自然的な環境破壊行為に映ったとしても不思議ではない。

　こうした政府や環境NGOなどの活動規制に反発するパンタナールの住民たちは，アロンバードの閉鎖が本地域の多様な生態系を創成・維持するための賢明な知恵(wise use)の一つだと主張する。それは，パンタナールの伝統的な生業である牧畜経営や，現在は重要な観光資源でもある多様な生物の生活環境を支えるために必要不可欠な，先祖代々営まれてきた慣習的行為であり，それにより水産資源が突然減少したとの主張は全く容認できないという。もし仮に漁獲量の減少が事実だとしても，それはアロンバードの閉鎖によるものではなく，上流域での大規模な農業開発や，スポーツフィッシング客の大量流入に起因する乱獲など，近年の開発問題に原因があると指摘する[5]。さらに，アロンバードの閉鎖により水位が下がり，行き場を失って奥地に取り残された魚たちを餌としてさまざまな鳥類や爬虫類，哺乳類などが生息・繁殖しているわけで，水産資源の保護だけを争点とすることに対しても住民らは疑問を提起する。

---

[5]　アロンバードの管理規制が実施されて最初の1～2年は，魚も良くとれてその成果が主張されたが，その後魚は広大な浸水地となったアロンバード周辺に滞留して遡上しなくなり，上流のコシン当たりでも漁獲量が減少してその効果が疑問視されるようになったという。

アロンバードの管理規制をめぐる両者の対立の背景には、それぞれが思い描き守ろうとする自然の姿や有り様に根本的な乖離があると考えられる。外部の人間が守ろうと考えるパンタナールの豊かな自然とは、実は住民が長年にわたり湿地に手を加え管理して守り続けてきたいわば人為的な自然であり、人の手の加わらない原初的な自然など、98％が個人所有地の牧場として管理されているこのパンタナールにそもそも存在しない。アロンバードの閉鎖は、人間を含めたさまざまな生き物がこの地で共棲するために、先祖代々受け継がれてきた湿地管理の知恵であると考える住民らにとって、それを反自然的・反科学的行為として外部の人間に一方的に禁止されたことに対する不満や不信感は根強い。[6]

しかし、アロンバードの管理規制以来、次に述べるようにさまざまな問題が顕在化・深刻化したにも関わらず、何ら抜本的な対策が講じられないまま、両者の対立は今も続いたままである。[7] そして、開放からすでに約17年の歳月が経過する中で、もはや古いアロンバードなどは住民の力では閉鎖できない規模にまで巨大化してしまい、浸水（水没）の影響はますます広範囲により深く浸透している。

Ⅳ　アロンバードの分布とその周年開放の影響

1. アロンバードの分布と恒常的浸水域の拡大

本地域の衛星画像上に主要なアロンバードの位置を記した図9-1をみる

---

6) アロンバードの管理規制のみならず、自然保護の名の下に、近年外部から急速に入り込むようになった新しい考え方や活動に対して、住民は戸惑いながらも懐疑的な意見を述べる者が多い。たとえば、「ある自然保護団体がここに大型野生動物の楽園を作ろうと土地を囲い込み、家畜の牛を閉め出した。すると、すぐに草が繁茂して背丈が高くなり、餌をとれなくなった大型野生動物は姿を消してしまった。そこで、今度は草を刈り取って火入れを行ったら、突然風向きが変わって大火事になった」という。その上で、「多様な生き物が集う水辺の草原こそが大型野生動物にとっても重要な生活の場であり、それを維持するためには、季節的な浸水も、草をはむ牛の存在も、火事をおこさない伝統的な火入れの技術や方法も重要である」というのが住民らの主張である。彼らの中には、環境保護に携わる外部の人たちが、実際に現場に足を運び見聞きして考えないことや、自分たちが一方的に進めたことの結果がどうなったのかを、直に確認して検証しないことに対して強い不満を述べる者が多い。
7) 自らの農場が水没する現実の中で、アロンバードの管理規制に反対する地主の中には、自力でアロンバードを閉鎖して多額の罰金を命じられ、裁判で争う事態も起きているという。問題は未解決のまま深刻化している。

と，東西に横切るタクアリ川のほぼ中央にA～Cの3つのアロンバードが集中して分布しており，その下流には巨大な恒常的浸水域（図の中央より下流側に扇形に広がる黒色部分）が形成されている（口絵②衛星画像参照）。タクアリ川右岸のパイアグアス地区にパンタナール最大の恒常的浸水域を生み出したのが，Aのアロンバード・ド・カロナル（Arrombado do Caronal）である（写真9-5）。前述のように，1992年頃より開放されたまま拡大を続けるこのアロンバードからは，タクアリ川の中流域を流れる河川水の約半分が外部へと流出しているといわれる（Galdino e Vieira 2006）。ここから流出した水の相当量は，コリッショ・マタ・カショーロ（Corixo Mata Cachorro）を流下してポルト・シャネ（Porto Chané）でパラグアイ川に流出している（Curado e EMBRAPA 2004）。また，左岸のニェコランディア地区に巨大な恒常的浸水域を生み出しているのが，その開閉をめぐり紛争が起きたBのアロンバード・ド・フェーロ（Arrombado do ferro）や，Cのアロンバード・ダ・サンタ・アナタリア（Arrombado da Santa Anataria）である（写真9-6）。これらのアロンバードの周年開放は，その下流域に立地していたバグアリ（Baguari）やベネディト（Benedito）といった小規模農場の集団入植地（colonia）を水没させ，土地を完全に失った住民たちは近隣都市への強制的な移住を余儀なくされた（図9-1）。

　アロンバード・ド・カロナルよりもさらに下流のタクアリ川とパラグアイ川の合流点に近いパイアグアス地区に存在するのが，この地域でもっとも古いDのアロンバード・ド・ゼダコスタ（Arrombado do Zé da Costa）である（図9-1）。1980年代後半に出現し，1992～1993年頃にその影響が顕在化したこのアロンバードは，タクアリ川の水の70％を外部へと流出させ[8]（Padovani et al. 1998），その下流にあったサン・ドミンゴス（Colônia São Domingos, 42世帯），ブラシーニョ（Colônia Bracinho, 20世帯），セドロ（Comunidade Cedro, 80世帯），ミケリーナ（Comunidade Miquelina, 3世帯），リオネグロ（Comunidade Rio Negro, 8世帯）の集団入植地を水没させた（Curado 2004; Curado e EMBRAPA Pantanal 2004; Galdino et al. 2006）。その結果，ここでもバナナ栽培などを行っていた多数の

8）　そのため，ここから下流のタクアリ川本流には，乾季には水がほとんど流れていない。他方で，タクアリベーリャ川には分水により一年中水が流れている。なお，タクアリ川の水は図9-1の左下付近でパラグアイ川に合流する。ここは大西洋に注ぐ河口から2,300～2,400kmも上流部に位置するにもかかわらず，その標高はわずか90～110m程度である。

写真9-5 アロンバード・ド・カロナル(2004年)

写真9-6 アロンバード・ダ・サンタ・アナタリア(2004年)

　小農場主(sitiante)やその雇用労働者(colono)が土地や家屋を失い，近隣のコルンバ市やラダリオ市へと移住を強いられた。
　そこで，1992年以降のアロンバードの周年開放にともなう浸水域の拡大を捉えるために，その前後に撮影されたランドサットのTM画像を解析した。す

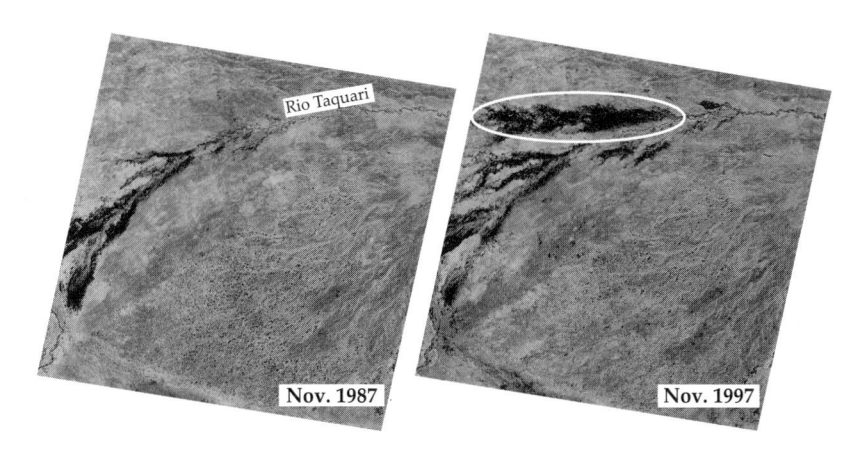

第9章　アロンバードをめぐるポリティカル・エコロジー

図9-4　アロンバード・ド・カロナル形成前(1987年)と形成後(1997年)のランドサットTM画像

なわち，ランドサットTMが取得するバンド5の観測波長域は，水域で光を強く吸収する反射特性をもち，また本地域はきわめて低平で反射率に対する地形の影響がほとんどないと考えられることから，バンド5の反射率を利用し，パンタナールの恒常的な水域である河川やバイアを参考に閾値を設定して，水域と陸域を区別した。解析に用いた画像は1987年と1997年に撮影されたもので，ともにタクアリ川およびパラグアイ川の河川水位がもっとも低下する11月のものである。パンタナールでは河川水位の季節変動が大きいが，最低水位期の11月に水没している地域は，ほぼ1年間を通じて水面下にある恒常的浸水域と判断できる。

　1987年と1997年のランドサットTM画像から判読したタクアリ川周辺の浸水域(黒色部分)を図9-4に示す。すでに1987年には，アロンバード・ド・ゼダコスタの下流域に大きな浸水域が認められるが，それより上流にはまだ顕著な浸水域は形成されていない。しかし，アロンバードの管理規制によりその周年開放が約5年間続いた1997年の画像では，アロンバード・ド・カロナルが開放して，その下流域から西端のパラグアイ川にかけて広大な浸水域が形成されている(図中楕円部)。また，タクアリ川左岸のニェコランディア地区でも，サンタ・アナタリアやフェーロといったアロンバードの周年開放により，その下流に広大な浸水域が広がっていることがわかる。さらに，アロンバード・ド・ゼ

ダコスタより下流域では，水の流出域にあたる右岸の浸水域がさらに拡大する一方で，本流からは水がほとんど消失している様子が見て取れる(図9-1，図9-4)。

このように，タクアリ川の中・下流域では，とりわけ1980年代以降の大規模なアロンバードの形成と，1990年代以降に実施されたその閉鎖禁止措置にともない，恒常的浸水域が急速に拡大した。その正確な面積は不明だが，1998年のサンパウロ州新聞によると100万ha以上と記されている(Curado 2004)。

2. 恒常的浸水域の拡大がもたらした諸問題

図9-5は，アロンバードの閉鎖禁止にともなう恒常的浸水域の拡大が，パンタナールやその近隣都市で引き起こした諸問題の全体像をまとめたものである。まず，恒常的な浸水や地下水位の上昇にともない，広範囲で植生変化や植生破壊が生じている。パンタナールの植生は，比較的明瞭な境界によって区分できるモザイク状の複雑な景観に特徴づけられる(Prance and Schaller 1982)。このような植生の多様性は，雨季の増水にともなう浸水の有無や，水位変動と土地の標高で決まる浸水期間の差異，土壌などの自然条件がその主要な成立要因であると考えられてきた(Pinder and Rosso 1998; Zeilhofer and Schessl 1999)。

しかし，実際には伝統的な牧畜経営を維持するための住民の湿地管理システムが，本地域の植生に少なからず影響を与えてきたことは自明である(Fortney 2000)。すなわち，雨季の洪水で決壊したアロンバードを乾季に閉鎖して水位を下げることで良質な天然草地を出現させたり，火入れや樹木の伐採により草地の森林化を抑制するなどの人為的な働きかけが永続的に植生に加えられてきた(Yoshida et al. 2006; 丸山ほか 2009)。したがって，本地域の植生は自然環境だけでなく，それに積極的に働きかけてきた人間活動の影響も強く受けて形成されたものと考えられる。

ところが，アロンバードの管理規制により自然環境への人為的作用が排除されると，その下流域では浸水期間や水位変動などの洪水属性の急変にともなう植生変化が顕在化した(Galdino e Vieira 2006)。すなわち，アロンバードの管理規制以前には，河道に沿って連続的に延びる自然堤防などの浸水しない微

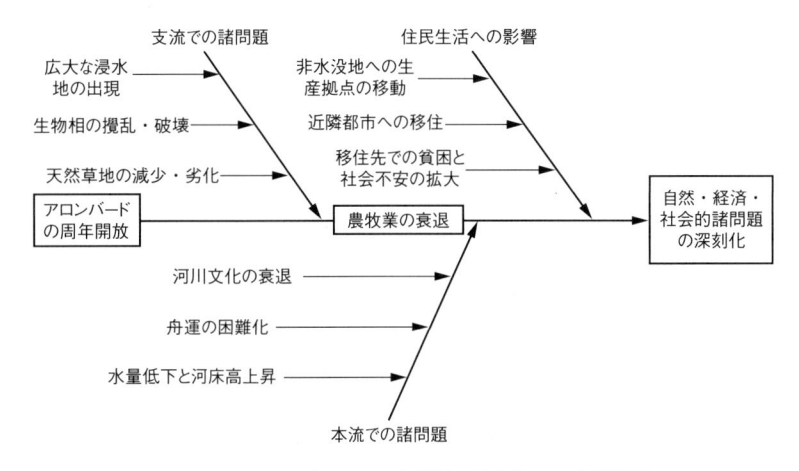

図9-5 アロンバードの周年開放が引き起こした諸問題

（図中ラベル）
- 広大な浸水地の出現
- 生物相の攪乱・破壊
- 天然草地の減少・劣化
- 支流での諸問題
- 住民生活への影響
- 非水没地への生産拠点の移動
- 近隣都市への移住
- 移住先での貧困と社会不安の拡大
- アロンバードの周年開放
- 農牧業の衰退
- 河川文化の衰退
- 舟運の困難化
- 水量低下と河床高上昇
- 本流での諸問題
- 自然・経済・社会的諸問題の深刻化

高地には，マタシリアル(mata ciliar)と呼ばれる回廊林が発達していた。しかし，アロンバードの閉鎖が禁止されてからは，土地の水没や地下水位の上昇により回廊林が広範囲で立ち枯れをみせており，その現象はとくにアロンバード・ド・カロナルの下流域に広がるパンタナール最大の森林マタ・ド・フズィル(Mata do Fuzil)において顕著である（写真9-7）。

また，かつて乾季には広大な天然草地となった氾濫原は，水生植物が繁茂する恒常的浸水域にかわり，とくにセラードを構成する木本種の植物が急速に減少した。Pott e Pott(2006)は，恒常的浸水域が拡大したタクアリ川下流域を対象に，パンタナールに分布する植物の約40％に相当する757種を調べた結果，全体の4分の3にあたる561種で個体数が減少していることを明らかにしている。

広範囲にわたる水没による大規模な植生破壊やコリドー(corridor)の寸断は，多様なビオトープ間を移動しながら採餌，営巣・繁殖，休眠，避難などを行ってきたさまざまな野生動物や家畜の生存を脅かし，動物相(fauna)を攪乱した。また，この地でバナナやキャッサバなどの農作物を栽培して暮らしてきた小農民や，天然草地に依存した粗放的牧畜で生計を維持してきた大農場主たちも，所有地の水没で生産基盤を失ったり，経営規模の大幅な縮小を余儀なく

写真9-7　浸水により立ち枯れた河畔林（上）と島状微高地のムルンドゥ（下）の森林（2007年）

されたりした。資本力がある大農場主の一部には，牛を避難させるための牧場を新たに高台に購入して，水位の上昇にあわせて牛を移牧させることで事態に対応する者も現れた。

　アロンバード・ド・カロナルの下流域に立地するベラビスタ農場は，面積13,000 haの大規模農場で，2004年8月には8人の牧童が月給300レアル（ほぼ牛1頭分の値段）で雇用されていた[9]（図9-1中のa-1）。この農場では，かつて

9）　家族がある牧童は，子どもの教育のためにコルンバに妻子を残して単身で働いている。

写真9-8　浸水域の拡大により放牧地が激減したベラビスタ農場(2004年)

は雨季になると，上流にあたる北東部から水が侵入して徐々に水位が上がり，季節的な浸水域が形成された。そして，乾季になるとふたたび水位が下がって浸水域は消失し，かわって一面緑豊かな大草原となった。ところが，アロンバードの周年開放が義務づけられてからは，水が標高の低い農場の南を流れる水路（コリッショ・ド・マタ・カショーロ）側から，より標高が高い北側の農場本部(sede)に向かって急速に上昇して来るようになり，すでに農場の約7割が水没地になってしまった（写真9-8）。

農場内には，アロンバードの管理規制以前(1972年7月)に掘削された井戸があるが，当初12mだった地下水位は，2004年の調査では5mに上昇していた。また，乾季の水不足を防ぐため，1990年に井戸を掘り抜いて牛の水飲み場を作ったが，現在では井戸のすぐ脇まで水が侵入してまったく無用の長物になってしまった（写真9-8）。

こうした水没地の急速な拡大にともなう牧草地の激減により，この農場では1989年に8,000頭の牛を飼育できたものが，今では3,000頭の飼育がやっとだ

という。そこで，農場主のL氏は，1999年にベラビスタ農場よりさらに北方の高台に面積7,300 haのレティロ・デ・ベラビスタ農場を購入した（図9-1中のa-2）。この農場は，全体の約3割が雨季に浸水する程度で，常時4,000頭の牛が飼育できる。さらに，乾季が終わる10月頃になってもベラビスタ農場の水位が下がらない時には，雨季が始まる11月以降に水位が急上昇する危険性が高いので，農場からレティロ・デ・ベラビスタ農場へと牛を移動させて対処できる利点も備えている。

しかし，このような対応ができるのはごく一部の大農場主に限られる。その多くは放牧地の水没による経営規模の縮小により赤字経営を余儀なくされ，何ら公的な補償もなく，有効な対策も見い出せぬまま，農場を手放さざるを得ない窮地に追い込まれている。また，シチアンテ（sitiante）と呼ばれる小規模農場主が置かれた状況はさらに厳しく，彼らは農場の浸水とともに生活基盤を完全に失い，待ったなしで農場を売却あるいは放棄して近隣都市への移住を余儀なくされた。マグラス（2005）は，タクアリ川流域で11,000 km^{2}の恒常的浸水域が出現した結果，小農場100カ所と大牧場20カ所が打ち捨てられたと報告している。

図9-1中の1～3は，かつてコロニアとかコムニダーデと呼ばれる小規模農場の大集積地であったが，アロンバードの管理規制による恒常的浸水域の拡大により農場は放棄され，住民たちが大量に都市へと流出した代表的な地域である。とりわけ，アロンバード・ド・ゼダコスタの下流に立地するサン・ドミンゴス，ブラシーニョ，セドロ，ミケリーナ，リオネグロの入植地からは，農場の浸水や水没にともない大量の小地主や農業労働者らが退去を余儀なくされた。その正確な数は不明だが，約4,000人がコルンバ市やラダリオ市へ流出したとみられている（Curado 2004）。コルンバ市のAssentamento Tamarineiro II Sulやラダリオ市のAssentamento PA72と呼ばれる地区は，こうしてパンタナールの水没地から流出した家なし農民らが移住先で形成した集住地区である。

Barros（2005）は，パンタナールの奥地からコルンバ市への移住を余儀なくされた農村出身者の，都市での社会・経済的特性を分析した。その結果，コルンバ市には958世帯，合計4,516人の農村からの移住者がおり，このうち5％の

世帯には収入が全くなく，30％の世帯は1最低賃金以下の収入で平均5人の家族を支えていることがわかった。また，残りの約6割の世帯も，収入は最低賃金の2倍よりわずかに多い程度であった。さらに，18～65歳の生産年齢人口は1,953人であったが，その54％にあたる1,051人は無職であり，しかもその87％は文盲であったことを明らかにした。

　2000～2002年に実施されたBarrosの調査・研究は，土地を失い農村から都市へと流出した人々が，安定した仕事に就くことができず，インフォーマルセクターでのわずかな収入に頼りながら，都市郊外にスラムを形成している実態を明らかにした。しかも，パンタナールからコルンバ市へ流出した移住世帯の46％に当たる436世帯が，タクアリ川の土壌堆積とアロンバードの管理規制による浸水で土地を追われたパイアグアス地区の出身者であった。移住先の都市には，彼らがパンタナールの自然の中で培った経験や能力を活かせる場所や仕事が少ないのである。

　さらに，タクアリ川で進む上流からの大量の土砂堆積や，アロンバードの管理規制にともなう農業や牧畜業の衰退，土地の水没にともなう住民の都市流出といった現象は，パンタナールで育まれてきた河川・牧畜文化の消失にもつながっている。すなわち，タクアリ川流域のパイアグアス地区では，1992～1993年頃まで，ボイエイロと呼ばれる輸送船によりコルンバなどの競り市へ牛を出荷してきた（写真5-17参照）。また，ランシャによる舟運は，バナナなどの農作物や奥地に生活する住民の生活用品などを，安く大量に素早く運搬する主要な手段となってきた（写真5-19参照）。

　しかし，1990年代の急激な土砂堆積により，吃水の深いランシャはもとより，最近では小型のモーターボートですら乾季のタクアリ川を移動するのは困難となっており，頻繁にエンジンを止めて船頭がジンガ（zinga）と呼ばれる櫂で川底を押して動かさねばならない状況である（写真9-4）。その結果，タクアリ川流域ではかつて盛んだった舟運に培われた河川文化や，物資運搬に携わる多くの雇用が消失した。牛の出荷は舟運にかわり都市まで長い距離を歩かせて運搬するコミティーバとなり，牛がやせ細るうえに費用や手間が余計にかかるようになった（丸山ほか 2009）。さらに，恒常的浸水域の拡大により陸の孤島と化した農場では，乾季でも自動車が入り込めなくなり，舟運の消滅と相俟っ

て，高くて質の悪い生活物資を購入しなければならない事態に追い込まれている。[10]

牧畜が盛んだった1980年代までは，当時パンタナール一円に130機ほどあった小型飛行機がパイアグアス地区にも頻繁に往来しており，町に出たい時などには鏡でパイロットに合図して拾ってもらえば，30分もすればコルンバまで出ることができた。しかし，農場が浸水して牧畜が衰退した現在，飛行機もほとんど飛んでこなくなり，かつて身近だった町がずっと遠のいてしまったと住民らは嘆いている。

V　事例農場における自然環境と農場経営の変化

1. 恒常的浸水域の拡大と農場経営の変化　——サンルイズ農場の事例——

サンルイズ農場は，直線距離でコルンバの北西約110kmに位置する（図9-1）。すでに農場周辺は広大な水没地となっており，自動車でのアクセスは困難である。小型飛行機ならコルンバから約1時間の距離だが，船を利用すると1日以上掛かる。[11] 図9-6は，サンルイズ農場の牧区と恒常的浸水域の広がりを示している。この農場の敷地は，東西約14km，南北約6kmで，総面積は7,300haのパイアグアス地区では平均的な規模の農場といえる。南の所有界はコリッショ・ド・マタ・カショーロであるが，現在は広大な恒常的浸水域となっており境界線は不明瞭である。農場の東と西，北の所有界は，牧柵により隣接する農場と仕切られている。

50代前半の農場主とその妻は，普段はコルンバの自宅に住んでいる。農場に用務がある時や，2000年から始めたエコツアーのガイドを引き受けた時な

---

10) 水没地の牧場主は，「われわれは牛を1頭売却するごとに，道路工事などに使われる税金 (Fundo Emergência Desenvolviment) を支払わなければならないのに，ここにはその道路すらなく，いつも水没してトラクターもろくに使えない。牛車しか使えないわれわれが，何故こんなに高い税金を払わねばならないのか」と憤慨していた。

11) 船の場合，まずコルンバからポルト・サンペドロ（図9-1のd）まで，定期船か自家用モーターボートで遡上する。その後，バイア・ド・サン・ペドロ，コリッショ・ダ・ピウーバ，コリッショ・ド・マタ・カショーロなど，パラグアイ川の支流や湖沼をモーターボートで移動しながらサンルイズ農場まで辿り着かなければならない。この場合の総走行距離は，河川が蛇行していることもあり，実測値では約170kmに達する。

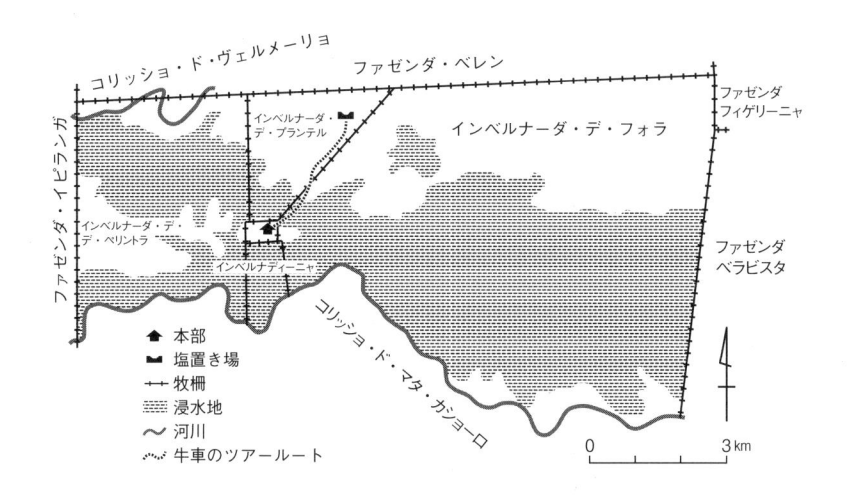

第9章 アロンバードをめぐるポリティカル・エコロジー

図 9-6 サンルイズ農場の牧区と恒常的浸水域の広がり（2007年）
（現地調査により作成。浸水地は2001年の衛星画像による）

どに農場を訪れる程度の不在地主である。彼らはともにパンタナール奥地の大農場主の子孫にあたり、1970年代中頃に現地のお祭りで知り合って結婚したという。その後、比較的順調に牧畜経営を維持してきたが、アロンバードの周年開放の影響で水位が急速に上昇した1998年以降、農場経営は激変して悪化を辿った。

　サンルイズ農場は、コリッショ・ヴェルメーリョとコリッショ・ド・マタ・カショーロの2つの河川に挟まれて広がり、そのほぼ中央に母屋などの農場本部が立地している。農場の内部は、フォラ（Fora）、プランテル（Plantel）、インヴェルナディーニャ（Invernadinha）、ペリントラ（Pelintra）の4牧区（invernada）に区分されているが、現在はその多くが水没している（図9-6）。農場主の話では、水は1998年以降、農場の南から北へと水位を上げつつ浸水域を拡大してきた。その結果、2007年現在、農場全体の約6割が水没しているという。牧区別にみると、南のコリッショ・ド・マタ・カショーロに隣接するインヴェルナディーニャ牧区（300 ha）は完全に水没している。また、西のペリントラ牧区（700〜800 ha）と東のフォラ牧区（5,000 ha）はその約6割、北のプランテル牧区（700〜800 ha）はその約2割が水没している。農場本部には1970

表9-1 サンルイズ農場における浸水前と浸水後の経営変化

家畜・従業員		浸水前 1997年	浸水後 1998年	浸水後 2007年(牧区別)			
				ペリントラ	プランテル	フォラ	インベルナディーニャ
家畜	牝牛(経産牛)	1,500	1,000	190	200	260	0
	牝牛(未経産牛)	750	450	25	25	150	0
	1才未満の仔牛	1,200	200	12	6	251	0
	種牡牛	120	100	10	5	30	0
	先導牛(Sinuelo)	?	?	4	9	0	0
	計	3,570	1,750	241	245	691	0
従業員	農場管理人	1	1	1			
	牧童	3～4	3～4	1			
	料理人	1	1	1			
	水先案内人	0	0	1			
	掃除人	1	1	0			

先導牛(Sinuelo)は，牛群を率いるおとなしい牡牛。

(聞き取り調査により作成)

年に掘削された深さ24mの井戸があるが，現在は地下水面の上昇により1メートルも掘るとすぐに水が出てくるという。現在は浸水を免れている微高地の農場施設にも浸水域は迫っており，常に水没の危機と隣り合わせの状況に置かれている。

表9-1は，サンルイズ農場における浸水前後の農場経営の変化である。アロンバードの周年開放の影響が顕在化した1998年には，天然草地の水没による餌不足でたくさんの牛が餓死し，農場経営は危機的な状況に陥った。農場主は生き延びた約600頭の牛を別の農場に移したり，売却したりするなどの対応に追われた。餌不足で死亡した牛や繁殖行動の減退により激減した仔牛の頭数を合計すると，約200頭に達するという。その結果，浸水前に比べて1998年の経営規模は約半分となり，農場経営は赤字に転落して銀行に借金をするようになった。その後も牛の頭数は減り続け，2007年には浸水前の3割程度にまで落ち込んでいる。この間，農場主は牧童や掃除人を解雇して対応してきたが，もはや農場の存続はきわめて困難な状況下にある。農場主は現在，農場をすべて売却してここから撤退するか，農場の半分を納税義務のない「自然遺産の個人保留地RPPN(Reserva Paticular do Patrimônio Natural)」に登録し，残りの半分で2000年から始めたエコツーリズムを継続するか，厳しい経営判断を迫

られて頭を痛めている。

エコツーリズムが導入された2000年は，パンタナール国立公園とその近隣のRPPNがユネスコの世界自然遺産に登録され，パンタナールの知名度が世界的に高まった年であり，おもに外国人観光客の流入を当て込んでの挑戦であった。観光経営は，農場主夫婦が生活する母屋を客が来た時に宿泊施設として開放するだけの簡素なもので，宿泊可能人数も最大で6人ほどである。そのため，ここでは一度に1グループの観光客しか受け入れない。宿泊料金は1人1泊200レアル（約1万円）が基本で，料金には朝昼晩の食事代や農場散策・乗馬などのエコツアー料金も含まれている。ただし，モーターボートを使う場合には，ガイド代とガソリン代込みで100レアルが加算される。1グループの平均的な滞在日数は4泊で，本農場では年間約6グループの受け入れを目標としている。この程度の観光収入でも，現在の牧畜経営の規模なら，牛の予防注射代やミネラル塩代，牧童の賃金などの必要経費は賄うことができ，農場の存続は何とか可能であるという。

2．浸水に伴う植生破壊の現状 ——サンルイズ・サクラメント農場の事例——

サクラメント農場は，サンルイズ農場に隣接する面積24,000 haの大牧場で，農場主はサンルイズ農場と同じである（図9-1）。ここはかつて農場主の妻の父親が所有する面積33,000 haの大農場であったが，彼の死後，遺産相続により農場は3分割され，末娘の妻が相続した農場である。サンルイズ同様，この農場でもアロンバードの周年開放により約7割の土地が水没してしまい，現在ではインベルナディーニャ・デ・サクラメント牧区で数十頭の乳牛を飼育するのみである。また，水没していない約5,000 haの牧草地は，近隣の牧場主に1頭あたり月3レアルで賃借しており，牛1,000頭が放牧されている。

ここでは，雨季と乾季の交替にともなう顕著な湿潤と乾燥に植物は適応してきた。そのため，アロンバードの周年開放により年間の水位変動が小さくなり，土地の乾燥期間が短縮または消滅してしまったことが大きな植生破壊につながっている。現地調査の結果では，下流のパラグアイ川に近い方が年間の水位変動が大きく，植生の生育状況は相対的に良いが，上流側に移動するほど乾季の排水が進まずに水位変動が小さくなり（恒常的に水位が高い），植生は広範

表9-2 林分の衰退度に関する評価基準

衰退度	状態
0	林分を構成する樹木はまったく被害を受けていない
1	林分内に枯死または傾倒した樹木がみられる
2	1/4 程度の樹木が枯死または傾倒する
3	1/2 程度の樹木が枯死または傾倒する
4	3/4 程度の樹木が枯死または傾倒する
5	3/4 程度以上のの樹木が枯死または傾倒する（完全に林分が消失したものを含む）

囲にわたり枯死している。

　サンルイス農場やサクラメント農場では，アロンバードからの河川水の周年流出にともない恒常的浸水域が拡大した。そのため，それまで人為的に管理されてきた洪水属性(浸水期間や水位変動)や，それらに規定されて成立してきた本地域の湿地植生に甚大な影響が現れている。とくに，雨季でもほとんど水没しない島状微高地のカポンやムルンドゥ(murundu)では，木本種が優占する植生が荒廃しており(Ponce and Cunha 1993)，樹木の立ち枯れや傾倒が数多く生じている(写真9-7)。

　そこで，両農場において恒常的浸水域の拡大が植生景観，とくに微高地に成立する森林植生に与える影響を把握するため，森林植生の荒廃の程度について現地調査を実施した。湿原内に島状に散在する微高地上に成立した160カ所の林分を対象に，林分の面積，高木層(>10 m)の有無，木本の出現種数，衰退度，主な木本の出現種を記載した。衰退度は，調査対象とした林分全体のうち，どの程度の樹木が被害(枯死または傾倒)を受けているかを五段階に区分して評価した(表9-2)。

　調査した林分のうち，顕著な被害を受けていない樹種は，高木層ではパラトゥード(paratudo, *Tabebuia aurea*)，ピウーバ(*Tabebuia heptaphylla*)，モルセゲイロ(morcegueiro, *Andira inermis*)，カランダ(carandá, *Copernicia alba*)，ゴンサーロ(gonçalo, *Astronium fraxinifolium*)など，低木から亜高木層ではアクリ(acuri, *Scheelea phalerata*)，リシェイラ(lixeira, *Curatella americana*)，エンバウーバ(embaúba, *Cecropia pachystachya*)であった。高い精度で種数を記載することができた100 m^2以下の林分では，恒常的浸水域

の拡大にともなう被害を受けていない場合，平均で6.1種の木本種が出現した。林分を構成する樹木のうち約半分以上が被害(衰退度3～5)を受けていた100 m^{2}以下の林分は，全体の47.7%を占めた。木本種の種数は，衰退度3までは被害を受けていない場合と同様に6種程度が分布していたのに対して，衰退度が4以上になると急激に減少して1～2種しか認められなかった。樹高が20 m以上にもなる高木種のパラトゥード，ピウーバ，ゴンサーロなどは衰退度3までしか分布しておらず，洪水属性の変化により森林植生が衰退する早い段階で欠落していた。衰退度4および5の林分に出現する木本種は，水没しても生育がある程度可能な亜高木から低木種のピメンテイリーニャ(pimenteirinha, *Erythroxylum anguifugum*)やカランダなどに限定され，総じて草本を主体とした植生に置き換わっていた。

　アロンバードを人為的に閉鎖して洪水属性を管理していた1990年代以前には，現在よりも水位が低かった。そのため，調査対象とした湿原内に形成された微高地は，季節的な高水位時においても水没が避けられ，木本種を中心とした植生が成立し得た(Por 1995)。しかし，1990年代の新たなアロンバードの形成とその周年開放にともなう恒常的浸水域の拡大により，農場内の微高地に成立した林分は急激な衰退傾向にあることが判明した。とくに面積の小さい林分では，構成する木本種の個体がすべて枯死して草原に変化しつつあり，また面積が大きい林分についても水縁部の個体を中心に顕著な被害が認められた。今後，湿原内の微高地に成立した森林植生はさらに衰退する可能性が高く，パンタナールを特徴付ける独特な植生景観が失われつつあることが危惧される。

VI　おわりに ——アロンバードをめぐる住民対立の構図——

　図9-7は，アロンバードの周年開放をめぐる住民対立の構図である。この問題は，表向きパンタナールを舞台とした漁民VS牧畜民の対立図式をとっている。しかし，実際には主要な原因創出の場である上流域(ブラジル高原)の農民VS下流域(パンタナール)の漁民・牧畜民の対立と見ることもできる。また，アロンバードの管理規制を実施した政策決定者は，上流のセラード農業開発を推進してきた主体であり外部居住者でもある。その意味では，パンタナールで

図中:
上流＝ブラジル高原
《原因創出の場》

下流＝パンタナール
《問題発現の場》

政策決定者 → 農民

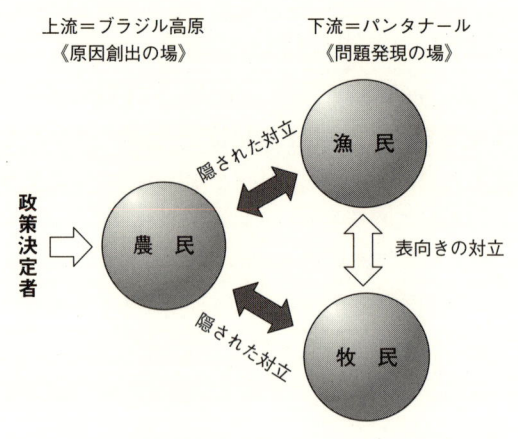

農民 ←隠された対立→ 漁民
農民 ←隠された対立→ 牧民
漁民 ←表向きの対立→ 牧民

〔外部居住者〕　VS　〔パンタナール住民〕
〔科学的な生態学的知識〕　VS　〔伝統的な生態学的知識〕

図9-7　アロンバードの管理をめぐる住民対立の構図

生きてきた住民VSパンタナールを長く等閑視してきた外部者の対立とも捉えられる。

　アロンバードの管理規制をめぐる両者の対立の背景には，それぞれが思い描き守ろうとする自然の姿やその有り様の根本的な乖離がある。すなわち，住民たちにとってアロンバードの閉鎖は，人間を含めた多様な生物がこの地で共棲していくために先祖代々受け継がれてきた，湿地管理の伝統的な生態学的知識（Traditional Ecological Knowledge; TEK）であり，パンタナールの多様な生態系を創成・維持するうえで必要不可欠なワイズユースでもある。それゆえ，水産資源保護だけを主要な争点にして，にわかに信じがたい科学的な生態学的知識（Scientific Ecological Knowledge; SEK）を根拠に行政が突然介入し，長く継承されてきたパンタナールの慣習を反自然的・反科学的行為として一方的に禁じたことに対する，不満や不信感が募るのである。現場主義に立脚した，冷静で精緻な調査・分析が不可欠である。

　外部の人間が守ろうとする，生物種の宝庫としてのパンタナールの豊饒な自然とは，実は住民が手を加えない放置されたままの自然ではなく，住民が長年にわたり湿地に手を加えて管理し守り続けてきた，いわば人為的な自然なので

ある。そのことは，住民の介入を完全に排除した結果，そこに出現した枯れ木だらけの広大な恒常的浸水域，人々が去り放置された農場，活気を失った経済，急速に消失しつつある牧畜・河川文化といった，豊かさとはほど遠い現実の姿を目の当たりにすれば，容易に理解可能である。全体の98％が個人所有地の牧場として維持管理されているパンタナールには，そもそも人の手の加わらない原初的な自然などほとんど存在しないことを認識する必要がある。

しかし，アロンバードの閉鎖が禁止されて以降，さまざまな問題が深刻化したにも関わらず，何ら抜本的な対策や対応が講じられぬまま，すでに約20年の歳月が流れてしまった。両者の溝は深まったままで，もはやアロンバードは住民の自力では閉鎖できない規模にまで巨大化してしまい，浸水をめぐる影響はますます広範囲により深く浸透している。人類共通の自然遺産であるパンタナールの豊かな生物多様性を後世に残すためには，長年にわたる実生活の中で培われてきた住民の伝統的な生態学的知識を科学的に再評価し，急速に変貌する経済・社会環境に適応できる新たな活用方法を模索する試みが必要不可欠である。

（丸山浩明・吉田圭一郎・仁平尊明・宮岡邦任）

<文　献>

青木　公 1995.『甦る大地セラード』国際協力出版会.
青木　公 2002.『ブラジル大豆攻防史』国際協力出版会.
池谷和信編 2003.『地球環境問題の人類学　自然資源へのヒューマンインパクト』世界思想社.
金沢謙太郎 1999. 第三世界のポリティカル・エコロジー論と社会学的視点. 環境社会学研究 5: 224-231.
島田周平 1995. 熱帯地方の環境問題を考えるための新視角―脆弱性論とポリティカル・エコロジー論―. 藤原健蔵編『湿潤熱帯』67-74, 朝倉書店.
西澤利栄・小池洋一・本郷　豊・山田祐彰 2005.『アマゾン―保全と開発―』朝倉書店.
丸山浩明・仁平尊明 2005. ブラジル・南パンタナールのビオトープマップ―ファゼンダ・バイア・ボニータの事例―. 地学雑誌 114: 68-77.
丸山浩明 2007. ブラジルの大規模農業開発と環境・社会問題―セラード農業開発の事例. 小林浩二編『実践　地理教育の課題』142-158, ナカニシヤ出版.
丸山浩明・仁平尊明・コジマ＝アナ 2008. GPSとバイトカウンター首輪を用いたウシの採食行動調査―ブラジル・南パンタナール，バイア・ボニータ農場における乾季の

事例一.人文地理学研究32: 17-35.
丸山浩明・仁平尊明・コジマ A. Y. 2009. ブラジル・南パンタナールの伝統的な農場経営とその課題―バイアボニータ農場の事例―. 地理空間 2: 99-132.
マグラス, S. 2005. ブラジルの大湿原に生きる. National Geographic 8: 88-113.
Almeida, I. L. de, Abreu, U. G. P. de, Loureiro, J. M. F., Comastri Filho, J. A. 1996. *Introdução de tecnologias na criação de bovines de corte no Pantanal, sub-região dos Paiaguás.* Corumbá: EMBRAPA-CPAP.
Barros, M. C. L. 2005. Levantamento do perfil sócio-econômico da área urbana de Corumbá/MS. Relatório de pesquisa.
Curado, F. F. 2004. *Considerações sócio-econômicas e ambientais relacionadas aos "Arrombados" na planície do Rio Taquari, MS.* Corumbá: EMBRAPA Pantanal.
Curado, F. F. e EMBRAPA Pantanal 2004. *Caracterização dos problemas relacionados aos "Arrombados" na bacia do Rio Taquari (Relatório final).* Corumbá: EMBRAPA Pantanal.
Fortney, R. H. 2000. Cattle grazing and sustainable plant diversity in the Pantanal: What do we know? What do we need to know? In *The Pantanal of Brazil, Bolivia and Paraguay: Selected discourses on the World's largest remaining wetland system,* ed. Swarts, F. A., 127-133. Gouldsboro: Hudson MacArthur Publishers.
Galdino, S. e Vieira, L. M. 2006. A bacia do Rio Taquari e seus problemas ambientais e socioeconômicos. In *Impactos ambientais e socioeconomicos na bacia do Rio Taquari-Pantanal,* eds. Galdino, S., Vieira, L. M. e Pellegrin, L. A., 29-43. Corumbá: EMBRAPA Pantanal.
Galdino, S., Vieira L. M. e Pellegrin, L, A. 2006. *Impactos ambientais e socioecoômicos na Bacia do Rio Taquari-Pantanal.* Corumbá: EMBRAPA Pantanal.
Maruyama, H. and Nihei, T. 2007. Grazing behavior of cows measured by handheld GPS and bite counter collar: A case of Fazenda Baia Bonita in South Pantanal, Brazil. *Japanese Journal of Human Geography* 59: 30-43.
Padovani, C. R., Carvalho, N. O., Galdino, S. e Vieira, L. M. 1998. Deposição de sedimentos e perda de água do Rio Taquari no Pantanal. In *Encontro de engenharia de sedimentos 3,* Associacaoção Brasileira de Recursos Hidricos, 127-134. Rio de Janeiro.
Pinder, L. and Rosso, S. 1998. Classification and ordination of plant formations in the Pantanal of Brazil. *Plant Ecology* 136: 151-165.
Prance, G. T. and Schaller, G. B. 1982. Preliminary study of some vegetation types of the

Pantanal, Mato Grosso, Brazil. *Brittonia* 34: 228-251.

Ponce,V. M. and Cunha, C. N. 1993. Vegetated earthmounds in tropical savannas of Central Brazil: a synthesis: With special reference to the Pantanal do Mato Grosso. *Journal of Biogeography* 20: 219-225.

Pott, A. e Pott, V. J. 2006. Alterações florísticas na planície do baixo Taquari. In *Impactos ambientais e socioeconomicos na bacia do Rio Taquari-Pantanal*, eds. Galdino, S., Vieira, L. M. e Pellegrin, L. A., 261-293. Corumbá: EMBRAPA Pantanal.

Por, F. D. 1995. *The Pantanal of Mato Grosso (Brazil): World's largest wetlands*. Dordrecht: Kluwer Academic Publishers.

Silva, J. S. V., Abdon, M. M., Souza, M. P. e Hanashiro, M. M. 2006. Impacto da inundação na sócio-economia da planície do baixo Rio Taquari, período de 1970 a 1996. In *Impactos ambientais e socioecoômicos na Bacia do Rio Taquari-Pantanal*, eds. Galdino, S., Vieira, L. M. e Pellegrin, L. A., 303-331. Corumbá: EMBRAPA Pantanal.

Yoshida, K., Maruyama, H., Nihei, T. and Miyaoka, K. 2006. Vegetation patterns and processes in the Pantanal of Nhecolândia, Brazil. In *Proceedings for international symposium on wetland restoration 2006-Restoration and wise use of wetlands*, ed. The Organizing Committee of the Symposium on Wetland Restoration 2006. Otsu: Shiga Prefecture Government.

Zeilhofer, P. and Schessl, M. 1999. Relationship between vegetation and environmental conditions in the northern Pantanal of Mato Grosso, Brazil. *Journal of Biogeography* 27: 159-168.

Zimmerer, K. S. and Bassett, T. J. 2003. *Political ecology: An integrative approach to geography and environment-development studies*. New York: The Guilford Press.

おわりに
──まとめにかえて──

I　生態系破壊の諸相

　本書で考察したパンタナールの持続可能な発展を脅かす多様な人間活動と，それが誘発する生態系破壊の諸相を模式的に示したものが 図10-1 である。

　1970年代後半より四半世紀にわたり，日本とブラジルのナショナルプロジェクトとして進められてきたセラード農業開発は，ブラジル高原に広がる未開墾のセラード原野を巨大な大豆生産地域に変貌させる一方で，パンタナールの水源涵養林の大規模な伐採を引き起こした。その結果，水源域の広大な農地からは大量の土砂や農薬(除草剤，殺虫剤，殺菌剤，枯葉剤)，化学肥料などが河川を通じて下流の湿原へと流出して，土壌堆積や水質汚染を通じてパンタナールの湿地生態系に甚大な悪影響を及ぼしている。また，大量に水を消費するセンターピボット灌漑の拡大は，湿地に流入する河川流量の減少を引き起こす可能性がある(丸山 2007)。

　また，パンタナールを取り囲むように立地するクイアバ(2010年人口：551,350人)，カンポグランデ(787,204人)，アキダウアナ(45,623人)，ミランダ(25,615人)，コルンバ(103,772人)などの諸都市から，河川を通じて湿地に流入する産業・生活排水やゴミによる水質汚染の影響も深刻である。18世紀より金鉱山の開発が進むポコネ(31,778人)周辺では，大規模な森林伐採による土壌の流出や，金の抽出に利用される水銀による水質・大気汚染も問題となっている。

　さらに，湿地の天然草地に依存する伝統的な牧畜を取りやめ，植被をすべて剥ぎ取って外来種のブラッキャリアを播種した改良牧野での近代的な牧畜の進展も，各地で植生破壊や牧草地の乾燥化，土壌流出などを引き起こしている。

　環境に配慮した持続可能な観光開発を謳い文句に，とりわけ1990年代以降，

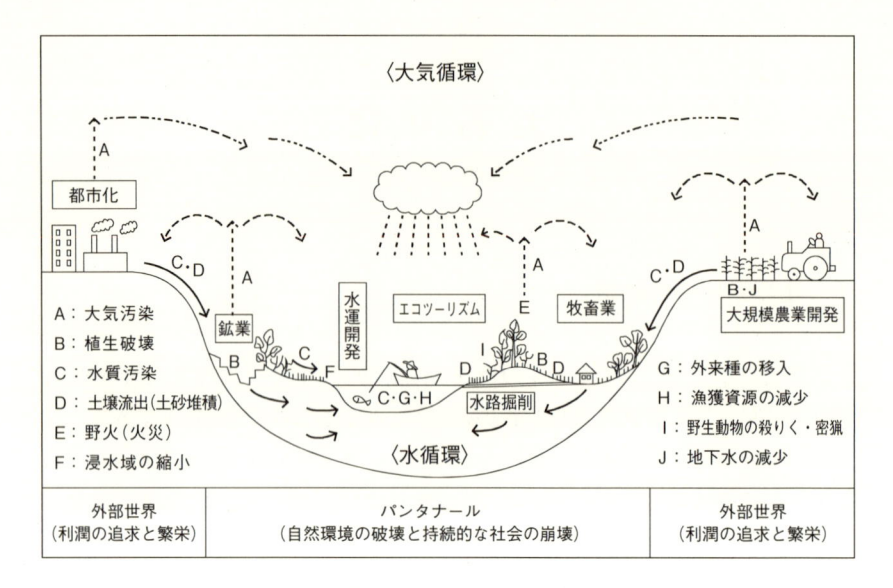

図10-1 人間活動が引き起こす生態系破壊の諸相

パンタナールで急速な発展を遂げたエコツーリズムも，湿原を貫通する道路建設や，エコロッジ，ホテル，キャンプ場などの多様な宿泊施設の増加，それにともなう観光客や釣り客の急増などを背景として，湿地生態系や野生生物に対して看過できない甚大な環境負荷を及ぼしている。

とりわけ，スポーツフィッシングの急速な発展は，生き餌となる小魚や成魚の乱獲を通じて，水産資源の減少を引き起こしている。同時に，生き餌の捕獲や釣りガイドに転身する漁師の急増を通じて，小規模漁業に依拠しつつ湿地を維持・管理してきた伝統的な漁村社会が崩壊の危機に瀕している。また，魚のトゥクナレや食用カタツムリのエスカルゴなどの外来種の移入も，在来種の駆逐などを通じて湿地生態系の攪乱要因となっている (Kojima 2003)。

さらに，水産資源や自然環境の保護を謳って1990年代前半に実施された法規制によるアロンバードの周年開放措置により，その下流域には巨大な水没地が形成されて，大規模な植生破壊や生産基盤を失った住民らの都市流失による社会問題が顕在化している。

このように，パンタナールでは湿地に流入する多数の河川や道路を通じて，

外部世界が主導する大規模な農業・観光開発や急速な都市化などの負の影響が，湿地の奥深くにまで広く波及している。そして，かけがえのない自然環境や生物多様性のみならず，それらを維持・調整してきた現地住民の知恵や文化，生活様式までもが，近代化を性急に先導する外部居住者たちの無秩序かつ経済優先の開発行為により，崩壊・消失の危機に追い込まれている。

II　環境保全への取り組みと課題

　ブラジル政府は，パンタナールの貴重な自然環境や生物多様性を保全する目的で，1993年にラムサール条約(Ramsar Convention)に調印し，マットグロッソ州のパンタナール・マットグロッセンセ国立公園の135,000 haを登録指定湿地に認定した。また2000年にはユネスコ(UNESCO)が，パンタナール・マットグロッセンセ国立公園に，税金を免除される代わりに研究や熱帯林保全のための土地利用が義務づけられた「自然遺産の個人保留地(RPPN, Reserva Particular do Patrimônio Natural)」3カ所を加えた，合計187,818 haの湿地を世界遺産(自然遺産)に登録して，湿地の賢明な利用(wise use)に基づく環境保全の実現を目指している。

　また，ブラジル政府は国家的最重要課題の解決を目指す「多年度計画(PPA, Plano Plurianual)」の具体的な戦略プログラム(Programa estratégicos)の一つに「パンタナール計画(Programa Pantanal)」を加え，米州開発銀行(BID)や国際協力銀行(JBIC)などの融資を受けながら，パンタナールの環境保全と地域住民の生活向上に取り組んでいる。

　さらに，世界銀行や世界自然保護基金(WWF)，環境NGOなどの組織や団体も，地元の大学や研究機関などと連携しながら，湿地生態系の基礎研究や「自然遺産の個人保留地」の設置支援などを通じて，湿地生態系の保全活動を近年活発化させている。

　環境破壊を規制する法整備も進められてきた。ブラジル政府は1988年，環境犯罪に対して禁錮や罰金刑を含む厳しい刑事罰で臨む「環境犯罪法」を制定し，動物の虐待や植生破壊を取り締まると同時に，国際協力による環境保全の推進を謳った。また，2000年には生物多様性の保護を目的に国家自然保護区

システム (SNUC) を策定したり，森林法を改正してセラード地域では20％を開発禁止区域として自然のまま保全することを義務づけた。さらに，環境問題専門の裁判所をマットグロッソドスル州のコルンバに設置するなど，政府は国を挙げて環境保全に取り組む姿勢を内外に示している。

しかし，実際にはパンタナール全体の98％を個人所有の牧場が占有しており，ラムサール条約や世界遺産の登録地，あるいは「自然遺産の個人保留地」などの自然保護地域は，パンタナール全体のわずか2％ほどに過ぎない。しかも，そのほとんどはあまり人が訪れない奥地に立地しており，シンボル性は高いものの環境保全に果たす実質的な効果は期待できない。また，さまざまな組織や団体が単発的に推進する多様な環境保全プロジェクトも，その多くが十分な科学的検証を経ておらず，各地で噴出するさまざまな環境問題に対症療法的な対応を積み重ねているのが実情である。

さらに，環境破壊を規制する諸法令も，その実効性に大きな課題を露呈している。環境犯罪の摘発や罰金の徴収など，実際に現地で法令の取り締まりにあたるのは環境・再生可能天然資源院 (IBAMA) や環境軍警察である。しかし，どこからでも進入できる広大な湿地や森林内で密かに行われる密猟 (漁) などの犯罪を，限られたわずかな職員で摘発することは不可能に近い。違反行為を厳格に処罰する法執行能力の強化が望まれる一方で，加速化する環境犯罪の急増に，実効性のある施策の実施が追いつかないのが現状である。

Ⅲ 持続可能な発展への取り組み

山積する課題と直面する厳しい現実の中で，パンタナールの持続可能な発展を実現するためには，次のような諸課題に対する包括的な取り組みが必要である。

第一に，実効性の高い環境保全策の立案には，未だに著しく不足している多様な生態系の実証的な基礎研究の蓄積が不可欠である。それは，本地域の豊かな自然環境や生物多様性が，河川の定期的氾濫や地形起伏などに起因して出現する多様なビオトープの存在に支えられているからである。その際，河川を通じてパンタナールと密接な関わりをもつ上流の水源涵養域までを研究対象とす

る，いわゆる流域主義に立脚した包括的な環境動態研究が企図されなければならない。

　第二に，地域住民，とりわけ牧童や漁師の伝統的な生業活動の中から，持続可能な発展につながる生存戦略やさまざまな知恵（伝統的な生態学的知識）を掘り起こす試みが必要である。そもそもパンタナールの自然環境は，住民が長年にわたり手を加え利用・管理してきた「制御された自然」であり，「手づかずの悠久なる大自然」とは異なる。その意味で，環境破壊が顕在化する以前の住民の生活様式は，自然との共生を維持・調整する多分に持続可能なものであったと考えられる。われわれはそれを科学的に立証し，その背後にある思考や知識，具体的な技術や情報などを，現在の新しい生き方の中に活かす工夫が必要である。地域固有の自然環境や伝統文化を等閑視した外部居住者による無批判な近代化の導入は，伝統的な地域社会の崩壊を通じて，より一層パンタナールの環境破壊を深刻化させてしまう。

　第三に，地域住民による地域住民のための新しい生き方が，自律的に創生される必要がある。外部世界の都合が優先する偽善的な開発・環境保全策を押しつけて，地域住民を一方的にその他律システムの中に幽閉してはならない。肝心なのは，外部世界の価値観や合理性に立脚した開発ではなく，パンタナールの風土や歴史に根ざした固有の文化に対する自信や誇りに裏打ちされた自律的な開発こそが必要だということである。なぜなら，子々孫々にわたりここで生き続ける住民こそが，パンタナールの自然環境や社会を守り続ける主役でなければならないからである。

　第四に，整備された環境法令の実効性を高める具体的な施策が不可欠である。確かに，環境軍警察のような犯罪取締官の増員や訓練は必要だが，広大なパンタナールの開放性やその大半が私有地であることを考えれば，その限界もまた自明である。パンタナールの内部でも，違反行為の種類や頻度が地域によって大きく異なることを考えれば，犯罪の地域性に配慮したゾーニングや，各地域の住民も巻き込んだ小回りのきく監視・取り締まり態勢の確立が必要である。

　第五に，パンタナールの将来を担う子どもたちの教育は何よりも重要である。雨季には広範に水没して移動が困難となるパンタナールでは，環境保全や

伝統文化の継承を実質的に担う牧童などの子弟教育がほとんど等閑視されてきた。近年では，乾季の約半年間だけ集中的に授業を実施する全寮制の小学校も少数ながら建設されているが，子弟教育に対する親(牧童などの農場労働者)や雇用主(ファゼンデイロ)の無関心，貧弱な学校施設，教材不足，派遣教員の過剰勤務など，まだまだ問題も山積している。また，一般教育だけではなく，地域の伝統文化や多様な職能の継承を意図した実践的な教育も，地域住民も巻き込んで実施されることが希求される。

(丸山浩明)

<文　献>

丸山浩明 2007．ブラジルの大規模農業開発と環境・社会問題―セラード農業開発の事例―．小林浩二編『実践　地理教育の課題』142-158，ナカニシヤ出版．
Kojima, Y. A. 2003. 外来種の移入と問題点．地理 48(12): 38-44.

付録:パンタナールで見られる動植物リスト

【A】 魚類の現地名,和名または属名,および学名

現地名	和名または属名	学名
カシャラ Cachara	タイガーショベルノーズキャットフィッシュ	*Pseudoplatystoma fasciatum*
ジャウ Jau	ジャウー	*Paulicea luetkeni*
ジュルポカ Jurupoca	エイティーンスポットショベルノーズキャットフィッシュ	*Hemisorubim platyrhynchos*
トゥビラ Tuvira	カラポ	*Gymnotus carapo*
ドラード Dorado	ドラード	*Salminus maxillosus*
トライーラ Traira	ホーリー	*Hoplias malabaricus*
パク Pacu	パク	*Piaractus mesopotamicus*
ピラーニャ Piranha	ピラニア/ピラニア・ナッテリー	*Pygocentrus nattereri*
ピラプタンガ Piraputanga	ピラプタンガ	*Brycon microlepis*
ピンタード Pintado	ピンタード	*Pseudoplatystoma corruscans*
ランバリ Lambari	アスティアナックス属（カラシン亜科）	*Astyanax bimaculatus*

【B】 両生類の現地名,和名または属名,および学名

現地名	和名または属名	学名
サポ・クルル Sapo-cururu	ロココヒキガエル/キャハンヒキガエル	*Bufo paracnemis*
ペレレッカ Perereca	アマガエル属	*Hyla fuscovaria*
ラン・ピメンタ Rā-pimenta	ユビナガガエル属	*Leptodactylus labyrinthicus*

【C】 爬虫類の現地名,和名または属名,および学名

現地名	和名または属名	学名
カランゴ/カランゴ・ベルデ Calango/Calango-verde	コモンアミーバトカゲ	*Ameiva ameiva*
ジャブチ・ピランガ Jabuti-piranga	アカアシガメ	*Chelonoidis carbonaria*
ジャカレ Jacaré	カイマン属	*Caiman crocodilus yacare*
ジャララカ・ピンターダ/ボッカ・ド・サポ Jararaca-pintada/boca-de-sapo	アメリカハブ属	*Bothrops neuwiedi*
ジボイア Jibóia	ボアコンストリクター	*Boa constrictor*
シニンブー/イグアナ Sinimbú/Iguana	グリーンイグアナ	*Iguana iguana*
スクリ Sucuri	アナコンダ属	*Eunectes noctaeus*
テグ Tegu	ゴールデンテグー	*Tupinambis teguixin*
ヴィボラ Vibora	パラグアイカイマントカゲ	*Dracaena paraguayensis*

【D】 鳥類の現地名，和名，および学名

現地名	和名	学名
アザ・ブランカ Asa-branca	アカハシリュウキュウガモ	Dendrocygna autumnalis
アナナイ Ananaí	アカアシコガモ	Amazonetta brasiliensis
アニュマ Anhuma	ツノサケビドリ	Anhima cornuta
アヌ・ブランコ Anu-branco	アマゾンカッコウ	Guira guira
アヌ・プレット Anu-preto	オオハシカッコウ	Crotophaga ani
アラクア・ド・パンタナール Aracua do pantanal	アカオヒメシャクケイ	Ortalis canicollis
アラサリ・カスターニョ Araçari-castanho	チャミミチュウハシ	Pteroglossus castanotis
アララ・アズル Arara-azul	スミレコンゴウインコ	Anodorhynchus hyacinthinus
アララ・アマレラ Arara-amarela	ルリコンゴウインコ	Ara ararauna
アララ・ヴェルメーリャ Arara-vermelha	ベニコンゴウインコ	Ara chloropterus
イレレ Irere	シロガオリュウキュウガモ	Dendrocygna viduata
ウルブー・デ・カベッサ・ベルメーリャ Urubu-de-cabeça-vermelha	ヒメコンドル	Cathartes aura
エマ Ema	アメリカレア	Rhea americana
カルデアル Cardeal	キバシコウカンチョウ	Paroaria capitata
ガヴィアン・ベーロ Gavião-belo	ミサゴノスリ	Busarellus nigricollis
カツリタ Caturritá	オキナインコ	Myiopsitta monachus
ガヴィアン・カラムジェイロ Gavião-caramujeiro	タニシトビ	Rostrhamus sociabilis
カベッサ・セッカ Cabeça-seca	アメリカトキコウ	Mycteria americana
カラン Carão	ツルモドキ	Aramus guarauna
カラカラ Caracara	カラカラ	Polyborus plancus
カラパテイロ Carrapateiro	キバラカラカラ	Milvago chimachima
ガリンチャン Garrinchão	シロサボテンミソサザイ	Campylorhynchus turdinus
ガルサ・ブランカ・グランデ Garça-branca-grande	ダイサギ	Ardea alba
ガロ・デ・カンピーナ Galo-de-campina	キバシコウカンチョウ	Paroaria capitata
クジュビ Cujubi	アオノドナキシャクケイ	Pipile cujubi
グラーリャ・ド・パンタナール Gralha-do-pantanal	ムラサキサンジャク	Cyanocorax cyanomelas
クリカカ Curicaca	クロハラトキ	Theristicus caudatus
ケロケロ Quero-quero	ナンベイタゲリ	Vanellus chilensis
コリェレイロ Colhereiro	ベニヘラサギ	Platalea ajaja
コルージャ・ブラケイラ Coruja-buraqueira	アナホリフクロウ	Athene cunicularia
コルカン Corucão	シロハラヨタカ	Podager nacunda

付録：パンタナールで見られる動植物リスト

【D】の続き

現地名	和名	学名
サニャッソ・シンゼント Sanhaço-cinzento	ハイガシラソライロフウキンチョウ	*Thraupis sayaca*
サニャッソ・ド・コケイロ Sanhaço-do-coqueiro	ヤシフウキンチョウ	*Thraupis palmarum*
サビア・ド・カンポ Sabiá-do-campo	マミジロマネシツグミ	*Mimus saturninus*
サビア・ラランジェイラ Sabiá-laranjeira	ナンベイコマツグミ	*Turdus rufiventris*
ジャカナン Jacanã	ナンベイレンカク	*Jacana jacana*
ジャパカニン Japacanim	ミズベマネシツグミ	*Donacobius atricapillus*
ジャプ／ジャプ・プレト Japu／Japu-preto	カンムリオオツリスドリ	*Psarocolius decumanus*
ジュリチ Juriti	シロビタイシャコバト	*Leptotila verreauxi*
ジョアン・デ・バーロ João-de-barro	セアカカマドドリ	*Furnarius rufus*
スイリリ・カバレイロ Suiriri-cavaleiro	ウシタイランチョウ	*Machetornis rixosus*
セリエマ Seriema	アカノガンモドキ	*Cariama cristata*
ソコ・ボイ Socó-boi	トラフサギ	*Tigrisoma lineatum*
ソコジーニョ Socozinho	ササゴイ	*Butorides striatus*
タシャン Tachã	カンムリサケビドリ	*Chauna torquata*
タブイアイア Tabuiaia	シロエンビコウ	*Ciconia maguari*
タリャ・マール Talha-mar	クロハサミアジサシ	*Rynchops niger*
トゥユユ／ジャビル Tuyuyu／Jabiru	ズグロハゲコウ	*Jabiru mycteria*
トゥカヌス Tucanuçu	オニオオハシ	*Ramphastos toco*
パパガイオ・ヴェルダデイロ Papagaio-verdadeiro	アオボウシインコ	*Amazona aestiva*
ピカ・パウ・デ・バンダ・ブランカ Pica-pau-de-banda-branca	シマクマゲラ	*Dryocopus lineatus*
ピカ・パウ・ド・カンポ Pica-pau-do-campo	アリツカゲラ	*Colaptes campestris*
ピカ・パウ・ブランコ Pica-pau-branco	シロキツツキ	*Melanerpes candidus*
ビグア Biguá	ナンベイヒメウ	*Phalacrocorax brasilianus*
ビグア・ティンガ Biguá-tinga	アメリカヘビウ	*Anhinga anhinga*
ビコ・デ・プラタ Bico-de-prata	ギンバシベニフウキンチョウ	*Ramphocelus carbo*
フォゴ・アパゴウ Fogo-apagou	サザナミインカバト	*Columbina squammata*
ベイジャ・フロール・デ・ビコ・ヴェルメーリョ Beija-flor-do-bico-vermelho	アオムネヒメエメラルドハチドリ	*Chlorostilbon aureoventris*
ベイジャ・フロール・テゾウラ Beija-flor Tesoura	ツバメハチドリ	*Eupetomena macroura*

【D】の続き

現地名	和名	学名
ベン・テ・ヴィ Bem-te-vi	キバラオオタイランチョウ	*Pitangus sulphuratus*
マルティン・ペスカドール・ヴェルデ Martim pescador verde	オオミドリヤマセミ	*Chloroceryle amazona*
マーティン・ペスカドール・グランデ Martim pescador grande	クビワヤマセミ	*Ceryle torquata*
マグアリ Maguari	シロエンビコウ	*Ciconia maguari*
マリア・ファセイラ Maria-faceira	キムネゴイ	*Syrigma sibilatrix*
ムトゥン・デ・ペナチョ Mutum-de-penacho	ハゲガオホウカンチョウ	*Crax fasciolata*
メシリケイラ Mexiriqueira	マダラゲリ	*Vanellus cayanus*

【E】 哺乳類の現地名，和名または科・属名，および学名

現地名	和名または科・属名	学　名
アリラーニャ Ariranha	オオカワウソ	*Pteronura brasiliensis*
アンタ Anta	アメリカバク	*Tapirus terrestris*
ヴェアド・カーチンゲイロ Veado-caatingueiro	シカ科マザマ属	*Mazama gouazoubira*
ヴェアド・カンペイロ Veado-campeiro	パンパスジカ	*Ozotoceros bezoarticus*
ヴェアド・マテイロ Veado-mateiro	マザマジカ	*Mazama americana*
オンサ・パルダ Onça parda	ピューマ	*Puma concolor*
オンサ・ピンターダ Onça pintada	ジャガー	*Panthera onca*
カショーロス・ド・マット Cachorros-do-mato	カニクイイヌ	*Cerdocyon thous*
カショーロ・ビナグレ Cachorro-vinagre	ヤブイヌ	*Speothos venaticus*
カテト Cateto	クビワヘソイノシシ	*Pecari tajacu*
カピバラ Capivara	カピバラ	*Hydrochaeris hydrochaeris*
ガンバ・デ・オレーリャ・プレッタ Gambá-de-orelha-preta	オポッサム科オポッサム属	*Didelphis aurita*
クアチ Quati	アカハナグマ	*Nasua nasua*
クチア Cutia	ウサギアグーチ	*Dasyprocta leporina*
ケイシャーダ Queixada	クチジロペッカリー	*Tayassu pecari*
ジャグアチリカ Jaguatirica	オセロット	*Leopardus pardalis*
セルボ・ド・パンタナール Cervo-do-pantanal	アメリカヌマシカ	*Blastocerus dichotomus*
タトゥ・カナストラ Tatu-canastra	オオアルマジロ	*Priodontes maximus*
タトゥ・ガリーニャ Tatu-galinha	ココノオビアルマジロ	*Dasypus novemcinctus*
タトゥ・ペバ Tatu-peba	ムツオビアルマジロ	*Euphractus sexcinctus*
タマンドゥア・バンデイラ Tamanduá-bandeira	オオアリクイ	*Myrmecophaga tridactyla*
タマンドゥア・ミリン Tamanduá-mirim	ミナミコアリクイ	*Tamadua tetradactyla*
ブジオ・プレット Bugio-preto	クロホエザル	*Alouatta caraya*
マカコ・プレゴ Macaco-prego	フサオマキザル	*Cebus apella*
モルセゴ・ヴァンピーロ Morcego-vampiro	ナミチスイコウモリ	*Diaemus youngi*
ロボ・グアラ Lobo-guará	タテガミオオカミ	*Chrysocyon brachyurus*

【F】 木本種の現地名，和名または科・属名，および学名

現地名	和名または科・属名	学名
アタ・デ・コブラ Ata-de-cobra	バンレイシ科バンレイシ属	Annona cornifolia
アクリ Acuri	ヤシ科シェーレア属	Scheelea phalerata
アラサ Araçá	フトモモ科バンジロウ属	Psidium guineense
アラサ・ブラボ Araca-bravo	フトモモ科バンジロウ属	Psidium kennedyanum
アリシクン Arixicum	バンレイシ科バンレイシ属	Annona dioica
アロエイラ Aroeira	ウルシ科ミラクロドゥルオン属	Myracrodruon urundeuva
アンジェリン Angelim	マメ科ワタイレア属	Vatairea macrocarpa
アンジーコ・ブランコ Angico-branco	ヨポ	Anadenanthera colubrina
イペ・アマレーロ Ipê-amarelo	ノウゼンカズラ科タベブイア属	Tabebuia vellosoi
イリリ Iriri	ヤシ科アラゴプテラ属	Allagoptera leucocalyx
インガ Ingá	マメ科インガ属	Inga uruguensis
エンバウーバ／インバウーバ Embaúba／Imbaúba	ケクロピア科ケクロピア属	Cecropia pachystachya
オーリョ・デ・ボイ Olho-de-boi	アカネ科トコイエナ属	Tocoyena formosa
カナフィストラ Canafístula	マメ科センナ属	Cassia grandis
カランダ Caranda	ヤシ科ロウヤシ属	Copernicia alba
カンジケイラ Canjiqueira	キントラノオ科ブルソニマ属	Byrsonima orbignyana
カンバラ Cambará	ウォキシア科ウォキシア属	Vochysia divergens
クンバル Cumbaru	マメ科トンカマメ属	Dipteryx alata
クンブカ Cambucá	フトモモ科フトモモ属	Eigenia tapacumensis
コロア Coroa／Coroa-de-frade	ノボタン科モウリリ属	Mouriri elliptica
ゴンサーロ Gonçalo	ゼブラウッド	Astronium fraxinifolium
ジェニパポ Jenipapo	アカネ科ゲニパ属	Genipa americana
シャ・デ・フラデ Chá-de-frade	イイギリ科カセアリア属	Casearia sylvestris
ジャカレジーニョ Jacarezinho	フトモモ科ミルキア属	Myrcia palustris
ジャトバ・ミリン Jatoba-mirim	コウルバリル／ジュテー	Hymenaea courbaril
ジャトバ Jatoba	マメ科ヒメナエア属	Hymenaea stigonocarpa
セドロ Cedro	クリソバラヌス科リカニア属	Licania minutiflora
タルマン Tarumã	クマツヅラ科ハマゴウ属	Vitex cymosa
ノバテイロ Novateiro	ツクバネタデノキ	Triplaris americana
パラトゥド Paratudo	ギンヨウノウゼン	Tabebuia aurea
バルバチマン Barbatimão	マメ科ストリフノデンドロン属	Stryphnodendron obovatum
ピウーバ Piúva	ノウゼンカズラ科タベブイア属	Tabebuia heptaphylla
ピウシンガ Piuxinga	ノウゼンカズラ科タベブイア属	Tabebuia roseo-alba
ピメンテイラ Pimenteira	クリソバラヌス科リカニア属	Licania parvifolia
フィゲイラ Figueira	クワ科イチジク属	Ficus sp.
フィゲイラ・マタ・パウ Figueira-mata-pau	クワ科イチジク属	Ficus pertusa
ブリチ Buriti	ブリチー	Mauritia vinifera

【F】 の続き

現地名	和名または科・属名	学名
ペキ Pequi	ブラジルナット	*Caryocar brasiliense*
ペルディズ Perdiz	ニガキ科シマルバ属	*Simarouba versicolor*
ボカイウーバ bocaiúva	ヤシ科アクロコミア属	*Acrocomia aculeata*
マミーヤ・デ・ポルカ Maminha-de-porca	ミカン科サンショウ属	*Fagara hassleriana*
マルメラーダ Marmelada	アカネ科アリベルティア属	*Alibertia sessilis*
モルセゲイロ Morcegueiro	マメ科アンディラ属	*Andira inermis*
リシェイラ Lixeira	ビワモドキ科クラテラ属	*Curatella americana*
レイテイラ／ムトゥケイラ Leiteira／Mutuqueira	トウダイグサ科シラキ属	*Sapium haematospermum*
ロウロ Louro	ムラサキ科カキバチシャノキ属	*Cordia glabrata*

【G】 草本種の現地名，和名または科・属名，および学名

現地名	和名または科・属名	学名
アグアペ Aguapé	ミズアオイ科ポンテデリア属	*Pontederia cordata*
バッソリーニャ Vassourinha	アカネ科ハリフタバ属	*Borreria verticillata*
オルテラン・ド・カンポ Hortelã-do-campo	シソ科イガニガクサ属	*Hyptis crenata*
カピン・デ・カピバラ Capim-de-capivara	ミズエノコロ	*Hymenachne amplexicaulis*
カピン・ミモゾ Capim-mimoso	イネ科ツルメヒシバ属	*Axonopus purpusii*
カピン・ミモジーニョ Capim-mimosinho	イネ科レイマロコロア属	*Reimarochloa acuta*
カピン・ミモジーニョ Capim-mimosinho	イネ科レイマロコロア属	*Reimarochloa brasiliensis*
カピン・アマルゴーゾ Capim-amargoso	ススキメヒシバ	*Digitaria insularis*
カピン・カロナ Capim-carona	イネ科エリオヌルス属	*Elyonurus muticus*
カマロテ Camalote	ミズアオイ科ホテイアオイ属	*Eichhornia azurea*
グラバテイロ Gravateiro	パイナップル科ブロメリア属	*Bromelia balansae*
グラマ・セダ Grama-seda	ギョウギシバ	*Cynodon dactylon*
サボネティーニャ Sabonetinha	ゴマノハグサ科バコパ属	*Bacopa myriophylloides*
ジャペカンガ Japecanga	サルトリイバラ科シオデ属	*Smilax fluminensis*
セボリーニャ Cebolinha	ミズミイ	*Eleocharis acutangula*
ハボ・デ・ブーロ Rabo-de-burro	イネ科ウシクサ属	*Andropogon bicornis*
フェデゴーゾ Fedegoso	ハブソウ	*Senna occidentalis*
マルバ Malva	アオイ科キンゴジカ属	*Sida cerradoensis*
マルバ・ブランカ Malva branca	アオギリ科ワルセリア属	*Waltheria albicans*

【G】 の続き

現地名	和名または科・属名	学名
ミモゾ・デ・タロ Mimoso-de-talo	イネ科スズメノヒエツナギ属	*Paspalidium paludivagum*
レイテリーニョ Leiterinho	イリオモテニシキソウ	*Euphorbia thymifolia*
ロド Lodo	カヤツリグサ科ハリイ属	*Eleocharis minima*

*同定した草本種のうち現地名があるもののみリストアップした。

(吉田圭一郎・仁平尊明)

索引

ポルトガル語の一般名詞や重要と思われる用語には簡単な説明を付した。

[略　号]

COMPESCA (Conselho Estadual de Pesca do Estado do MS) ⇒マットグロッソドスル州漁業審議会

EMBRAPA (Empresa Brasileira de Pesquisa Agropecuária) ⇒ブラジル農牧業研究公社

IBAMA (Instituto Brasileiro do Meio Ambiente e Recursos Naturais Renováveis) ⇒ブラジル環境・再生可能天然資源院

RPPN (Reserva Paticular do Patrimônio Natural) ⇒自然遺産の個人保留地

SEMACT (Secretária de Estado de Meio Ambiente, Cultura e Turismo-MS) ⇒マットグロッソドスル州環境・文化・観光局

[人　名]

アントニオ・ラポーゾ・タヴァレス／67
カベサ・デ・ヴァカ／63
ジョアキン・エウゼニオ・ゴメス・ダ・シルバ／72, 75
ジョアキン・ジョゼ・ゴメス・ダ・シルバ／72, 74, 75
ジョアン・カルロス・ペレイラ・レイテ／71
ニュフロ・デ・シャベス／63
パスコアール・モレイラ・カブラル／67
ペドロ・デ・メンドーサ／63
ミゲル・スティル／67
レヴィ＝ストロース／1, 64
レオナルド・ソアレス・デ・ソウザ／71

[一　般]

─── ア　行 ───

アカンパメント／174　漁師が釣りを行うポイント
アキダウアナ川／12, 65
アソーギ／87　牛肉に塩をふり天日乾燥して作る干し肉の製造所
アフタ熱／218　家畜の伝染病の一つで，おもに偶蹄目の動物が罹るウイルス性の感染症
アマゾニア／1, 23　アマゾン川の流域
アルゴラ／94　馬の面繋や胸帯に取り付けられる一種の装身具で，銀色に光輝く金属の輪

アレグリア農場／74, 191
アロンバード／3, 136, 141, 243, 245　洪水などによる自然堤防の破堤部で，河川水の流出口
──・ダ・サンタ・アナタリア／255　タクアリ川左岸のニェコランディア地区に巨大な恒常的浸水域をうみ出したアロンバード（自然堤防の破堤部）の一つ
──・ド・カロナル／252, 255, 256, 257, 259, 260　タクアリ川右岸のパイアグアス地区にパンタナール最大の恒常的浸水域をうみだしたアロンバード（自然堤防の破堤部）の一つ
──・ド・ゼダコスタ／255, 257, 262　1980年代後半にタクアリ川下流のパイアグアス地区に巨大な恒常的浸水域をうみだしたアロンバードの一つで，多くの住民がコルンバなどに強制的な移住を余儀なくされた
アンゾル・デ・ガリョ／172, 174　河畔の木や川中に伸びた倒木の枝や幹に釣り糸を括り付け，魚がかかるのを待つ漁法
安定陸塊／11
生き餌捕獲漁師／168, 170, 175　スポーツフィッシング客が使う生き餌を専門的に捕獲・販売するプロの漁師で，イスケイロと呼ばれる
インヴェルナーダ／86　一般に牧柵などで分割された牧区
インディオ／1, 63　新大陸の先住民
インフォーマルセクター／263
ヴィラ・デ・ベリアゴ／67　1729年に創設された現在のコシン市の旧名
ヴィラ・ベラ・ダ・サンティシマ・トリンダーデ／67　1748年にカピタニア・デ・サンパウロを分割して創設されたカピタニア・デ・マットグロッソの首都
ヴィラ・マリア・ド・パラグアイ／69　1781年に創設された現在のカセレス市の旧名
牛飼いの道／191, 220　ニェコランディア地区で生産された牛を外部の市場へ搬出するために1970年代中頃に整備された幅員約50mの道路
牛群／98, 102, 214, 234
牛の寝床／208, 223, 230　牛の群れがまとまって夜を過ごす場所で，マリャーダと呼ばれる

牛寄せ場／208, 218, 230　病気やケガなどの家畜の健康状態をチェックするために牛を集める場所で，一般に給塩台が置かれている
ウルクン山／12

エコツーリズム／3, 85, 117, 147
　──拠点／117
エストラーダパルケ／117, 120, 140　ポルトダマンガとプラコダスピラーニャスを結ぶ南パンタナールの観光拠点で，多数の宿泊施設などが分散立地する
エストラーダボイアデイラ／120　牛飼いの道のポルトガル語名
エスピナン／174　川を跨いで岸から岸へワイヤーを張り，そこに何本もの釣り糸を垂らす漁法
エスペカドール／89　牛の皮を紐と重りで引っ張って伸ばし，天日乾燥させる道具
LV・レイロンイス・ルライス／106, 191, 220　ニェコランディア地区の入口に開設された牛の競り市で，毎月1回，最終土曜日に開催されている
オーボ／90, 218　マンゲイラ(牛囲い)内の作業小屋の一部で，注射や焼印などの作業後の牛を効率よく仕分けて別々の部屋に収容する卵形の施設

──────　カ　行　──────

カイドウロ／103　大きな河川を牛群が横断する場所に設置された，川中まで牛を誘導するための牧柵が敷設された牛渡し
外来種／140, 160, 181, 275
カザ・グランデ／86　ファゼンデイロ(大農場主)が生活する農場内の豪奢な屋敷
カディヴェウ族／64, 65　レヴィ＝ストロースの調査で有名になったパンタナールのインディオ部族の一つ
『悲しき熱帯』／1
カピン・カロナ／30　カンポアルトに自生する代表的な草本の一つ
カベセイラ／102　コミティーバで牛群を追い立てる牧童のうち，牛追いの動きや道を決める先導役
過放牧／227, 230
カポン／26, 33, 35, 205, 216, 268　バザンテやカンポアルトの内部に形成された，中州状の円形をした島状の森林
ガラテイア／174　錨状に3本の掛かりが付いた釣り針を使う魚釣り

ガルパン／87, 91　一般に独身の牧童が生活する簡素な住居
カレファン／89, 218　放牧している牛をマンゲイラ(大型の家畜囲い)に追い込むための誘導通路
カンガ／96　牛車で左右2頭の牛につけるくびき
環境犯罪法／162, 277　ブラジルで1998年2月に制定された，環境犯罪に対する罰則規定を盛り込んだ連邦法
カンペイロ／90　牧童のことで，ペオンと同義
カンポ／28　草原の意味
カンポアルト／28, 30, 36, 192, 201, 205, 229　さまざまな草本にわずかな灌木を交えた，浸水しない高位草原
カンポスージョ／30, 36, 37, 198, 200, 205　草本に灌木を交えた植生で，汚い草原の意味
カンポリンポ／28, 30, 198　草本が占有する植生で，美しい草原の意味

気候変動枠組条約／253
ギマランイス台地／11
キャッチ＆リリース方式／166　釣り上げた魚を持ち帰らずに川に戻す魚釣りの方式
給塩台／208, 209, 230　ミネラル塩やビタミン・カルシウムを配合した加工塩を放牧牛に与えるために，丸太などをくり抜いて作った塩置き
教化集落／67　イエズス会などがインディオの教化や保護を目的に設置した集落
漁獲物コントロールガイド／167
漁獲物の輸送・販売規定／167
漁獲割当量規定／163, 164
漁業資格／163
漁具規定／163
胸高直径／200, 198
魚種別漁獲サイズ規定／163, 164
漁場規定／163, 166
禁漁期規定／163, 165

グアイアカ／92　パンタナールの牧童が腰に付ける幅の広い革のベルト
グァイクルー族／63, 91　パンタナールのインディオ部族の一つで，好戦的な騎馬族としてつとに有名である
グァトー族／63, 64, 65, 66, 97　パンタナールのインディオ部族の一つで，卓抜したカヌーの操作術や的を外さぬ弓術で有名な川を自由に移動する漂泊の民
クイアバ川／12, 67, 68, 69, 136, 243, 245
クラテイロ／102　コミティーバで牛群を追い立てる牧童のうち，最後尾で全体を見渡しなが

索　　引

ら牛群を追い上げる役を負う者
グランデ農場／74
クルティドール・デ・コウロ／94　牛の皮をなめすために，なめし剤とともに皮をつける水槽
群棲動物／214, 102

景観生態学／26
ケイマーダ・コントロラーダ／231　IBAMAに許可申請を行い，周囲の農場にもその実施を連絡して行われる，正規のルールに則った草原などへの火入れ
ケスタ／12
コウレイロ／246　一般には皮革販売人のことだが，パンタナールではワニなどを捕獲して皮を販売する密猟者をさすこともある
ゴールドラッシュ／66, 71
谷頭侵食／16　谷頭（谷の最上流部）が侵食されて，谷がさらに上流へとのびてゆく現象
国連環境開発会議／253
国家自然保護区システム／277
仔取り繁殖／83, 187, 216, 234, 245　仔牛を産ませるための繁殖活動
── 経営／83, 189, 239-241　肥育用の素牛生産を行う，仔牛を産ませるための繁殖管理を主目的とする牧畜経営
コミティーバ／78, 95, 97, 98, 103　牛の群れを別の農場や競り市などに移送する牧童のグループやその行為
コリション／28, 35　相対的に規模や水量が大きなコリッシャ
コリッショ／18, 28, 43　恒常河川のリオに連結する堀割り状の小河川で，湖沼などへの水の流入・流出路
コリドー／24, 259　野生生物の生息地の連続性を確保することで遺伝的な交流を維持するために，森林（多様なビオトープ）をつないでつくる緑の回廊
コルジリェイラ／28, 30, 34, 205　間欠河川のバザンテや旧河道沿いの自然堤防上に形成された，林冠の鬱閉した森林

────── サ　行 ──────

財産分与／210
採食量／221, 223
サバンナ　熱帯草原
　草本 ──／30, 36, 198, 205　草本が占有する熱帯草原
　木本 ──／12, 33, 36, 194, 198, 205　多くの灌木を交えた熱帯草原
サピクア／99　コミティーバで荷物を運搬するラバや馬の首に下げる，ファリーニャやマテ茶などの携帯食を入れる袋
サファリフォトグラフィコ／130　自然・動物写真の撮影観光ツアー
サリトラダ／30, 204, 205, 208, 226　サリナに比べて塩分濃度が相対的に低く，水中や水辺にも植物が生育する塩性湖沼
サリナ／17, 30, 32, 51　森林内の閉鎖水域にみられる，アルカリ性の強い円・楕円形の塩性湖沼
サルガデイラ／90, 220　マンゲイラ（牛囲い）での処置後の牛を放して塩を与える比較的広い家畜囲い
サンジェロニモ山脈／11
サント・アントニオ・ド・レヴェルゲル／69
サンフランシスコ農場／74, 78
サン・ペドロ・デル・レイ／69　1781年に創設された現在のポコネ市の旧名

GPS首輪／221　家畜などの首につける，GPS機能を内蔵した専用の首輪
仕事請負人／212　必要に応じて農場に雇用される日雇い労働者で，エンプレイテイロと呼ばれる
自然遺産／187, 212
── の個人保留地（RPPN）／130, 138, 266, 277　税金を免除される代わりに研究や熱帯林保全のための土地利用が義務づけられた土地
失業保険／166, 180
シヌエロ／102　コミティーバで牛群の先導役に使われる，特別な訓練を受けた従順でおとなしいリーダー牛
ジャコビナ農場／69, 71, 72
ジャコビナの人々／72　パンタナール開発の主役となったジャコビナ農場のゴメス・ダ・シルバ家の系譜にある人々で，「偉大な人々」とも呼ばれる
シャライ族／63　16世紀前半にパンタナールに生活していたインディオ部族の一つ
シャラエスの海／63　16世紀前半には，パンタナールはその住人であったシャライ族の名にちなんで「シャラエスの海」と呼ばれていた
受胎率／235, 236, 239
狩猟法および漁業法／246
商業的な釣りのための環境許可証／149, 163　プロの漁師が漁業を行うために取得・携帯しなければならない漁業資格の証明証
植物遷移／227, 229, 246
ジンガ／97, 263　カヌーなどの小舟を人力で押し進めたり方向を制御したりするための櫂

森林法／278　1965年に制定された森林保護を目的とする法令。2000年に改正された新しい森林法では，法定アマゾン以外のセラード地域については，20％を自然のままで保全するように義務づけられている

スアドール／92　牧童がズボンの上に着用する，下肢の前側だけをすっぽり覆って保護する，ズボンを縦に半分に切ったような形の革製の覆い

水源涵養域／278

水産資源の持続的開発と保全を実現するための法令／162, 163

水産資源保護区／166　プロとアマチュアの双方の釣りに対して，恒常的に，あるいはピラセマの禁漁期間を延長して魚釣りが禁じられている河川水域

水質汚染／160, 250, 275

水質組成／46, 51-54　水に溶け込んでいる成分のうち，主要な8元素の存在を割合で示したもの

水理パラメータ／55　数値モデルを構築する際に必要な水文関係の変数

数値モデル／55-59　実際の地下水の流れ場を何らかの方法で模擬する方法の一つで，電算機を用いて支配方程式を近似的に解く数値シミュレーションを指す

スポーツフィッシング／3, 121, 129, 137, 147, 276　スポーツやレジャー目的の魚釣りで，南パンタナールではエコツーリズムの一環として導入され1990年代に大きく発展した

スポーツフィッシングのための環境許可証／151, 163　アマチュアのスポーツフィッシング客が釣りを行うために取得・携帯しなければならない漁業資格の証明証

住み込み農民／86, 211　農場内に家を貸与され，住み込みで農場の農作業などに携わる農民

生活型／26　生物の生活様式を類型化した分類
生態学的知識
　科学的な――／3, 270
　伝統的な――／3, 270
生物多様性／1, 23, 147, 271, 277
生物多様性条約／253, 278
セスタバシカ／166, 176, 180　米や豆，砂糖，茶，缶詰などの生活必需品を詰め合わせたバスケット
セバ／149　河畔に迫り出して設置された簡素な釣り用の台座
ゼブ牛／84　現在，ブラジルで一般的に飼育されているインド原産のネロール種の牛
セラード／12, 23, 30, 201, 205　草原内にさまざまな灌木が生育する木本サバンナ
セラード農業開発／155, 249, 275, 268　1979～2001年まで日本が継続的に技術・資金協力を実施したODA事業で，それまで未開墾だったセラード地帯は世界第2位の大豆生産地へと変貌した
セラドン／30, 33, 201, 205　セラードよりも大きな灌木や樹木が生育する森林で，林床には草本が希薄
競り市／85, 105, 191, 220
扇状地性地形／15, 16, 17, 24

粗放牧／192, 217, 234

――――タ　行――――

大西洋岸森林／23
堆積盆地／1, 11, 13, 243
多雨期／250
タクアリ川／3, 12, 16, 103, 130, 141, 244, 247, 257
多年度計画／277　ブラジル政府による，国家的最重要課題の解決を目指す具体的な戦略プログラム

地下水ポテンシャル／58　地中のある深度における地下水の存在状態を高度(位置エネルギー)と圧力ポテンシャルの和で示したもの。圧力ポテンシャルを考慮することで，鉛直二次元的に地下水の流れを検討することが出来る
地下水流動系／45, 54　地下水は，涵養される場所によって流出する場所までの流動経路が異なる。このような流れのことを地下水流動系と呼び，広域を流動する地域流動系，局所的に流動する局地流動系，それらの中間の中間流動系の3つに大きく分けることが一般的である

釣りガイド／150, 170, 171, 178, 276

デクアーダ／159, 181　野火などで焼け焦げた大地から大量の木灰が雨水で河川に流出して，水中の酸素不足などにより魚が大量死する現象
デセンシリャドール／87, 91　牧童たちが馬具類を保管したり，自身で調整・製作したりする家屋
テレナ族／63, 65, 66　パンタナールのインディオ部族の一つ。穏健であり，滅亡することなく今日に至る集団

索　引

テレレ／87, 95, 101, 109　冷水で入れたマテ茶
電気伝導度／48, 51, 57　電気抵抗の逆数で，電気の流れやすさを示す（単位：S/m = 1/(Ωm)）。水中に含まれる電解質の量が多いほど電流が多く流れて大きな値となるため，水中の陽イオン，陰イオンの溶存量の目安となる

トゥピ・グアラニー語／2, 26
動物相／259
土砂堆積／16, 243, 246, 250
トライア・デ・アレイオ／93　馬の騎乗に必要な道具類一式
トルデシーリャス条約／66　1494年にスペイン・ポルトガルが協議して前年の教皇子午線を西方に移動させた，両国の海外領土分割条約
トロンコ／90　注射や焼印などの作業時に，牛が暴れないように板で首を挟む装置

――――――　ナ　行　――――――

ニェコランディア地区／3, 17, 20, 24, 43, 117, 130　タクアリ川の左岸に広がる広大なパンタナールの一地域

ネグロ川／12, 130

農場管理人／195, 211
農場民宿／117, 121, 124, 135, 138, 211　農場内の家屋を利用して観光客などを宿泊させる民宿のような施設で，エコツーリズムの進展により増加した
ノッサ・セニョーラ・ダ・コンセイソン・デ・アルブケルケ／69　1778年に創設された現在のコルンバ市の旧名
ノロエステ鉄道／84　1905年に建設が始まった，サンパウロ州のバウルーとマットグロッソドスル州のコルンバを結ぶ鉄道で，その敷設工事には多数の日本人移民も参加した

――――――　ハ　行　――――――

バイア／18, 30, 36, 51, 205　河川水の流入により形成される，森林に囲まれた円・楕円形の湖沼
パイアグア族／63, 136　パンタナールのインディオ部族の一つで，カヌー漕ぎや漁労，泳ぎがうまい好戦的な部族としてつとに有名である
パイアグアス地区／3, 117, 136, 244　タクアリ川の右岸に広がる広大なパンタナールの一地域
バイオーム／23　生物群系あるいは植物群系
バイシャーダ／28, 30, 36, 200, 205, 229, 245　低平な浅い窪地状地で，雨季を中心に一時的に浸水する低位草原

バイトカウンター／221-223, 227　北海道農業研究センターで開発された，牛の首に取り付けて採食時の顎運動回数を記録する装置
バザンテ／18, 28, 30, 36, 200, 216, 229, 245　間欠河川で，低平な河床は雨季には浸水し乾季には草原となる
バチェイロ／93　馬の背に敷く羊毛または綿でできた敷布
バックパッカー／125, 134, 142, 159
罰則規定／163, 168
バテドール／99, 100　コミティーバで，牧童たちが食事をとり休息する場所
バニャード／28, 29　氾濫を繰り返す恒常河川の周囲に広がる，低平な恒常的浸水地
パラグアイ川／12, 20, 83, 104, 156, 248, 257
パラグアイ戦争／74, 77, 83　アルゼンチン，ブラジル，ウルグアイの三国同盟とパラグアイとの間で1864～1870年まで続いた戦争
バリーニョス一族／77, 79, 134
パルメイラス農場／74, 77
パレシス台地／11
バロンイス一族／77-79
バロン・デ・メルガッソ／69
繁殖計画／235
パンタナール／1, 12
――馬／64, 91　パンタナールの地域固有種（中型の在来馬）で，長時間水の中を移動しても柔らかくならない強い蹄をもち，水中植物も消化する能力を備えている
――学校／112, 113　アキダウアナ郡において，パンタナール学校父兄・教員・農場主協会（APPPEP）の活動をベースに，現地の子どもたちに教育の機会を提供すべく設置された学校
――計画／159, 277　エコツーリズムの振興を目的に，米州開発銀行や国際協力銀行の出資により実現したパンタナールの開発プロジェクト
――・コンプレックス／23
――縦断道路／117, 147, 159
ハンディGPS／193, 221
バンデイラ／3, 66, 77　おもに17～18世紀前半にかけて，奴隷として売却するためのインディオ狩りや，金・ダイヤモンドなどの貴金属・宝石類の探査を目的として内陸奥地にまで分け入った奥地探検隊ならびにその行為
半落葉樹林／34-38, 198-200

火入れ／230
ピエゾメータ／51　地下水位を測定する水位管。

同一地点に深度が異なるように複数設置し，地下水ポテンシャルの解明に利用する
ビオトープ／1, 23, 34, 43, 194, 200, 204　特定の生物群集が生存する均質性を備えた生物空間
ビオトープマップ／24, 194
ピケテ／90, 208　マンゲイラ(牛囲い)に隣接して設置される小規模な家畜囲いで，仔牛や仔馬を母親から離して乳離れさせるために利用される
ビッフェロ／217　牛のヨーロッパ系品種とアメリカのビザン種との交配種
ピラセマ／127, 163, 165, 250　インディオの言葉で，水位が上がる雨季に魚が産卵のために湿原から川の水源域へと群れをなして一斉に遡上する生態現象をいう
ピラプタンガス農場／72, 75
ファイシャ／92　パンタナールの牧童が腰に巻く色鮮やかな布帯
フィルメ農場／74-80
フェスタ・ド・ラッソ／107　牧童に不可欠な投げ縄の技量を競う祭典
フェノロジー／35　動植物が示す諸現象の時間的(季節的)変化と，その気候・気象との関係を究明する学問
不在地主／110, 135, 141, 188, 192, 240
ブラジル環境・再生可能天然資源院／137, 161, 167, 177, 231, 251, 278
ブラジル高原／1, 143, 155, 243, 250, 269, 275
ブラジル農牧業研究公社／85, 91, 251
ブラジルの奇跡／247　1968〜1973年まで続いたブラジルの高度経済成長期
ブラッキャリア／85, 195, 208, 250, 275　アフリカ原産の牧草で，パンタナールでは1990年代に急速に普及して人工牧野が増加した
フリアージェン／19, 93, 216　一般に5〜9月の乾季に発生する，南からの強い冷気の流入
ブリコルール／1　パンタナール地域の限られた資源がもつ有用性と可能性を先験的に知り，そこから得られる道具や資材を巧みにやりくりして厳しい環境を生き延びる野生の人々
ブルアカ／99　コミティーバで，米やフェジョン豆，マカロニなどの食料を入れる革製の箱や袋
ブレッテ／90, 218　マンゲイラ(牛囲い)内の作業小屋の一部で，注射や焼印などの作業時に牛が暴れないように，トロンコと呼ばれる装置で身動きを抑えて一列に並べる施設
ペオン／90　パンタナールの牧童

ヘキサダイヤグラム／47　主要8元素の溶存成分の水質組成や濃度について，6角形の形の違いや大きさで比較するグラフのこと
ペスカ・デ・バラ／173　竿釣り
ペスカ・デ・リニャダ・デ・マン／172　釣り糸(テグス)を手で操る釣り
ベランテ／95, 103　コミティーバで牛群を止めたり，牛の移動リズムや針路を変えたりするさまざまな指示の伝達に利用される牛の角笛
ペレゴ／93　馬の鞍の上にクッションとして敷く，オレンジ，赤，黄色，青色などに着色された羊毛の敷布
ボイア／173　釣り糸を括り付けたペットボトルを川に流し，船で追尾・捕獲する漁法
ボイエイロ／104, 105, 263　牛を家畜運搬用の平底船(シャッタ・クラール)に載せて，それをランシャと呼ばれる小型動力船で後ろから押しながら川を航行する牛の輸送船
ボイ・デ・カーロ／95　湿地も横断できるように，左右に大きな車輪をつけた荷車を牛で牽く牛車
牧養力／188, 221, 227-230　草地の生産性を維持しつつ飼養できる最適な放牧家畜数
ボタ・サンフォナーダ／92　パンタナールの牧童らが履く，靴の胴に蛇腹模様がある独特な編み上げ靴
ボッカ・ド・リオ／243, 245　アロンバードに同じ
牧区／86, 205, 214
ボドケーナ山脈／12
ポマール／87　カザ・グランデの裏庭に作られた果樹園や小さな菜園
ポリティカル・エコロジー／243
ポルコ・モンテイロ／101　パンタナールの野生ブタ
ポルトエスペランサ／21, 22, 121
ポルトダマンガ／120, 141
ポンテイロ／102　コミティーバで牛群を追い立てる牧童のうち，群れの動きを前と両側面を制御しながら，牛群がばらけないように追い上げる役を負う者
ポント・デ・エンバルケ／105　ボイエイロに牛を載せる際に使われる，河畔に設置された牛の積み込み場
ボンバシャ／92　パンタナールの牧童が1960年代頃まではいていた，独特な幅広のズボン

―――― マ　行 ――――

巻き枯らし／232　樹幹の樹皮を一周完全に剥ぎ取ることで，導管による水の吸い上げを阻害

索　引　　295

して枯死させること
マスツーリズム／141, 147　観光が幅広い人々（大衆）の間に広がる現象および大衆化された観光
マタシリアル／29, 34, 249　リオやコリッショの河道に沿って連続的に延びる回廊林
マットグロッソ州／1, 12
マットグロッソ高原／11
マットグロッソドスル州／1, 12
──漁業管理システム／157, 161
──環境・文化・観光局／151, 162, 166
──漁業審議会／161
マラカジュ山脈／11, 12
マラ・デ・ガルパ／99　牧童の服やハンモック，蚊帳などを入れる革製の箱
マル・ダス・カデイラス／83　馬を大量死させる疾病で，1850年にパンタナールで蔓延して牧畜業は壊滅的な被害を受けた
マンケイラ／218
マンゲイラ／89, 90, 195, 208, 218　予防接種などの家畜の健康管理や，乳牛の搾乳などを行う大規模な家畜囲い

水みち／16, 48, 59　地下水の流れやすいところを指す
耳印／218-220　生まれたばかりの仔牛の耳にナイフで刻む所有者を示す印
ミランダ川／12, 156, 169
民俗分類／25

ムルンドゥ／260, 268　雨季でもほとんど水没しない島状の微高地

網状流／15, 18, 44
素牛（もとうし）／83, 187, 234　肥育開始前あるいは繁殖牛として育成する前の仔牛
モンソン／68, 69　金の発見などにより奥地に建設された町の住人たちに，食料や衣類などの生活物資を供給するために，舟などで内陸奥地に分け入った人々。バンデイラの活動が衰退期に入る18世紀前半に登場した

─────── ヤ　行 ───────

焼印／71, 90, 218-220　熱した鉄のマークを牛の臀部などに押しつけて焼き付ける，所有者を示す印
有限差分地下水流動解析モデル（MODFLOW）／55　数値モデルによって地下水流動形態を推定する方法の一つで，有限差分法とは微分方程式を解く数値解析の方法の一つである。MODFLOWは，アメリカ地質調査所（USGS）が開発した地下水流動解析モデルである

─────── ラ　行 ───────

ラセンウジバエ／235, 237
ラッソ／94　投げ縄のことで，用途や使用者の体格・熟練度などによりその長さは異なる
ラムサール条約／212, 253, 277　渡り鳥などの生息地として重要な湿地を登録して保護を義務づけることで，水鳥を保護することを目的とする条約で，正式名称は「特に水鳥の生息地として国際的に重要な湿地に関する条約」
ランシャ／104, 263　小型の動力船で，牛や農作物，生活物資などの輸送に使われている
ランセ／90　円形のマンゲイラ内に放射状に仕切られた家畜を入れる部屋

リオ／18, 28, 43　恒常河川

レティロ／89, 191　カザ・グランデが立地する農場本部から遠く離れた場所に放牧されている牛たちの，効率的で目の行き届いた飼育・管理を実現するために副次的に設置されている農場

─────── ワ　行 ───────

ワイズユース／2, 110, 236, 239-241, 270　賢明な利用（活用）方法
ワシントン条約／253　絶滅の恐れのある野生動物の保護を図るための条約で，正式名称は「絶滅の恐れのある野生動植物の種の国際取引に関する条約」

編著者：

丸 山 浩 明（Hiroaki MARUYAMA）
立教大学文学部 教授
（口絵、はじめに、第1章、第2章、第4章、第5章、第7章、第8章、第9章、おわりに、索引）

著 者：

宮 岡 邦 任（Kunihide MIYAOKA）
三重大学教育学部 准教授
（第1章、第3章、第8章、第9章、索引）

仁 平 尊 明（Takaaki NIHEI）
北海道大学大学院文学研究科 准教授
（第2章、第6章、第8章、第9章、付録）

吉 田 圭一郎（Keiichiro YOSHIDA）
横浜国立大学教育人間科学部 准教授
（第2章、第8章、第9章、付録）

コジマ＝アナ（Ana Y. KOJIMA）
元マットグロッソドスル連邦大学獣医学部助手
（第6章、第8章）

英文タイトル
Pantanal
Richness and Vulnerability of the World's Largest Wetland in the South America

---

パンタナール
──南米大湿原の豊饒と脆弱──

発 行 日	2011年 9月 30日　初版第1刷
定　 価	カバーに表示してあります
編 著 者	丸 山 浩 明
発 行 者	宮 内　 久

海青社 Kaiseisha Press
〒520-0112　大津市日吉台2丁目16-4
Tel. (077) 577-2677　Fax. (077) 577-2688
http://www.kaiseisha-press.ne.jp
郵便振替　01090-1-17991

© 2011　H. Maruyama　ISBN978-4-86099-276-7 C3025
● 乱丁落丁はお取り替えいたします　● Printed in JAPAN

本書のコピー、スキャン、デジタル化等の無断複製は著作権法上での例外を除き禁じられています。本書を代行業者等の第三者に依頼してスキャンやデジタル化することはたとえ個人や家庭内の利用でも著作権法違反です。